U0302930

"十二五"国家重点图书出版规划项目

安全保障型城市的评价指标体系与评价系统

翁文国　朱 伟　翟振岗◎著

科 学 出 版 社
北 京

内 容 简 介

本书首先从城市动态的角度研究城市安全，即城市运行安全，探索城市运行中涉及的安全要素，明确城市运行要素与城市安全性的关系。其次通过城市运行指标监测和数据分析，以及城市运行安全仿真，为安全保障型城市评价提供依据。最后通过安全保障型城市评价指标体系的建模，形成基于领域维度和影响维度的评价指标体系模型。通过对典型城市数据的收集和应用，结合专家咨询、政府管理部门和社会公众的问卷调查等方式，形成分别面向城市管理部门和面向社会公众的安全保障型城市评价指标体系，为安全保障型城市评价系统研发奠定了理论基础，为推进创建安全保障型城市工作提供有效的管理工具和评价依据。

本书可供公共安全、城市安全、应急管理等相关专业的科研人员、研究生等参考，也可供城市安全监管、城市应急管理、城市运行管理等相关业务部门工作人员借鉴。

图书在版编目（CIP）数据

安全保障型城市的评价指标体系与评价系统/翁文国，朱伟，翟振岗著. —北京：科学出版社，2017.6

（公共安全应急管理丛书）

ISBN 978-7-03-053006-6

Ⅰ. ①安… Ⅱ. ①翁… ②朱… ③翟… Ⅲ. ①城市管理-安全管理-评介指标-研究-中国 Ⅳ. ①X92 ②D63

中国版本图书馆 CIP 数据核字（2017）第 117415 号

责任编辑：马 跃 陶 璇 / 责任校对：彭珍珍
责任印制：霍 兵 / 封面设计：无极书装

科 学 出 版 社 出版

北京东黄城根北街 16 号
邮政编码：100717
http：//www.sciencep.com

中国科学院印刷厂印刷

科学出版社发行 各地新华书店经销

*

2017 年 6 月第 一 版 开本：720 × 1000 1/16
2017 年 6 月第一次印刷 印张：16
字数：318 000

定价：108.00 元

（如有印装质量问题，我社负责调换）

丛书编委会

王　宇	研究员	中国疾病预防控制中心
吴　刚	研究员	国家自然科学基金委员会管理科学部
翁文国	教　授	清华大学
杨列勋	研究员	国家自然科学基金委员会管理科学部
于景元	研究员	中国航天科技集团 710 所
张　辉	教　授	清华大学
张　维	教　授	天津大学
周晓林	教　授	北京大学
邹　铭	副部长	民政部

总　　序

自美国“9·11 事件”以来，国际社会对公共安全与应急管理的重视度迅速提升，各国政府、公众和专家学者都在重新思考如何应对突发事件的问题。当今世界，各种各样的突发事件越来越呈现出频繁发生、程度加剧、复杂复合等特点，给人类的安全和社会的稳定带来更大挑战。美国政府已将单纯的反恐战略提升到针对更广泛的突发事件应急管理的公共安全战略层面，美国国土安全部 2002 年发布的《国土安全国家战略》中将突发事件应对作为六个关键任务之一。欧盟委员会 2006 年通过了主题为“更好的世界，安全的欧洲”的欧盟安全战略并制订和实施了“欧洲安全研究计划”。我国的公共安全与应急管理自 2003 年抗击“非典”后受到从未有过的关注和重视。2005 年和 2007 年，我国相继颁布实施了《国家突发公共事件总体应急预案》和《中华人民共和国突发事件应对法》，并在各个领域颁布了一系列有关公共安全与应急管理的政策性文件。2014 年，我国正式成立“中央国家安全委员会”，习近平总书记担任委员会主席。2015 年 5 月 29 日中共中央政治局就健全公共安全体系进行第二十三次集体学习。中共中央总书记习近平在主持学习时强调，公共安全连着千家万户，确保公共安全事关人民群众生命财产安全，事关改革发展稳定大局。这一系列举措，标志着我国对安全问题的重视程度提升到一个新的战略高度。

在科学研究领域，公共安全与应急管理研究的广度和深度迅速拓展，并在世界范围内得到高度重视。美国国家科学基金会（National Science Foundation，NSF）资助的跨学科计划中，有五个与公共安全和应急管理有关，包括：①社会行为动力学；②人与自然耦合系统动力学；③爆炸探测预测前沿方法；④核探测技术；⑤支持国家安全的信息技术。欧盟框架计划第 5~7 期中均设有公共安全与应急管理的项目研究计划，如第 5 期（FP5）——人为与自然灾害的安全与应急管理，第 6 期（FP6）——开放型应急管理系统、面向风险管理的开放型空间数据系统、欧洲应急管理信息体系，第 7 期（FP7）——把安全作为一个独立领域。我国在《国家中长期科学和技术发展规划纲要（2006—2020 年）》中首次把公共安全列为科技发展的 11 个重点领域之一；《国家自然科学基金“十一五”发展规划》把“社会系统与重大工程系统的危机/灾害控制”纳入优先发展领域；国务院办公厅先后出台了《“十一五”期间国家突发公共事件应急体系建设规划》、《国家突发事件应急体系建设“十二五”规划》、《国家综合防灾减灾规划（2011—2015年）》和《关于加快应急产业发展的意见》等。在863、973等相关科技计划中也设立了一批公共安全领域的重大项目和优先资助方向。

针对国家公共安全与应急管理的重大需求和前沿基础科学研究的需求，国家自然科学基金委员会于2009年启动了“非常规突发事件应急管理研究”重大研究计划，遵循“有限目标、稳定支持、集成升华、跨越发展”的总体思路，围绕应急管理中的重大战略领域和方向开展创新性研究，通过顶层设计，着力凝练科学目标，积极促进学科交叉，培养创新人才。针对应急管理科学问题的多学科交叉特点，如应急决策研究中的信息融合、传播、分析处理等，以及应急决策和执行中的知识发现、非理性问题、行为偏差等涉及管理科学、信息科学、心理科学等多个学科的研究领域，重大研究计划在项目组织上加强若干关键问题的深入研究和集成，致力于实现应急管理若干重点领域和重要方向的跨域发展，提升我国应急管理基础研究原始创新能力，为我国应急管理实践提供科学支撑。重大研究计划自启动以来，已立项支持各类项目八十余项，稳定支持了一批来自不同学科、具有创新意识、思维活跃并立足于我国公共安全核应急管理领域的优秀科研队伍。百余所高校和科研院所参与了项目研究，培养了一批高水平研究力量，十余位科研人员获得国家自然科学基金“国家杰出青年科学基金”的资助及教育部“长江学者”特聘教授称号。在重大研究计划支持下，百余篇优秀学术论文发表在SCI/SSCI收录的管理、信息、心理领域的顶尖期刊上，在国内外知名出版社出版学术专著数十部，申请专利、软件著作权、制定标准规范等共计几十项。研究成果获得多项国家级和省部级科技奖。依托项目研究成果提出的十余项政策建议得到包括国务院总理等国家领导人的批示和多个政府部门的重视。研究成果直接应用于国家、部门、省市近十个“十二五”应急体系规划的制定。公共安全和应急管理基础研究的成果也直接推动了相关技术的研发，科技部在“十三五”重点专项中设立了公共安全方向，基础研究的相关成果为其提供了坚实的基础。

重大研究计划的启动和持续资助推动了我国公共安全与应急管理的学科建设，推动了“安全科学与工程”一级学科的设立，该一级学科下设有“安全与应急管理”二级学科。2012年公共安全领域的一级学会“（中国）公共安全科学技术学会”正式成立，为公共安全领域的科研和教育提供了更广阔的平台。在重大研究计划执行期间，还组织了多次大型国际学术会议，积极参与国际事务。在世界卫生组织的应急系统规划设计的招标中，我国学者组成的团队在与英、美等国家的技术团队的竞争中胜出，与世卫组织在应急系统的标准、设计等方面开展了密切合作。我国学者在应急平台方面的研究成果还应用于多个国家，取得了良好的国际声誉。各类国际学术活动的开展，极大地提高了我国公共安全与应急管理在国际学术界的声望。

为了更广泛地和广大科研人员、应急管理工作者以及关心、关注公共安全与应急管理问题的公众分享重大研究计划的研究成果，在国家自然科学基金委员会管理科学部的支持下，由科学出版社将优秀研究成果以丛书的方式汇集出版，希望能为公共安全与应急管理领域的研究和探索提供更有力的支持，并能广泛应用到实际工作中。

为了更好地汇集公共安全与应急管理的最新研究成果，本套丛书将以滚动的方式出版，紧跟研究前沿，力争把不同学科领域的学者在公共安全与应急管理研究上的集体智慧以最高效的方式呈现给读者。

重大研究计划指导专家组

前　言

党和国家一直重视城市公共安全工作。党的十六届五中全会确立了“安全发展”的指导原则，明确提出要坚持节约发展、清洁发展、安全发展，把安全发展作为一个重要理念纳入我国社会主义现代化建设的总体战略。党的十八届三中全会提出，创新社会治理，必须着眼于维护最广大人民根本利益，最大限度增加和谐因素，增强社会发展活力，提高社会治理水平，维护国家安全，确保人民安居乐业、社会安定有序。习近平总书记就公共安全工作做了一系列重要论述，2015年5月29日在中共中央政治局就健全公共安全体系进行第二十三次集体学习时强调，努力为人民安居乐业、社会安定有序、国家长治久安编织全方位、立体化的公共安全网。2015年12月20日在中央城市工作会议上强调，城市发展要把安全放在第一位。习近平总书记提出强化红线意识，实施安全发展战略；抓紧建立健全安全生产责任体系；强化企业主体责任落实；加强安全监管方面改革创新；全面构建长效机制等。并指出，公共安全建设对于构建和谐社会，推动全面小康建设，乃至于中华民族的伟大复兴都具有非常现实和深远的意义。范维澄院士也在《人民日报》撰文呼吁，健全公共安全体系，全面提升公共安全保障能力，构建安全保障型社会是重大而紧迫的历史使命。

“安全保障型城市”是指城市在生态环境、经济、社会、文化、人身健康、资源供给等方面保持的一种动态稳定与协调状态，以及对自然灾害和社会与经济异常或突发事件干扰的一种抵御能力。建设“安全保障型城市”是完善国家安全体制和国家安全战略的具体实现，创建安全保障型城市，构建安全保障型社会，是实现我国安全发展，提高社会治理水平的必然要求。

安全保障型城市的评价指标体系和评价系统作为安全保障的技术基础，对推动“安全保障型城市”的合理规划和城市灾害的综合防治至关重要。“安全保障型城市”评价方法的研究以实现城市的安全保障为目的，运用系统工程和现代科学与技术手段，对城市运行各方面的危险因素进行辨识与分析，判断城市发生突发事件、人员伤亡、财产损失的可能性及其严重程度，从而为管理决策和制定具体应对措施提供科学依据。建立安全保障型城市的评价指标体系，对城市安全进行评价，一方面可以深入了解城市安全的现状，为推进创建安全保障型城市工作的持续改进提供有效的管理工具和评价依据，有效防止和减少各种安全事故的发生，实现城市安全发展、绿色发展、创新发展。另一方面通过评价指标体系的对比分析，找出城市运行过程中潜在的不利因素，及时发现和掌握创建城市安全管理工作中的薄弱环节和不足，识别城市系统中存在的脆弱区域和可能导致事故发生的条件，并给出针对性改进措施，明确政府、企业和公众的安全责任，落实相关安全措施，不断提高政府安全监管能力、企业安全生产水平、市民安全素质水平，为城市安全发展提供具体的方法与指导。

本书通过安全保障型城市评价指标体系的建模，建立基于领域维度和影响维度的评价指标体系模型，通过对典型城市数据的收集和应用，结合专家咨询、政府管理部门和社会公众的问卷调查等方式，最终形成分别面向城市管理部门和面向社会公众的安全保障型城市评价指标体系，为安全保障型城市评价系统研发奠定理论基础，也为城市安全评价指标的制定提供理论依据。

本书由“十二五”国家科技支撑计划项目（2011BAK07B03）和国家自然科学基金重大研究计划培育项目（91024018）资助，其出版得到课题组各单位研究人员的大力支持，作者意在抛砖引玉，推动我国城市安全风险管理技术的发展，为城市安全发展提供技术支撑。

本书可供公共安全、城市安全、应急管理等相关专业的科研人员、在校研究生等参考，也可供城市安全监管、城市应急管理、城市运行管理等相关业务部门工作人员借鉴。

由于作者水平有限、时间仓促，书中难免存在疏漏之处，恳请读者和同行批评指正。

翁文国、朱伟、翟振岗

2017 年 2 月于北京

目　　录

第1章　绪　　论

1.1　城市安全的重要性

城市安全作为城市发展的基本要求与保障，在城市治理中处于极其重要的位置。

1. 政策背景

党的十六届五中全会确立了“安全发展”的指导原则，明确提出要坚持节约发展、清洁发展、安全发展，将“安全发展”作为一个重要理念纳入到我国社会主义现代化建设的总体战略中。这是科学发展观以人为本要义的具体体现，更是构建社会主义和谐社会的必然要求。建设“安全保障型城市”是“安全发展”指导原则的具体实现。

党的十八届三中全会提出，创新社会治理，必须着眼于维护最广大人民根本利益，最大限度增加和谐因素，增强社会发展活力，提高社会治理水平，维护国家安全，确保人民安居乐业、社会安定有序。要改进社会治理方式，激发社会组织活力，创新有效预防和化解社会矛盾体制，健全公共安全体系。设立国家安全委员会，完善国家安全体制和国家安全战略，确保国家安全。

2015 年 12 月 20 日召开的中央城市工作会议指出，抓城市工作，要把安全放在第一位，并把安全工作落实到城市工作和城市发展各个环节各个领域。

2015 年 12 月 24 日发布的《中共中央国务院关于深入推进城市执法体制改革改进城市管理工作的指导意见》明确提出要完善城市管理，具体措施包括加强市政管理、提高应急能力等。

国家安全工作以人民安全为宗旨，公共安全以保障人民生命财产安全、社会安定有序和经济社会系统的持续运行为核心目标，是总体国家安全的重要组成部分。习近平总书记指出，公共安全建设对于构建和谐社会，推动全面小康建设，乃至于中华民族的伟大复兴都具有非常现实和深远的意义。

建设“安全保障型城市”是完善国家安全体制和国家安全战略的具体实现，也是完善城市公共安全治理体系，提升城市公共安全治理能力，提高社会治理水平的重要手段。创建安全保障型城市，构建安全保障型社会，是实现我国安全发展，提高社会治理水平的必然要求。

2. 时代背景

当前城市安全面临新的严峻挑战。21 世纪全球进入城市化时代，近年来大城市化趋势更加彰显，城市化水平显著提升，城市规模不断扩大，城市发展带来的一系列安全问题日益凸显。重特大突发事件在世界范围内不断发生。例如：2001 年，美国发生“9·11”事件；2003 年，SARS 致使中国遭受到传染疾病的严重威胁；2003 年，禽流感致使东南亚地区大量家禽死亡、经济损失严重；2005 年，伦敦地铁发生连环爆炸；2005 年，美国“卡特里娜”飓风袭击了路易斯安那、密西西比和阿拉巴马三个州。近年来城市安全形势更加复杂，2014 年，上海外滩拥挤，发生踩踏事件；2015 年，天津港瑞海公司危险品仓库发生“8·12”特别重大火灾爆炸事故；等等。这些都促使城市安全受到社会各界的高度重视和广泛关注。对城市安全的研究包括对传统安全城市内涵进行不断扩展，打破安全生产、公共卫生、自然灾害、社会安全等单一领域研究的局限，上升到更高的人类整体性的安全层面。

改革开放近 40 年来，我国工业化、城镇化进程加速推进，城镇化率从 1980 年的 19.4%快速增长到 2016 年的 57.35%，根据经济合作与发展组织发布的报告，2015 年我国 15 个城市的人口超过 1000 万人，为特大城市。人在向城市集聚，享受城市诸多便利，同时也承受着包括工业安全、生活安全、空气污染、交通拥堵、健康安全等诸多“城市病”的困扰。

随着城镇化的快速发展，以及城市信息化、市场化、国际化的深入，我国城市经济社会发展呈现许多新特征。例如，城乡一体化，出现了许多城中村、城乡结合部，其整体素质相对较低，低端产业较多，各类事故易发多发；人口密集化，人口流动性大，密集程度高，一旦发生事故，容易造成突发事件的连锁反应，造成事故影响的扩大化，带来极大生命财产损失；城市基础设施的网络化、系统化、巨型化，带来相对集中的能量，形成了网络化的能量传输通道，发生事故时极易带来更大的破坏力；运行高速化，连接城市之间的高铁、飞机，以及城市内部的地铁、汽车等交通运行速度越来越快，运行间隔越来越小，给城市安全管理与应急处置带来了许多新的难题；高度关联化，城市基础设施，包括地下管线（水、电、气、热等）、地面交通、地铁等网络化发展，建筑向超高层发展等特点，使得城市人口、设施、建筑、财富等高度集中，一旦对城市中各种关联认识不足，极易造成连锁事故，对连锁问题应急处置不当，易造成事故快速发展，甚至直接影响整个城市的运行，影响社会和谐稳定[1]。

1.2 安全保障型城市的提出

“安全”一般认为是与危险相对应的，是指评价对象在期望值状态的保障程度或防止不确定事件发生的可靠性。安全城市是一个极为抽象的概念，提出“安全城市”或者“建立安全城市”需要我们逐步地探索安全城市的概念、内涵，构建安全城市的指标体系。

Doxiadis 指出，一个城市必须在保证自由、安全的条件下，为每个人提供最好的发展机会，这是人类城市的一个目标。自从城市形成时，城市安全作为社会进度、经济发展和政治稳定的重要保障，是城市的一个永恒话题，始终处于非常重要的位置。

1989 年，第一届“防止事故和损失”学术会议正式提出“安全城市”的概念，其基于“所有人都有平等的权利，享有健康和安全的生活”这一理念。所谓安全城市，不是指该地区社会已经完全安全，而是为了提高市民安全意识而不断努力的城市。

为了应对人类居住的种种挑战，唤起各国政府及社会对人居问题的重视，号召全世界不断为人居发展做出努力，1985 年第四十届联合国大会通过决议将每年 10 月的第一个星期一定为“世界人居日”（World Habitat Day）。1998 年和 2007 年世界人居日的主题分别为“更为安全的城市”（safer cities）和“安全的城市，公正的城市”（a safe city is a just city），彰显了国际社会对构建安全城市的期望及对城市安全的重视。

2006 年 6 月，第三届世界城市论坛在加拿大温哥华召开，论坛主题为“我们的未来：可持续发展的城市——将构想化为行动”。本次论坛提出了“安全城市”（the secure city）的倡议。21 世纪以来，城市发展受到多重困难和威胁，对城市规划、城市政策和城市设计的有效应对能力提出了越来越大的挑战。以个人安全、社区安全、服务和系统安全为基石的传统城市安全理论亟待丰富和发展，只有这样才能满足社会和城市发展的需要。为此，一个探索适应性安全、预防性安全和人类安全三者间关系的研究方案被提上议程。

1992 年，英国内政部发表《安全城市与社会安全战略》，对“安全城市”的概念、评价指标、评价标准等进行了界定，并对安全城市的组织者、参与者以及建设步骤、方法等做了全面规划。英国安全城市建设只关注犯罪预防，以公众参与程度和犯罪预防效果作为评价标准，强调安全城市建设是一项长期战略，必须分阶段展开，并可持续发展[2]。

美国也于 20 世纪 90 年代发起了《安全城市计划》，其目的是协调居民、社区、司法、企业及政府部门开展安全防范活动，从而减少街头犯罪，提升安全感，改善城市安全状况。美国实施《安全城市计划》的重点是治理影响安全感的社会秩序和解决违法犯罪问题，主要包括环境秩序、违法犯罪和管理控制三个方面。其中，环境秩序包括社会活动、社区环境、公共秩序和治安动态等内容；违法犯罪涉及居民遭受的暴力侵害、财产侵害或者人身侵害等；管理控制主要指执法部门对违法犯罪现象的控制程度，包括犯罪惩处、犯罪预防等[3]。

关于安全城市的定义，至今尚不明晰，对不同的专家和居民而言，安全城市的概念不尽相同；同一专家或学者从不同的角度来看安全城市，也会得到不同的定义。正因为如此，不同专家或机构，从不同的视角和倾向出发开展安全城市的相关研究，提出了各不相同的安全城市概念，或者称为对安全城市的构成系统做出了不同表述。

学者马德峰[4]认为安全城市应强调三个方面：一是城市抵御灾害的状况；二是城市维护良好的社会秩序；三是城市提供一个安全、舒适的空间。这三个方面实际上将安全城市的概念分为三个维度，即（人为和自然）灾害方面、社会治安方面、袭击配合方面。

董晓峰等[5]认为，安全城市是指在环境和生态、经济和社会、文化、人身健康、资源供给、政府绩效以及其他城市安全相关的方面，保持的一种动态稳定与平衡协调状态，并对自然灾害和社会与经济异常或突发事件干扰有良好抵御能力的城市。

重庆市在建设安全保障型城市的工作中提出，城市安全指城市在生态环境、经济、社会、文化、人身健康、资源供给等方面保持的一种动态稳定与协调状态，以及对自然灾害、社会与经济异常、突发事件干扰的一种抵御能力。《重庆市安全保障型城市发展规划》确立了“形成完善的安全发展保障体系、工作机制和运行模式，较大事故得到有效控制，基本消除重特大事故，安全生产总体状况、安全保障能力和风险受控程度达到全国较好水平、西部地区领先水平和中等发达国家平均水平，实现安全生产形势根本好转，基本建成安全保障型城市”的安全发展目标。

长治市在推进创建本质安全型城市的工作中指出，创建本质安全型城市是指在城市生产经营活动中，通过持续的风险管理，增强城市自身防范事故的能力，使人、机（物）、环境、管理等方面不安全因素始终处于有效控制状态，将风险降至并保持在可接受范围，从根本上提高预防事故、防御灾害、应急处理的能力，使不安全因素得到有效控制，实现国家提出的“安全生产形势根本好转”的目标，使安全生产接近或达到发达国家的水平。

河南省也于 2011 年发布了《安全河南创建纲要（2010—2020 年）》，提出以科学发展观为指导，以保障人民群众生命财产安全为根本出发点，以实现经济社会安全发展为目标，以建立健全安全生产长效机制为主线，以遏制、防范重特大事故发生为重点，以强化安全生产基层基础为着力点，组织动员社会各方面力量广泛开展安全创建活动，全面提升全民安全素质和安全生产综合保障水平，确保各类事故逐年下降、重特大事故得到有效遏制，保持安全生产状况持续稳定好转。

国务院安全生产委员会从安全生产的需求出发，开展了安全发展示范城市工作。2013 年国务院安全生产委员会办公室印发了《关于开展安全发展示范城市创建工作的指导意见》（安委办〔2013〕4 号），开始安全发展示范城市创建工作，并在北京市朝阳区、吉林省长春市、浙江省杭州市等市、区进行了试点，于2014年，国务院安全生产委员会办公室研究起草了《国家安全发展示范城市建设基本规范（征求意见稿）》、《国家安全发展示范城市考核指标体系（征求意见稿）》和《国家安全发展示范城市考评办法（征求意见稿）》。

总之，从安全城市、本质安全型城市到安全保障型城市，城市安全的内涵不断丰富与完善，“安全保障型城市”是保障城市运行过程中人们基本生活和生产活动的正常、安全、有序开展，为城市居民提供良好的社会秩序、舒适的生活空间以及人身和心理双重的安全感受，其包含的内容十分广泛，有城市生态环境安全保障、城市生产安全保障、食品安全保障、社会安全保障等多方面的内容。

1.3 安全保障型城市评价的必要性

安全保障型城市评价指标体系和评价系统的研究，对推进和创建“安全保障型城市”的合理规划和城市灾害的综合防治至关重要，可以为相关工作提供有效的管理工具，促进社会的安全发展、创新发展、绿色发展；通过评价指标体系的实施和对比分析，及时发现存在的安全隐患与问题，采取针对性改进措施，以评促建，逐步提升城市安全水平。

“安全保障型城市”评价方法的研究是以实现城市的安全保障为目的，运用系统工程和现代科学与技术手段，对城市各个方面存在的危险因素进行辨识与分析，判断城市发生事故的可能性及其严重程度，从而为制定防范措施和管理决策提供科学依据。建立安全保障型城市的评价指标体系，对城市安全进行评价，一方面可以深入了解城市安全的现状，为推进创建安全保障型城市工作的持续改进提供有效管理工具和评价依据，有效防止和减少各种安全事故的发生，实现城市安全发展、绿色发展、创新发展。另一方面通过评价指标体系的对比分析，找出城市运行过程中潜在的不利因素，及时发现和掌握创建城市安全管理工作中的薄弱环节和不足，识别城市系统中存在的脆弱区域和可能导致事故发生的条件，并给出针对性改进措施，明确政府、企业和公众的安全责任，落实相关安全措施，不断提高政府安全监管能力、企业安全生产水平、市民安全素质水平，为城市安全发展提供具体的方法与指导。

1.4 本书的主要内容与结构

安全保障型城市评价是在现有城市综合评价、城市运行、公共安全机理与理论基础上开展的城市公共安全的综合性评价，需要充分考虑各类突发事件的发生与演化机理，借鉴现有的评价方法；另外，由于安全是一个相对的概念，并无绝对的安全，安全保障型城市并不是城市绝对安全，而是一种相对安全并持续改进的过程，因此，评价标准的选择需要根据法律法规规定、规划要求以及国内外城市对比来确定，最终得到城市的一个相对公共安全水平。

基于对安全保障型城市评价的基本思路，本书章节安排如下。

第 1 章，绪论。叙述安全保障型城市的提出背景及评价重要性。

第 2 章，城市安全评价研究与实践。对国内外各种类型的城市评价进行分析，为安全保障型城市研究提供理论与方法借鉴，并对城市安全中自然灾害、事故灾难、公共安全事件、社会安全事件等各方面的评价情况进行总结，为安全保障型城市评价提供基础。

第 3 章，城市运行安全。将城市刻画为一个动态过程，即城市运行，分析城市运行的要素与特点，应用系统动力学方法对城市运行系统进行剖析，探索城市运行中涉及的安全要素，明确城市运行要素与城市安全性的关系，从城市动态的角度研究城市安全，即城市运行安全，给出城市运行安全指标，为安全保障型城市评价提供依据。

第 4 章，城市运行监测与分析。信息化技术的快速发展使得城市运行监测成为可能，针对城市运行信息的特点，提出了城市运行指标提取方法，给出监测数据分析方法，并以燃气为例，提出燃气供应量预测方法。

第 5 章，城市运行安全仿真。综合城市环境、城市基础设施网络、能动主体三个层次提出城市运行安全仿真总体模型，针对城市基础设施以网络形式存在的特点，提出单一网络灾害蔓延动力学模型，研究提出城市多种基础设施网络之间相互影响建模方法，最后给出城市运行安全仿真平台建设方案。

第 6 章，安全保障型城市评价模型。建立安全保障型城市评价指标体系模型，以此为基础构架指标体系的总体框架，同时分析安全保障型城市评价指标体系的各种评判标准，明确安全保障型城市评价指标体系的领域、影响、时间三个维度的具体内容及相应的评判方法。

第 7 章，基于领域维度的评价指标体系模型。从领域维度进行指标体系建模，即从自然灾害、事故灾难、公共卫生、社会安全四大方面建立评价模型，并分别建立四大方面的评价指标体系。

第 8 章，面向城市管理部门的评价指标体系模型。从影响维度中致灾因子、承受能力、防控管理和后果状态四个角度出发，综合应用第 4 章的研究成果，建立面向城市管理部门的安全保障型城市的综合评价指标体系，并确定各项指标的评判方法，研究安全保障型城市的综合评价方法。

第 9 章，面向社会公众的评价指标体系模型。为了更加方便、快速地对城市公共安全水平进行评价，第 9 章在第 5 章的基础上，通过数据分析和指标间逻辑关系分析，对评价指标进行精简，删除相关性强、逻辑上具有可替代性的指标，形成一个仅包括少量指标的、面向社会公众的安全保障型城市评价指标体系，并给出相应的评价方法。

第10章，安全保障型城市评价系统设计与实现。针对安全保障型城市评价推广应用的需求，从系统需求分析、系统功能设计、系统实现等方面提出安全保障型城市评价系统，实现对城市运行监测、城市运行仿真、城市运行评估、城市安全评价等功能，为安全保障型城市理论与方法应用提供实现路径。

参考文献

[1] 王德学. 大力推进城市安全发展[N]. 人民日报，2012-05-19（7）.

[2] 李温. 英国“安全城市战略”的启示与借鉴[J]. 北京人民警察学院学报，2012，（5）：56-61.

[3] 佟志伟. 美国“安全城市计划”及其启示[J]. 新视野，2013，（5）：117-120.

[4] 马德峰. 安全城市[M]. 北京：中国计划出版社，2005.

[5] 董晓峰，杨保军，刘理臣. 宜居城市评价与规划理论方法研究[M]. 北京：中国建筑工业出版社，2011.

第 2 章　城市安全评价研究与实践

安全保障型城市评价是以城市为对象，评价其安全状况。因此，需要借鉴已有的各种类型城市评价，包括宜居城市、城市生态安全等；更要针对城市安全中各类的突发事件，包括自然灾害、安全生产、公共卫生事件、社会安全事件等多个方面进行评价，充分借鉴已有城市安全各个方面的研究成果。

2.1　国内外各种类型城市评价

2.1.1　宜居城市

宜居城市建设是城市发展到后工业化阶段的产物，城市宜居是指城市具有良好的生活空间环境、人文环境、自然环境，以及清洁、高效、安全、环保的生产环境。1996 年联合国第二次人居大会提出了城市应当是适宜居住的人类居住地的概念。此概念一经提出就在国际社会形成了广泛共识，成为 21 世纪新的城市观。2005 年，在国务院批复的《北京城市总体规划》中首次出现“宜居城市”的概念。

对宜居城市的研究有多种视角，其中具有代表性的有以下几个：一是基于城市实体组成的视角，如联合国人居奖、中国人居环境奖、周志田提出的“适宜人居城市评价系统”、英国经济学家智囊团提出的城市“最佳居住地”评价体系等；二是基于居民主观感受的心理视角，主要反映城市居民的主观感受，通过对城市居民主观感受或心理需求的调查分析，确定宜居城市指标体系和评价系统，如日本浅见泰司教授提出的城市居住环境构成系统、张文忠提出的宜居城市评价指标构成系统；三是基于前两者结合的视角，有些要素从居民心理感受出发，有些要素从城市实体组成出发，两者混合出现，如中国城市科学研究会提出的“宜居城市评价标准”，数据来自于统计数据和居民调查两个方面。

1. 联合国人居奖

1989 年，联合国人居署（原联合国人居中心）开始创立“联合国人居奖”，目的是使国际社会和各国政府对人类住区的发展和解决人居领域的各种问题给予充分的重视，并鼓励和表彰世界各国为人类住区发展做出了杰出贡献的政府、组织、个人和项目。

联合国人居奖内容涉及人类住区的各个方面，如住房、基础设施、旧城改造、可持续人类住区发展、灾后重建、住房解困等。采用的评价方法为专家评价，通过聘请一批资深的官员和专家组成评委会，对所有候选的申报材料进行严格的评审和筛选，确定获奖者，从而保证了联合国人居奖的权威性。

2. 中国人居环境奖

2000 年，我国住房和城乡建设部决定设立“中国人居环境奖”，以城镇政府为评选对象，综合反映城镇政府领导下在改善人居环境方面的总体成就。中国人居环境奖提出了定量指标 18 项和定性指标 25 项，形成了评价指标体系，其中定量指标主要包括城市人均住宅建筑面积、城市规划建成区每平方公里人口密度、城镇最低收入家庭每户人均住宅建筑面积、城市燃气普及率、集中供热普及率、城市供水普及率、城市污水处理率、城市污水处理再生利用率、城市人均拥有道路面积、以步行自行车和乘坐公共汽车出行的居民比率、绿化覆盖率、人均公共绿地面积、生活垃圾无害化处理率、符合节能设计标准的建筑面积比例；定性指标主要从管理规范性、管理体系建设等角度进行评价[1]。

3. 周志田提出的“适宜人居城市评价系统”

中国科学院科技政策与管理科学研究所周志田、王海燕等进行了中国适宜人居城市研究与评价，认为适宜人居住的城市是一种遵循自然生态系统规律的人工生态系统的地域组织形式。综合考虑城市经济发展水平、城市经济发展潜力、城市安全保障条件、城市生态环境水平、城市居民生活质量水平、城市居民生活便捷程度六个方面，提出了中国适宜人居住的城市评价指标系统，如表 2.1 所示[2]，并选用 2000 年、2001 年《中国城市统计年鉴》和相关部委城市年鉴的客观数据，对我国 50 个城市的宜居水平进行了评价。

表 2.1　适宜人居城市评价指标体系

状态层	要素层
经济发展水平	人均 GDP、职工人均工资、第三产业占 GDP 比重
经济发展潜力	城市发展成本指数、城市创新指数、城市学习指数
安全保障条件	城乡二元结构系统、失业率、人均保障总额
生态环境水平	人均园林绿地面积、绿化覆盖率、城市生态盈余
生活质量水平	人均住房面积、人均消费额、万人拥有的医生数
生活便捷程度	人均道路铺装面积、人均邮电业务总量、千人拥有电话数

注：GDP（gross domestic product）指国内生产总值。

4. 英国经济学家智囊团针对世界范围内提出的城市“最佳居住地”评价体系

英国经济学家智囊团的全球城市宜居性排名是从城市实体角度出发对城市宜居性进行评价，表 2.2 是 2004 年英国经济学家智囊团的全球城市宜居性评价指标体系，评价指标共 12 个，分三组：健康与安全、文化与环境、基础设施。各项指标都来源于研究者所收集的数据，各个城市得分是根据指标排名给出的。

表 2.2　英语经济学家智囊团的全球城市宜居性评价指标体系

评价内容	评价指标
健康与安全	暴力与犯罪的威胁、恐怖主义与军队冲突的威胁、健康与疾病排名
文化与环境	文化排名、娱乐能力、气候排名、消费与服务能力、贪污腐败
基础设施	交通基础设施排名、住房储备排名、教育综合指数、公共网络设施排名

在许多的宜居城市评价指标体系中都涉及了安全方面的指标，按照指标类型可以分为客观性指标、主观性指标以及综合性评价指标，指标反映的内容涉及自然灾害、事故灾难、公共卫生事件和社会安全事件四个方面，具体指标见表 2.3。

表 2.3　宜居城市评价中安全方面指标

<table>
<tr><th>指标类别</th><th>种类</th><th>指标</th></tr>
<tr><td rowspan="4">客观性指标</td><td>自然灾害</td><td>自然灾害发生率、到最近紧急避难场所的距离、双方向避难率</td></tr>
<tr><td>事故灾难</td><td>意外伤害发生率、到最近的消防设施的距离、消防活动困难地区覆盖率、交通事故率</td></tr>
<tr><td>公共卫生事件</td><td>传染性疾病发病率、万人拥有医生数、万人拥有病床数、社区卫生服务机构覆盖率（%）、人均寿命指标（岁）</td></tr>
<tr><td>社会安全事件</td><td>犯罪率、刑事案件发案率</td></tr>
<tr><td rowspan="4">主观性指标</td><td>自然灾害</td><td>各类灾害的宣传和管理状况、紧急避难场所状况</td></tr>
<tr><td>事故灾难</td><td>交通安全状况</td></tr>
<tr><td>公共卫生事件</td><td>市民对公共卫生服务体系满意度</td></tr>
<tr><td>社会安全事件</td><td>治安状况</td></tr>
<tr><td rowspan="5">综合性评价指标</td><td>总体</td><td>城市政府近三年来对公共安全事件的成功处理率、生命线工程完好率</td></tr>
<tr><td>自然灾害</td><td>自然灾害安全性，城市政府预防，应对自然灾害的设施、机制和预案</td></tr>
<tr><td>事故灾难</td><td>交通安全性，生活安全性，城市火灾安全性，城市政府预防、应对人为灾难的机制和预案</td></tr>
<tr><td>公共卫生事件</td><td>健康与疾病排名</td></tr>
<tr><td>社会安全事件</td><td>暴力与犯罪的威胁、恐怖主义与军队冲突的威胁、人身犯罪指数、财产犯罪指数</td></tr>
</table>

2.1.2　城市生态安全

城市生态安全是指城市环境和生态条件（包括大气、水环境、生物环境等自然环境，及食物、居室、交通等社会环境）对市民的身心健康、生命系统的繁衍、社会经济的发展和城市可持续发展的威胁程度和风险大小，也可理解为城市生态系统健康与稳定。从生态学观点来看，一个安全的生态系统是指能够在一定时间尺度内维持其的组织结构完整可靠，并具备对胁迫的恢复能力[3]。2000 年国务院发布了《全国生态环境保护纲要》，认为生态安全是国家安全和社会稳定的一个重要组成部分，所谓国家生态安全，是指一个国家生产和发展所需的生态环境处于不受或很少受破坏和威胁的状态[4]。

生态安全评价是对人类赖以生存的自然环境和社会环境综合系统发展和安全程度的定量描述；也是指生态环境、自然资源或社会经济发展受到一个或多个威胁因素影响后，对系统生态安全性以及由此产生的不利的生态安全后果出现可能性的评估。

国内外生态安全评价的模型框架使用最多的是联合国经济合作发展组织 1994 年提出的 PSR（pressure-state-response，压力-状态-响应）模型和 1996 年提出的 DSR（driving force-state-response，驱动力-状态-响应）模型，以及 1996 年 Corvdan 等提出的 DPSEEA（driving force-press-state-exposure-effect-action，驱动力-压力-状态-暴露-影响-响应）模型，1998 年欧洲环境署（European Environment Agency，EEA）提出的 DPSIR（driving force-pressure-state-impact-response，驱动力-压力-状态-影响-响应）模型等。上述模型框架都是从社会经济与自然环境之间的相互作用出发，基于社会经济与自然环境统一的观点，阐明了人与自然生态系统中各因素间的因果关系，也是对生态安全系统中自然、经济、社会及法制等因素之间的关系的精确反映，为生态安全评价指标体系的构建提供了逻辑基础。

生态安全评价涉及面广、内容繁多，为了形成一个完整的生态安全评价过程，李辉等提出了生态安全评价指标体系框架，包括时间、领域和影响三个维度，从区域发展过程的角度，将时间维度分为过去、现状、将来，从而反映生态安全在不同时间段所处的状态；在领域方面，包括经济、社会、资源、环境等内容；同时，根据不同要素之间的逻辑关系，围绕经济社会活动对自然环境、社会环境反馈的影响，分为压力、状态、响应三个方面，称为影响维。如图 2.1 和表 2.4 所示。

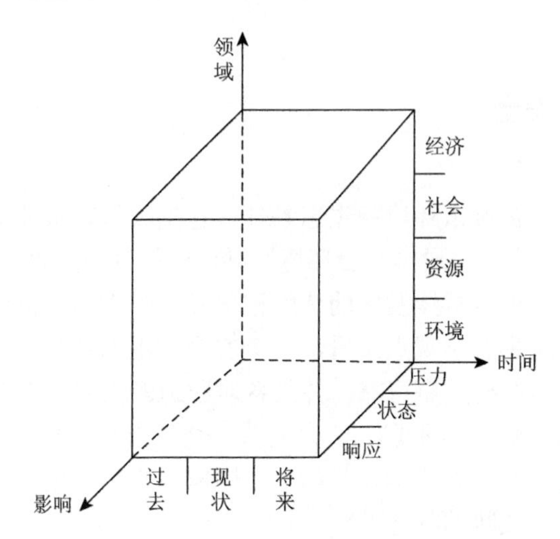

图 2.1　生态安全评价指标体系框架[5]

表 2.4　城市生态安全指标体系结构

目标层	准则层	要素层	具体指标
城市生态安全综合指数	系统压力	人口压力	人口密度
			人口自然增长率
		土地压力	人均住房使用面积
			人均铺装道路面积
			人均公共绿地面积
		经济压力	人均 GDP
			城市居民恩格尔系数
		资源压力	万元 GDP 能耗
			万元 GDP 用水量
	系统状态	资源状态	建成区绿化覆盖率
			集中式饮用水源水质达标率
		环境状态	城市地面水质达标率
			空气质量优良率
			噪声达标区覆盖率
	系统响应	环境响应	工业废水排放达标率
			工业用水重复利用率
			城市生活污水集中处理率
			工业废气排放达标率
			工业固体废物综合利用率

续表

目标层	准则层	要素层	具体指标
城市生态安全综合指数	系统响应	环境响应	城市生活垃圾无害化处理率
			机动车尾气排放达标率
		经济响应	第三产业产值占 GDP 比例
			高新技术产值占工业总产值比例
			研究与试验发展经费支出占 GDP 比例
			环保投资占 GDP 比例
		社会响应	万人拥有病床数
			万人拥有公交车辆数
			万人在校大学生数

2.1.3　文明城市

文明城市是我国在全面建设小康社会，推进社会主义现代化建设过程中提出的，依据科学发展观需要，经济和社会各项事业多个方面的进步，融合了物质文明、政治文明、精神文明与生态文明建设，认为精神文明建设取得显著成就，市民整体素质和文明程度较高的城市为文明城市。

《全国文明城市测评体系（2011 年版）》共分廉洁高效的政务环境、公正公平的法治环境、规范守信的市场环境、健康向上的人文环境、安居乐业的生活环境、全国文明城市持续发展的生态环境、扎实有效的创建活动七大项，37 个子项，119 个小项，分值为 100 分，文明城市评价中的涉及安全的指标如表 2.5 所示。

表 2.5　文明城市评价中的涉及安全的指标

一级指标	二级指标
医疗与公共卫生	社区卫生服务机构
	经营性公共场所卫生
	饮用水卫生
公共安全	安全保障
	食品安全
	药品安全
	突发公共事件应急处理
	安全生产

续表

一级指标	二级指标
社会治安	治安管理
	治安防控体系建设
	基层综治工作
社会稳定	邪教活动得到有效控制
	群众安全感

2.1.4 安全城市

1. 中国城市竞争力研究会创建的中国安全城市评价指标体系

中国城市竞争力研究会于 1998 年在香港成立，是联合国北北合作组织直属机构，致力于组织国内外专家学者开展城市竞争力评价与研究，协助城市政府在现代化进程中解决经济发展与区域竞争所面临的各项挑战。

2007 年，中国城市竞争力研究会通过创建安全城市评价指标体系，采集了大量真实、详细的相关基础数据，并进行了问卷调查，充分考虑城市居民对安全城市的支持率等，对中国 661 个城市进行了安全城市评价，给出了中国最安全城市排行榜。

中国城市竞争力研究会创建的中国安全城市评价指标体系，依据以下主要特征进行考核：当年无重特大安全事故，社会治安良好，投资环境优异，生产事故少发，食品、药品等消费品安全，生态可持续发展。从社会发展安全、经济发展安全、生态发展安全三个主体选择指标，包括一级指标 3 项、二级指标 7 项、三级指标 24 个。评价方法采用一级指标一票否决制，且当年发生过重特大安全事故的城市一律取消候选资格[6]。

2. 上海城市安全研究

陈秋玲和王永刚[7]主要考虑城市受到威胁时的城市受体选择指标，受体主要以人为中心，提出了四类安全受体（社会安全、生产安全、公共卫生安全、生态环境安全），形成了四个层次（总体层、系统层、变量层、指标层），四个维度（社会安全、生产安全、公共卫生安全、生态环境安全），建立“四层四维”城市安全度复合指标体系结构。

3. 马德峰安全城市研究

马德峰[8]从灾害、社会治安、袭击破坏三个方面定义安全城市的概念。在灾害方面选择了三类指标：灾害破坏力、承受主体基础和灾害环境控制力。社会治安涵盖了三方面指标：社会治安破坏力、社会治安控制力和公众主体基础性。袭击破坏从恐怖主义破坏力、控制力、公众主体基础提取相关指标。

对国内外安全城市评价指标进行总结，涉及指标如表 2.6 所示。

表 2.6 安全城市评价中采用的指标

突发事件种类	指标内容	指标
自然灾害	致灾因子	灾害发生强度、灾害持续时间、灾害发生频率
	承灾载体	人口基础（性别、年龄、减灾防灾意识、空间聚集特征），物质基础（基础设施、经济结构）
	控制能力	应对能力（灾害预防、救灾规划），恢复能力（灾害自救、灾后流通性）
事故灾难	生产安全现状	单位 GDP 生产安全事故死亡率、工矿商贸就业人员生产安全事故死亡率、道路交通万车死亡率、煤矿百万吨死亡率
公共卫生事件	致病因子或环境	空气污染指数、三废处理率、人均公共绿地面积、森林覆盖率
	公共卫生现状	食品中毒事件、食品总体合格率、医疗事故死亡率、婴儿死亡率、孕产妇死亡率、传染病发病率、传染病死亡率、职业病发病率
社会安全事件	社会安全现状	（万人）刑事案件发案率、暴力型案件比重、外来流动人口犯罪比重、每万人治安案件发案率、群体性事件发生频率、民族宗教冲突发生频率
	社会安全控制力	破案率、民警人均破案数、警情反应速度、警力配备率、专业协警力量配置、警务经费保障
	社会安全环境	失业率、通货膨胀率、基尼系数、贫困率、自杀率、心理和精神疾病患病率

2.2 安全城市单领域评价进展

安全保障型城市涉及城市安全的方方面面，为了对城市公共安全进行合理与有效的管理，我国在应急管理总体预案以及 2007 年开始实施的《突发事件应对法》中，将突发事件划分为四大类：自然灾害、事故灾难、公共卫生事件和社会安全事件，安全保障型城市的建设和评价主要涉及这四个方面，需要在城市运行公共安全的客观规律认识的基础上，提取影响城市公共安全的方方面面指标，并理清各项指标之间的关系，即基于城市公共安全机理提取安全保障型城市评价指标。

指标体系的设计一方面需要对现状分析，找出相关的指标，形成指标集合，另一方面需要分析不同指标之间的逻辑关系，通常包括因果关系、共因关系、关联关系、约束关系等，从指标之间的作用程度又可分为线性作用关系、非线性作用关系等，通过识别指标之间的逻辑关系，为删除重复指标或相关性过高的指标提供依据，从而保证指标体系的合理性、科学性、系统性。因此，有必要对城市公共安全各个方面的指标进行梳理。

2.2.1 自然灾害

评价自然灾害要明确其发生发展过程及机理，国内外经过多年研究形成了以下几种自然灾害机理理论：一是致灾因子论重点强调灾害本身的发展；二是孕灾环境论，强调环境孕育灾害的过程；三是强调通过承灾体的改进减少灾害，即承灾体论。近年来更加强调灾害的系统性特点，逐渐发展提出了区域灾害系统论。区域灾害系统论认为灾害是地球表层异变过程的产物，在灾害的形成过程中，致灾因子、孕灾环境、承灾体缺一不可，灾害是地球的致灾因子、孕灾环境与承灾体综合作用的结果如图 2.2 所示。史培军[9]认为由孕灾环境、致灾因子、承灾体综合组成了区域灾害系统的结构体系。灾害风险是危险性（致灾因子）、暴露性（承灾体）、脆弱性（危险程度）和防灾减灾能力综合作用的结果。基于自然灾害机制相关理论的发展，高庆华和张业成[10]认为自然灾害风险评价包括以下内容：自然灾害危险性评价，包括危险的强度和概率；承灾体易损性评价，包括承受能力、破坏状态、破坏损失率；防灾有效度评价，包括防护工程防灾能力；最后对风险程度进行综合评价。

因此，自然灾害评价指标体系主要包括致灾因子、承灾体脆弱性、应灾能力、灾害后果四个方面。

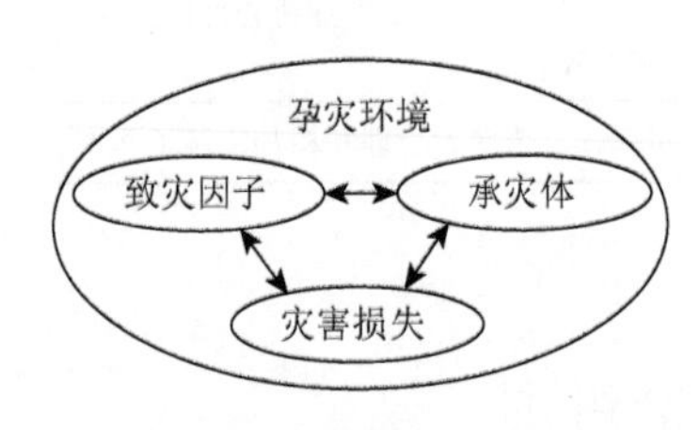

图 2.2　自然灾害系统构成要素示意图

1. 致灾因子

国际全球性灾害研究计划开展了对灾害风险评估指标体系的研究，对国内外灾害风险评价产生了重要影响。美国哥伦比亚大学和 ProVention 联盟共同完成的“自然灾害风险热点（Disaster Risk Hotspots）计划”，建立了灾害多发区，特别是沿海地区的风险评估指标，并将评估结果编制成不同等级的灾害风险图，其研究成果总结在公开发表的论著《自然灾害热点：全球风险分析》[11]和《自然灾害热点：案例研究》[12]中，这两个研究计划基于较大尺度（国家或次国家级分辨率）。对全球自然灾害进行研究，2003～2004 年，美洲发展银行、哥伦比亚大学等开展了“美洲计划”灾害风险国际研究项目，构建了四套相互独立的指标体系，提出国家区域和城市级风险与脆弱性评估指标体系。联合国发展计划署与联合国环境规划署的全球资源信息数据库合作开展的“灾害风险指数”计划，构建了一系列的灾害风险指标体系，2004 年联合国发展计划署发表了《降低灾害风险：对发展的挑战》的全球报告；2009 年 ProVention 联盟与联合国发展计划署启动了一个全球性评估、识别和分析灾害风险和损失的计划——全球风险辨识计划，其目标是为降低灾害风险的决策提供重要信息。

20 世纪 80 年代以来，我国逐渐开始关注城市灾害风险研究。赵阿兴和马宗晋[13]对自然灾害风险评估指标体系进行了研究。孙绍骋[14]提出了绘制风险分布图的研究方法，利用致灾因子风险估算、承灾体抗灾性能力评价和价值估算，划分风险等级，最后绘制出风险分布图。2011 年 5 月，我国一项历时近 10 年的自然灾害风险研究成果《中国自然灾害风险地图集》发布，该地图集明确了中国各类自然灾害风险的区域分布特点，是中国发布的首部综合自然灾害风险“警示图”。地图集给出了影响中国的地震灾害、台风灾害、水灾、旱灾、滑坡与泥石流灾害、风沙灾害、风暴潮灾害、雪灾、雹（含风雹与冰雹）灾、霜冻灾害、森林火灾、草原火灾等灾害风险等级，展示了多种灾害风险的区域分布特征及规律、各省份综合自然灾害风险的空间差异。同时，还展示了区域主要自然灾害风险等级、相对风险等级，以及综合自然灾害风险等级，研究精确到县一级[15]。《中国自然灾害风险综合评估初步研究》也全面系统地探讨了自然灾害风险评估的思路、步骤及具体方法，提出了具体的工作原则及一般性技术规范[16]。综合现有研究成果中的致灾因子指标分级标准，自然灾害致灾因子评价指标如表 2.7 所示。

表 2.7　自然灾害致灾因子评价指标

一级指标	二级指标	三级指标
大气圈和水圈灾害指标	干旱指数	连续无雨日数
		降水距平百分率
		相对湿润指数
		降雨量标准差指标
		降雨量 Z 指数
		标准化降水指数
		综合气象干旱指数
		土壤相对湿度干旱指数
		作物缺水指数
		帕尔默干旱指数
		城市干旱缺水率
		河道水位变化率
		地下水位变化率

续表

一级指标	二级指标	三级指标	
大气圈和水圈灾害指标	水灾指数	洪水	洪峰水位/洪峰流量
			洪水总量
			洪水历时
			洪水频率
			洪水/洪水重现期
		渍涝	地表径流深度
			土壤相对湿度指标
			降水量指标
			积水深度
			积水时间
			日降水量
			涝期
		雪灾	24 小时降雪量
			积雪深度
			瞬时风速
			降水量距平百分率
		冰雹	冰雹直径
			降雹时间
			积雹厚度
		连阴雨	日降水量
			过程日平均日照时数
	极端气温指数	低温冻害	日最低气温
			一定时段内降温幅
		高温热浪	热浪指数
			当日的炎热指数
	海洋灾害指数	热带气旋	底层大风指标
			暴雨强度指标
			风暴潮强度指标
		海啸	海啸波高
			海啸能量
			最大海啸波振幅
			波峰到波谷的高度差
	沙尘指数	风级	
		水平能见度	

续表

一级指标	二级指标	三级指标
大气圈和水圈灾害指标	风灾指数	风速
	浓雾指数	水平能见度
地质灾害	地震指数	地震烈度
		地震动峰值
		地震震级
	滑坡指数	滑坡灾害强度
		稳定系数
		综合灾变指数
		滑坡危险性指数
	泥石流指数	泥石流灾害强度
		泥石流危险性指数
		综合致灾能力指数
		易发程度指数
		活动性指数
		灾变指数
		危险度指数
		泥石流危险区划分法
	火山	火山爆发指数
森林草原火灾	森林火灾	受害森林面积
	草原火灾	受害草原面积
生物灾害	病虫害	强度-频率指数/灾变指数
		遥感植被指数
		孕灾因子指数

2. 承灾体脆弱性

1945 年，美国地理学家 Gilbert Ewhite 在 *Enviroment as Hazards* 书中提出适应与调整的观点，首次将防灾减灾的视线从单纯的致灾因子研究和工程防御措施扩展到人类对灾害的行为反应，提出通过调整人类行为而达到减少灾害影响和损失的目的[17]。

承灾体是城市自然灾害所危害的对象，是区域对于灾害损失的敏感程度的载体，承灾体逐渐发展为一个多尺度，由自然、社会、经济、环境共同决定的综合性概念。将承灾体易损性当作安全的另一面，易损性增加，安全性降低，城市脆弱性越大，说明城市抗御灾害或从灾害影响中恢复正常的能力就越差[18]。Cutter[19]认为脆弱性分为三种类型：一是将脆弱性理解为暴露性，即使人或城市陷入危险的自然条件；二是把脆弱性看成是各种社会因素对灾害的抵御，即衡量其对灾害的抵御能力（弹性）；三是将暴露性与社会抵御能力结合起来。近年来，出现将环境风险和人类的反应结合起来研究的新趋势，注重将环境心理感知因素和社会方面的因素引入到灾害研究中。

城市自然灾害承灾体的相当一部分重要内容在城市防灾减灾方面，其也已经有了大量相关的研究：2004 年，Tyndall 气候变化研究中心将世界银行、世界卫生组织以及其他研究机构的指标进行整合，构建了国家对气候变化的脆弱性指标体系框架；刘艳等[20]建立了中国城市减灾管理能力的综合评价指标体系，包括城市危险性评价、易损性评价和承载力评价等方面指标；张风华和谢礼立[21]从地震减灾的角度构建了城市地震减灾能力评价的指标体系；史培军[9]基于灾害系统理论和中国自然灾害数据库，建立了城市脆弱性水平指数，将城市自然灾害风险划分为高风险、较高风险、中等风险、较低风险和低风险 5 个等级，编制了中国城市自然灾害风险评价图。总之，城市综合评价指标体系的综合性较强，但在具体内容的评价上有很大的局限性，因此，在建立综合城市灾害应急管理能力评价指标体系的基础上还应该完善具体内容评价指标的建设。目前对承灾体的划分有多种方案，如中国民政部将城市承灾体分为 6 大类：人类、建筑、生命线系统、交通设施、生活与生产构筑物、室内财产。国外将物质财产划分为财产、农业区域、基础设施、文化财产、其他物质财产，划分都是基于相应的研究目的而提出，针对具体问题有一定的不合理性。但整体来看，依据自然灾害对承灾体的危害方式，普遍认可承灾体三种基本类型包括：一是人口；二是人类劳动所创造的各种物质财产；三是人类赖以生存发展的资源和环境。

在脆弱性指标方面，指标选择多依据以下四种角度，或对四种角度进行综合：一是采用反推法，根据灾后损失评估体系确定指标体系；二是在社会易损性内涵剖析基础上，构建指标系统；三是采用信息量法，根据灾害案例确定指标；四是综合考虑区域宏观经济发展选取指标。

对现有研究成果中自然灾害承灾体脆弱性评价指标进行总结，得到评价指标如表 2.8 所示。

表 2.8 自然灾害承灾体脆弱性评价指标

一级指标	二级指标	三级指标
物理暴露性	人口	人口数量
		人口密度指数
		人口年龄结构指数

续表

一级指标	二级指标	三级指标	
物理暴露性	财产	经济	经济总量
			经济密度指数
		公共基础设施	生命线工程长度/数量
			生命线工程密度指数
			道路等级
			各等级交通长度/数量
		建筑物	建筑物面积
			建筑物密度指数
	生态系统	土地	种植用地面积
			精细化土地易损指数
		河流	河网密度
		植被	植被面积比
		牲畜	牲畜数量
灾损敏感性	人口	渐发性灾害忍耐力	区域人口体能指数
			区域人均日常生活耗水量
		突发性灾害应急忍耐力	家庭/社区人口体能指数
			家庭/社区自救技术指数
			公路敏感性
			区域疏散脆弱性指数
		建筑物	建筑结构（材料）
			房屋使用时间
			设计标准
			工程质量
			区位条件
			防治及辅助工程的工程效果
		室内财产	灾损敏感性指数
	生态系统	作物	区域耐旱指数
			区域耐淹指数
			区域耐倒伏指数
			区域低温敏感指数
			区域耐雹击指数
			区域耐病虫害指数
		牲畜	牲畜干旱敏感指数
			积雪敏感指数

3. 应灾能力

20 世纪 90 年代以来，全球变暖成为气候变化的主要特征，全球灾害明显增多，并具有关联性强、破坏性大、范围广、形式多样化等特点，危及人类生命和健康，威胁人类正常生活，破坏城市设施和财产，造成城市资源与生态环境破坏，并威胁到社会的可持续发展。同时，城市早期规划不当或防灾减灾基础工程不足，导致城市灾害越来越多，经济损失和生态环境破坏更加严重。因此通过研究城市防灾减灾综合能力水平，提高城市抵御灾害能力，减轻灾害给城市带来的损失，是未来研究的一个重要方向。

国内外学者对城市防灾减灾能力进行了大量研究，建立了各种各样评价指标体系与评价模型。进入 20 世纪 90 年代，防灾减灾实践逐步向综合化方向转移。1994 年，联合国第一届国际减灾大会通过的《横滨战略及其行动计划》制定了建立更安全世界的预防、防备和减轻自然灾害的指导方针。Kenneth Hewitt 认为减轻灾害损失和灾害影响，需综合分析和处理各种影响因素，充分发挥政治、经济、管理、政策等方面的作用，调动人的应对能力和调整能力，该思想将减灾研究和实践向综合化方向大大地向前推动了一步[22]。国内学者也针对城市自然灾害方面的防灾减灾综合能力开展了大量研究工作。张风华和谢礼立以人员伤亡、经济损失、震后恢复时间为评价准则，建立了城市防震减灾能力评估指标体系[23]；刘艳等从城市减灾管理的角度建立了综合评价指标体系[20]。

现有研究成果中的应灾能力评价指标分级标准，如表 2.9 所示。

表 2.9　应灾能力评价指标

一级指标	二级指标	三级指标
基础应灾能力	人力	每百人医生数
		每百人消防人员数
		政府应急管理能力
	财力	人均纯收入
		人均财政收入
		人均 GDP
	物力	每千人病床数
		每千人消防车辆数
		电话/手机/电视普及率
		火警调度专用线达标率

续表

一级指标	二级指标	三级指标
专项应灾能力	灾害预报能力	预报准确率
		观测站点的密集度
	工程抗灾能力	抗旱工程评估
		防洪抗涝工程评估
		台风抵御工程评估
		风雹抗击工程评估
		牧区雪灾抗击工程评估
		滑坡防治工程评估
		泥石流防治工程评估
		病虫害防治工程评估

4. 灾害后果

目前，对于灾害损失评估的指标体系已经进行了比较充分的研究，但是并没有达成一致意见。而评估的指标主要根据灾害损失的构成加以确定，例如：任鲁川[24]将灾害损失划分为社会方面的损失和自然环境方面的损失；魏庆朝和张庆晰[25]将灾害损失的指标划分为属性指标和货币指标，属性指标包括人员伤亡和灾害持续时间等指标，货币指标包括财产损失，救灾费用和灾害所引起的效益损失等经济损失指标；张风华和谢礼立[26]依据人员伤亡、经济损失和震后恢复时间建立自然灾害损失评价指标体系。而目前比较公认的损失评估指标体系，如图2.3所示。

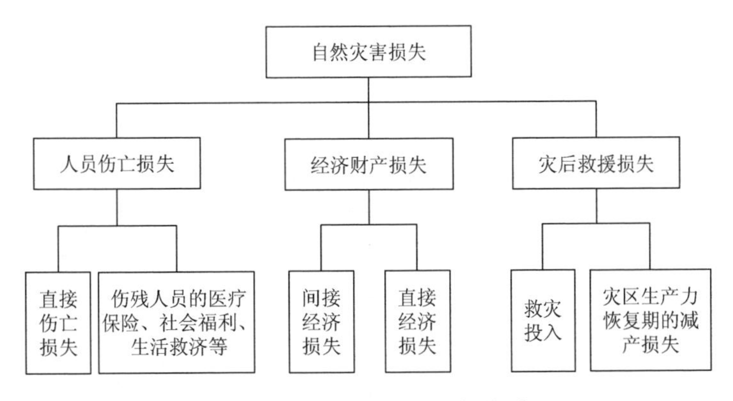

图2.3　自然灾害损失指标体系

马宗晋提出灾度是自然灾害损失绝对量度量的标准，以人口直接死亡数和社会财产损失值作为判别因子的双因子判定分级方法，把我国自然灾害的灾情分为巨灾（A 级）、大灾（B 级）、中灾（C 级）、小灾（D 级）、微灾（E 级）五个灾度，把死亡人数达 1 万人，直接经济损失达 100 亿元以上的划分为巨灾，以下每降低一个数量级，降低一个灾级[27]，如表 2.10 所示。

表 2.10　灾度等级的划分标准

灾害等级	人口死亡/人	财产损失/元
巨灾（A 级）	$>10^4$	$>10^{10}$
大灾（B 级）	$10^3\sim10^4$	$10^8\sim10^9$
中灾（C 级）	$10^2\sim10^3$	$10^7\sim10^8$
小灾（D 级）	$10\sim10^2$	$10^6\sim10^7$
微灾（E 级）	<10	$<10^6$

灾度大小并不能全面反映出灾害事件所造成的损失占社会财富和社会生存总量的比重，只反映了自然变异对社会财富所造成的破坏的绝对量。从经济发展的角度衡量，灾度不能满足灾害损失程度的度量，而事实上，有必要建立一种以自然灾害对社会生产总量、社会财富及再生产能力的衡量指标。另外灾度计算方法是把伤亡人数折算成经济损失才能进行统一的度量，而这一问题针对灾度不同的区域和时间又存在较大差异，因而有些学者提出“灾损率”“灾损指数”“相对灾度”等概念予以修正[28]。

灾损率是对自然灾害损失相对量的度量。它反映了自然灾害损失占灾区经济生活和社会生产总量的比率。灾损率概念的建立，在灾害等级划分和灾害救援以及灾害管理方面具有十分重要的意义[13]。灾损率从理论上是衡量灾害事件所造成的社会影响及破坏能力的评估指标，是科学的、可操作的和实用的。根据我国经济发展指数和新中国成立以来自然灾害经济损失的资料统计，对应灾度的概念，将灾损率同样划分为五个等级，判别指标如表 2.11 所示。

表 2.11　灾损率等级的划分标准

灾损等级	灾损率指数
巨灾（A 级）	>0.5
大灾（B 级）	$0.4\sim0.5$
中灾（C 级）	$0.3\sim0.4$
小灾（D 级）	$0.2\sim0.3$
微灾（E 级）	<0.2

灾度和灾损率虽然从绝对量和相对量角度对自然灾害损失进行了评估，但它们自身都有缺点：灾度只考虑了社会财产损失值和人口直接死亡数双因子，而未考虑人口伤残数量，不能全面表达灾情真实情况。

2009 年，国家质量监督检验检疫总局和国家标准化管理委员会发布《自然灾害灾情统计（第 1 部分）：基本指标》（GB/T 24438.1—2009），给出了 28 项基本指标。

综合现有研究成果中的灾后评价指标，灾害后果评价指标如表 2.12 所示。

表 2.12　灾害后果评价指标

一级指标	二级指标	三级指标
人口	受灾人口	受灾人口
	死亡人口	死亡人口
	失踪人口	失踪人口
	伤患者口	伤患者口
	紧急转移安置人口	紧急转移安置人口
	被困人口	被困人口
	饮水困难人口	饮水困难人口
财产	经济	经济损失总量
		停产工矿企业数量
		工矿企业直接经济损失
		公益设施直接经济损失
		家庭财产直接经济损失
	建筑物	倒塌房屋数量
		损坏房屋数量
	公共基础设施	损毁供水管线长度
		损毁输电线路长度
		损毁公路长度
		损毁铁路里程
		损毁通信线路长度
		损毁通信基站数量
		停课学校数量

2.2.2 事故灾难

生产安全的基本目的是避免和减少生产资料损害和经济损失，保证生产作业人员生命安全和健康，促进社会经济健康持续和快速发展。生产安全涉及各方面，包括工业、农业和服务业生产经营安全，各类交通运输安全，公共消防安全，特种设备、设施安全等与生产经营相关的安全。

事故灾难与安全生产是一个事物的不同阶段，安全生产包含了生产事故的预防、控制的整个过程，而事故灾难主要指事故以及事故所造成的后果。安全保障型城市理应包括事故发生之前的预防、发生之后的应急处置以及事后的调查与恢复生产的整个过程。安全生产是保障和维护生产经营过程的基本前提和条件。生产安全的基本目的是保障生产作业人员生命安全和健康，避免和减少生产资料损害和经济损失，促进社会经济健康持续和快速发展。安全保障型城市在安全生产方面的评价就是要通过中观、宏观的定性及定量分析，反映安全生产的综合状况。

在安全生产事故综合评价方法，主要有以下几个角度：一是不考虑地区间生产力发展水平差异、行业结构差异的影响，强调绝对指标的作用；二是考虑地区经济发展水平和行业产值结构差异的影响，主要采用相对指标，如亿元 GDP 死亡率、各类事故十万人死亡率、道路交通万车死亡率等；三是考评或反映城市的持续改进的综合状况，而不是横向综合的状况，主要考虑城市的同比情况。罗云[29]提出了安全生产指数的概念，根据安全生产（事故）特性综合性规律，按照指数的基本概念与理论，设计反映企业、行业或地方安全生产（事故）状况的一种综合性定量指标。指数具有相对性、动态性、无量纲性、综合性等特点，用于对企业、行业或地方政府（一段时期）的安全生产状况的评价，服务于安全生产的科学决策。

通常情况下，安全生产指标包括两个方面：一是事故发生状况指标，记录安全事故情况的各种绝对量和相对量，如死亡人数、千人死亡率等；二是事故预防指标，反映是否能够预防事故发生的指标，如安全生产达标率、安全投资比例、安全生产专业人员配备率等。

下面分别从安全生产事故发生状况、安全生产事故防控能力、安全生产事故发生原因三个方面，详细描述国内外在事故灾难方面的研究进展情况。

1. 安全生产事故发生状况

安全生产事故是指生产经营单位在生产经营活动中发生的造成人身伤亡或者直接经济损失的事故。

国际劳工组织（International Labour Organization，ILO）对职业事故的分类方法如下：按照事故形式划分为职业事故、职业病、通勤事故、危险情况和事件；按致害因素分类为机械、运输工具和起重设备、其他设备、材料物质和辐射、作业环境、其他等。常用的事故发生状况指标包括绝对指标和相对指标两类，如表 2.13 所示。

表 2.13　安全生产指标种类

<table>
<tr><th>指标种类</th><th colspan="2">指标</th></tr>
<tr><td rowspan="5">绝对指标</td><td colspan="2">事故起数</td></tr>
<tr><td colspan="2">死亡人数</td></tr>
<tr><td colspan="2">重/轻伤人次</td></tr>
<tr><td colspan="2">损失工作日（时）数</td></tr>
<tr><td colspan="2">经济损失</td></tr>
<tr><td rowspan="7">相对指标</td><td rowspan="4">相对人员指标</td><td>千人死亡率</td></tr>
<tr><td>工矿商贸就业人员（十万人）生产安全事故死亡率</td></tr>
<tr><td>人均损失工作日</td></tr>
<tr><td>人均经济损失</td></tr>
<tr><td>相对劳动量</td><td>百万工作日伤害频率</td></tr>
<tr><td>相对产值</td><td>单位（亿元）GDP 事故率、单位（亿元）生产总值生产安全事故死亡率</td></tr>
<tr><td>相对产量</td><td>煤矿：百万吨事故率等；交通综合：客公路、吨公路等，道路交通万车死亡率，特种设备万台死亡率，铁路交通 10 亿公里死亡率，民航运输亿客公里死亡率</td></tr>
</table>

国家《安全生产“十二五”规划》列出了多项安全生产规划指标，包括人员伤亡、事故起数、防控能力、典型危险源等方面的指标，其中人员伤亡，事故起数的指标如表 2.14 所示。

表 2.14　安全生产规划指标及其要求

<table>
<tr><th>类别</th><th>序号</th><th>指标</th><th>规划要求</th></tr>
<tr><td rowspan="6">人员伤亡</td><td>1</td><td>亿元 GDP 生产安全事故死亡率</td><td>下降 36%以上</td></tr>
<tr><td>2</td><td>工矿商贸就业人员十万人生产安全事故死亡率</td><td>下降 26%以上</td></tr>
<tr><td>3</td><td>煤矿百万吨死亡率</td><td>下降 28%以上</td></tr>
<tr><td>4</td><td>道路交通万车死亡率</td><td>下降 32%以上</td></tr>
<tr><td>5</td><td>特种设备万台死亡率</td><td>下降 35%以上</td></tr>
<tr><td>6</td><td>火灾十万人口死亡率</td><td>控制在 0.17 以内</td></tr>
</table>

续表

类别	序号	指标	规划要求
人员伤亡	7	水上交通百万吨吞吐量死亡率	下降23%以上
	8	铁路交通10亿公里死亡率	下降25%以上
	9	民航运输亿客公里死亡率	控制在0.009以内
	10	各类事故死亡总人数	下降10%以上
	11	工矿商贸企业事故死亡人数	下降12.5%以上
事故起数	12	较大和重大事故起数	下降15%以上
	13	特别重大事故起数	下降50%以上

《中华人民共和国国民经济和社会发展第十一个五年规划纲要》首次纳入“单位国内生产总值生产安全事故死亡率”和“工矿商贸就业人员生产安全事故死亡率”两个综合反映安全生产状况的规划指标。多年来，国际劳工组织[30]主要采用的事故统计指标有三类：第一类是事故伤亡人数，包括死亡人数和损失工作日三天以上人数；第二类是职业伤亡率，一般用十万人死亡率或百万工时死亡率表示；第三类是损失工作日。国家统计局在《2005年国民经济和社会发展统计公报》中，也首次将上述两个综合指标和“道路交通万车死亡率”“煤矿百万吨死亡率”两个专项指标纳入国家统计指标体系。

2004年，国务院安全生产委员会建立了安全生产控制指标体系，包括工矿商贸企业死亡人数、煤矿企业死亡人数、煤矿百万吨死亡率、亿元GDP死亡率、十万人死亡率和工矿商贸十万人死亡率六项构成的控制指标，其中前三项指标为考核指标，纳入对地方政府的目标考核体系中。2008年《国务院安全生产委员会关于下达2008年全国安全生产控制考核指标的通知》（安委〔2008〕1号）提出，将安全生产控制考核指标划分为总体控制考核指标、绝对控制考核指标、相对控制考核指标，可以看出，安全生产控制考核指标都采用死亡人数或死亡率，具体内容如表2.15所示。

表2.15　安全生产控制考核指标体系

种类	指标
总体控制考核指标	生产安全事故死亡总人数
绝对控制考核指标	工矿商贸生产安全事故死亡人数[煤矿事故、金属与非金属矿事故、建筑施工事故（房屋建筑及市政工程事故）、危险化学品、烟花爆竹、特种设备]
	火灾事故死亡人数
	道路交通事故死亡人数

续表

种类	指标
绝对控制考核指标	水上交通事故死亡人数
	铁路交通事故死亡人数
	渔业船舶事故死亡人数
	农业机械事故死亡人数
相对控制考核指标	亿元 GDP 生产安全事故死亡率
	工矿商贸就业人员十万人生产安全事故死亡率
	道路交通万车死亡率
	煤矿百万吨死亡率
	十万人口火灾死亡率
	水上交通百万吨吞吐量死亡率
	铁路交通百万机车总行走公里死亡率
	特种设备万台死亡率

2. 安全生产事故防控能力

目前，对安全生产防控能力的研究还相对缺乏，为了对安全生产发展和事故的预防工作进行定量、科学管理，需要建立安全生产防控能力的指标体系。对事故的预防与控制应该从安全教育（education）、安全技术（engineering）、安全管理（enforcement）这三个方面入手，简称“3E”对策。对这三个方面要采取相应的措施，而且三者要保持平衡，才能做好事故预防工作。安全教育对策、安全技术对策和安全管理对策分别着重解决物的不安全状态的问题，指导人应该怎么做、人必须怎样做，如表 2.16 所示。

表 2.16　安全生产防控能力指标

一级指标	二级指标
安全教育指标	负责人安全培训率
	员工安全培训率
	特种作业人员复训率
	安全监管人员配备率
	安全专职人员配备率
	注册安全工程师数
	高危行业企业主要负责人、安全生产管理人员和特种作业人员持证上岗率

续表

一级指标	二级指标
安全技术指标	安全科技项目鉴定数
	安全预评价通过率
	“三同时”审核率
	重大隐患整改率
	中介（检测）机构数
	安全投入增长率
	安全科技成果转化率
	工作场所职业危害因素监测率
	粉尘、高毒物品等主要危害因素监测合格率
	安全生产新产品、新技术、新材料、新工艺和关键技术准入测试分析能力
	国家、省、市及高危行业中央企业应急平台建设完成率达到100%，重点县达到80%以上
	“三高”（高压、高含硫、高危）油气田采用硫化氢气体防护监测技术装备
	三等及以上尾矿库和部分位于敏感地区尾矿库安装在线监测系统
安全管理指标	安全监管机构和队伍建设：县级以上安全生产监管部门监察执法机构执法人员本科以上学历覆盖率，乡镇街安全生产监管人员大专以上学历覆盖率，安全生产监督队伍的培训率
	新颁布法规数、法律法规完善程度
	OHSMS 认证数
	重大危险源检查率
	重大事故结案率
	事故漏报率
	职业危害申报率
	工作场所职业危害告知率和警示标识设置率
	接触职业危害作业人员职业健康体检率
	安全监管监察执法人员执法资格培训及持证上岗率
	专题业务培训覆盖率
	省、市、县三级安全监管部门工作条件建设
	省级和区域煤矿安全监察机构达标率

3. 安全生产事故发生原因

经济社会发展与安全生产是相辅相成的，经济社会发展促进安全投入、提高安全生产水平，同时安全生产也是经济发展和社会稳定的必要条件。影响安全生产事故发生的宏观因素很多，涉及经济发展、社会结构、劳动就业、人口素质等方方面面，并且各种因素对安全生产的影响方式、程度并不明确。在城市第二产业占主导时，事故主要发生在第二产业，但随着城市第二产业的减少，城市维护、家庭燃气等也是造成事故的主要原因，我国经济社会统计指标体系包括 1000 多个指标，其中与安全生产密切相关的主要包括经济发展、社会结构、劳动就业、人口素质、教科文卫等指标，根据世界银行关于经济发展水平的划分标准，对 27 个国家根据其 14 项经济社会发展指标开展了综合分析，研究表明安全生产除了与经济社会发展水平和产业结构相关外，还与国家安全监管体系、社会福利制度、安全法制建设、安全文化、科技投入水平、教育普及程度等因素密切相关[31]。汪卫国和李东洲[32]对能够反映经济社会和安全生产发展水平的相对指标进行了分析，认为影响北京市安全生产的经济社会指标依次是：城市人口比重、第二产业就业人数比重、中学生入学率、人均 GDP、科研投入比重、第三产业比重、城市居民恩格尔系数。段伟利和陈国华[33]通过对广东省经济社会发展状况和安全生产事故的相关指标进行统计分析，认为一定区域内的 GDP 产量、产业结构的组成、产业集群的发展以及社会的文明程度等都会影响该区域内的安全生产水平的发展。姚有利[34]收集总结了美国、日本和英国等发达国家历年的安全状况数据和经济发展水平数据，在定性分析的基础上建立了安全生产状况与经济发展水平关系的理论模型；刘铁民[35]在分析我国工伤事故发生和演变规律及其与经济增长率（以 GDP 为指标）之间的关系的基础上，提出了橙色（安全预警色）GDP 的概念。《2010 中国劳动统计年鉴》中涉及失业率、工资指数、城镇居民消费价格指数、周平均工作时间、养老保险、医疗保险、失业保险、工伤保险等统计指标。

2.2.3　公共卫生事件

美国耶鲁大学公共卫生教授 Winslow 在 1920 年提出，公共卫生是通过有组织的社区努力来预防疾病、延长寿命、促进健康和提高效益的科学和艺术。2003 年国务院副总理兼卫生部部长吴仪提出，公共卫生就是组织社会共同努力，改善环境卫生条件，预防控制传染病和其他疾病流行，培养良好卫生习惯和文明生活方式，提高医疗服务，达到预防疾病，促进人民身体健康的目的。2010 年中国公共卫生专家曾光和黄建始教授的团队在系统研究了已有的公共卫生定义的基础上，结合中国国情提出了新的公共卫生定义：公共卫生是以保障和促进公众健康为宗旨的公共事业，通过国家和社会共同努力，预防和控制疾病与伤残，改善与健康相关的自然和社会环境，提供基本医疗卫生服务，培养公众健康素养，创建人人享有健康的社会。[36]

各国、各地区由于政治、经济、文化和自然条件、社会状态等的不同，对突发公共卫生事件的官方名称和理解存在差异，赋予其含义也就各有侧重。

美国《州公共卫生示范法》将公共卫生突发事件定义为当发生的疾病或出现的健康问题同时具备以下两个条件时即可认定为公共卫生事件。一是可能由以下任一种原因引发：A.生物恐怖；B.新发传染病或者是按要求已经得到控制或消灭的传染病或生物毒素；C.自然灾害、化学武器袭击、意外事故、核攻击或事故。二是可能出现以下一种情况：A.受影响的人群出现了大量死亡；B.受影响的人群出现了大量严重的或长期的损伤状况；C.可能受到影响的人群广泛暴露于传染源或有毒物。

2001 年日本厚生劳动省在《厚生劳动省健康危机管理基本指针》中将健康危机管理的概念定义如下：所谓健康危机管理是指由于药品、食物中毒、传染病、饮用水以及其他某些原因引起的危害国民生命、健康安全事件所采取的预防健康损害发生、防止事态扩大、进行治疗等相关事务。

我国《突发公共卫生事件应急条例》将突发公共卫生事件定义为突然发生、造成或者可能造成社会公众健康严重损害的重大传染病疫情、群体性不明原因疾病、重大食物和职业中毒、动物疫情以及其他严重影响公共健康的事件[37]。

公共卫生事件的形成是孕灾环境、致病因子、易感原因相互作用的结果。孕灾环境是公共卫生事件的原始驱动力，它能引起致病因子的数量变化和性质变化，也能影响易感人群的免疫状况；致病因子是导致疾病发生的必要条件，但需要在孕灾环境的推动之下才能有效地作用于易感人群；易感原因只有具备了足够的脆弱性，才能形成突发疫情。

公共卫生评价是通过系统的调查、监测和评估，提供与公众健康相关的信息，即常规、系统地收集与公共卫生有关的信息，然后进行分类和分析，并将公共卫生信息随时提供给公众。公共卫生评价指标的主要作用是在国家和各领域层面，对公共卫生系统的工作内容和效果进行评价与信息发布，同时为客观地、系统地反映工作中的问题、调整公共卫生策略、制定合理的公共卫生政策等提供依据。具体说公共卫生评价指标是对人群健康状况、健康危险因素、卫生服务可及性、卫生服务利用率的标准化和定量的测量。

下面分别从人群健康状况、健康危险因素、疾病的预防与控制三个方面，详细描述国内外在公共卫生事件方面的研究进展情况。

1. 人群健康状况

城市人群健康是公共卫生水平的客观反映。人群中不同疾病的相对重要性（疾病负担）取决于疾病的发生频率（发病率或患病率）、严重程度（死亡率和患病的严重程度）、受疾病影响者的类型（性别、年龄）[38]，如表 2.17 所示。

表 2.17　人群健康测量指标

类型	指标	说明
整体性指标	疾病的发生频率	发病密度：单位人时某病的新发病例数。 患病率：某一特定时刻某人群中某病的现患病例占总人口的比例，而不只针对新发生的病例
	疾病严重程度	过早死亡：由该病所引起的死亡发生在如果未患该病的预期死亡年龄之前。 伤残度：该疾病给患者造成的伤残程度，可以通过多项指标测量
	死亡率	死亡率是衡量人群健康状况最重要的指标。有两个重要的测量指标：婴儿死亡率和 5 岁以下儿童死亡率是全面评价国家健康状况的最敏感指标；孕产妇死亡率是国际社会于 2000 年通过的八个十年发展目标之一
	综合指标	人口平均寿命；健康缺失（损失的健康生命年）；健康期望：无伤残期望寿命和健康相关期望寿命
分项指标	艾滋病	到 2010 年，艾滋病病毒感染人数控制在 150 万以内
	性病	性病年增长幅度控制在 10%以内
	肺结核病	新肺结核患者发现率达到 70%以上，治愈率保持在 85%以上，有效治疗传染性肺结核病患者 200 万人以上
	乙肝	全人群乙肝表面抗原携带率控制在 7%以内，5 岁以下儿童乙肝表面抗原携带率降至 1%以下
	血吸虫病	血吸虫病疫区流行得到基本控制，95%以上的县（市、区）实现消除碘缺乏病目标
	麻疹	保持无脊髓灰质炎状态，麻疹发病率下降 50%
	可预防传染病发病率	乙脑、狂犬病、出血热等可预防传染病发病率下降 30%
	蠕虫	蠕虫感染率

2. 健康危险因素

能对人造成伤亡或对物造成突发性损害的因素，称为危险因素；能影响人的身体健康，对疾病或对生物造成慢性损害的因素，称为有害因素，通常情况下，对两者并不加以区分而统称为健康危险因素。健康危险因素具有多种分类方法，按照危险因素的类型可以分为生物性因素、物理性因素、化学性因素以及社会-心理-行为因素[39]，如表 2.18 所示。

表 2.18　公共卫生危险因素分类表

类别	危险因素
生物性因素	致病微生物
	传染病媒介物
	致害动物
	致害植物
	其他生物性危险因素

续表

类别	危险因素
物理性因素	气象条件
	声：噪声、次声、超声
	振动
	辐射：电离辐射、非电离辐射
化学性因素	无机污染物
	有机污染物
	高分子污染物
	有害气体类污染物
	尘类污染物
	农药类污染物
社会-心理-行为因素	社会因素：经济状况、社会保障、教育、人口、科学技术、社会制度、法律、文化教育、婚姻家庭、医疗保障制度等
	心理因素：个人心理特征、社会心理因素
	行为因素：吸毒、吸烟、酗酒、饮食不当、缺乏运动锻炼

3. 疾病的预防与控制

有关公共卫生指标体系方面的研究，国外研发的卫生系统评价框架和相应的指标体系，对研究我国公共卫生评价指标、建立公共卫生服务、突发公共卫生事件的监测预警和应对能力评价概念框架和指标体系具有重要的借鉴意义。

1）突发事件应对能力方面

国外针对突发公共卫生事件应对能力的评价研究主要集中在美国。“9·11”恐怖袭击后，为应对生物袭击、恐怖袭击，美国建立和完善了一系列的突发公共卫生事件应对能力的评价指标体系。一是州突发事件应对能力评价指标体系，是由美国国家突发事件管理协会（National Emergency Management Association，NEMA）和联邦突发事件管理局（Federal Emergency Management Agency，FEMA）联合研制的，针对州和区域突发事件应对能力的自评工具，包括立法与授权、风险识别与评价、风险缓解、资源管理、应急预案、指挥控制和协调能力、预警、实施步骤、后勤及设备、培训计划、演习及评价、公众教育及信息交流、财政管理 13 项突发事件管理功能。二是州和地方公共卫生准备和应对能力的评价指标体系，是由美国联邦政府疾病预防与控制中心为评价“生物恐怖准备和响应”项目进展情况，而专门研制的一套快速评价工具，主要用于评价公共卫生机构应对公共卫生威胁和突发事件的能力，包括州公共卫生准备和应对能力评价指标体系，一级地方公共卫生准备和应对能力评价指标体系两个问卷[40]。三是美国哥伦比亚大学护理学院卫生政策中心在美国疾病预防控制中心的资助下编制了《生物恐怖和突发事件公共卫生人员能力标准》。

2）公共卫生服务方面

世界卫生组织（World Health Organization，WHO）2000 年提出了卫生服务系统绩效评价框架，并首次对 191 个成员国的卫生系统绩效进行了综合评价。该框架将卫生系统定义为：包含所有致力于产生健康活动的组织、机构和资源。其中“健康活动”是指改善健康的努力，包括个体卫生服务、公共卫生服务或地区间的合作[41]。并将卫生系统的总体目的定义为：良好健康、对人群期望的良好反应性和财政负担的公平性。这三个目的是评价卫生系统绩效的基础，也应是各国日常检测的主要内容。经济合作与发展组织在很多方面采用了 WHO 卫生服务系统绩效框架的内容，但它更强调卫生系统的表现。经济合作与发展组织建议卫生系统绩效框架包含三个主要目标：改善健康和成果、反应性和可及性、筹资和卫生支出，而且认为这些目标的平均水平和分布尤为重要。该框架包括四个主要的维度：健康的改善/结果、反应性、公平性（健康结果、可及性、融资）、效率（宏观和微观效率）。澳大利亚国家卫生绩效框架是在健康决定因子模型的基础上，着重关注卫生服务的投入、过程、产出和结果背景变量。该框架分为三个层次：健康状况和结果、健康决定因子、卫生系统的绩效。公平性被看作这三个部分共有的特性。健康状况和结果包含：健康状态、人体机能、完满健康、死亡测量四个维度；健康决定因子包含环境和社会经济因素、社会能力、健康行为以及和个人相关的四个维度；卫生系统的绩效有九个维度，它们是：效果、适宜性、效率、反应性、可及性、安全性、连续性、能力和支持性。英国的国家卫生服务绩效评价框架是建立在平衡记分法基础之上的。该框架认为卫生系统绩效评价是多维的，涉及六个领域：健康改善、公平的可及性、有效使用适合的卫生服务、效率、患者 / 看护者的经历和卫生服务结果。具体指标是根据每个领域的目标制定的[41]。

从国内相关研究来看，目前的研究成果主要集中在对突发公共卫生事件的监测预警、应急体系以及应急能力评价指标体系等方面和关于公共卫生服务体系绩效评价和支出的研究。

公共卫生服务体系方面，苏海军等主要遵循 WHO 卫生系统的概念框架，基于“投入（筹资）、服务提供和健康结果”的结构，同时重点借鉴了美国公共卫生服务绩效评价的结构、过程、结果三维评价模型，初步建立了公共卫生服务体系绩效评价指标体系框架，其范围主要包括：疾病预防控制体系、妇幼保健体系、农村卫生服务体系和城市社区卫生服务体系[42]。刘宝等从均等化的角度对基本公共卫生服务指标体系专门研究，并对部分基本公共卫生服务提供指标进行了省际均等化综合测量[43]。

城市应对能力方面，申井强[44]在关于城市突发公共卫生事件应对能力的评价指标体系研究中提出了城市突发公共卫生事件应对能力的评价指标体系层次模型。杨风[45]着眼于医院的突发公共卫生事件人力资源管理，以医务人员应对突发公共卫生事件能力为研究落脚点，探索了评价医务人员应对突发公共卫生事件的能力指标，并构建了初步的综合评价模型。

综合国内外关于公共卫生评价指标体系的研究，涉及内容包括：社会经济水平、公共卫生服务体系、突发公共卫生事件应急体系这三方面，每一方面再进行细化提出相应的指标，如表 2.19 所示。

表 2.19　公共卫生预防与控制能力评价指标

一级指标	二级指标	三级指标	四级指标
社会经济水平	社会经济	公共卫生财政支出比率	公共卫生财政支出比率
		当地人均参保比率	当地人均参保比率
公共卫生服务体系	人口结构	老年人（＞60 岁）健康管理	老年人所占人口比例
		0～6 岁儿童健康管理	当地 0～6 岁儿童所占比例
			新生儿访视率
			新生儿死亡率
		孕产妇健康管理	孕妇健康管理率
			产后访视率
	公共卫生服务	具有职业资格的卫生技术人员比例	具有职业资格的卫生技术人员比例
		工作人员参加岗位培训比率	工作人员参加岗位培训比率
		疾病预防控制机构基础设施和仪器设备达标单位比率	疾病预防控制机构基础设施和仪器设备达标单位比率
		健康档案建档情况	健康档案建档率
			电子健康档案建档率
			健康档案合格率
		健康普及宣传	健康教育讲座和健康教育咨询活动普及率
			居民关于安全知识的专项宣传频率
突发公共卫生事件应急体系	突发公共卫生事件监测、预警	传染病预防控制	儿童疫苗接种率
		慢性非传染性疾病预防控制	慢性病患者规范管理率
		突发公共卫生事件处置	突发公共卫生事件报告及时率
			突发公共卫生事件规范处置指数
		应急预案	应急预案体系完整率
		模拟演练指数	模拟演练指数
		应急物资储备情况	应急物品处置齐全率
	突发公共卫生事件应对能力	应急规范处置指数	应急规范处置指数
		事件原因查明率	事件原因查明率
		相关信息网络直报率	相关信息网络直报率

2.2.4 社会安全事件

针对城市公共安全中的社会安全问题，建立社会安全指标体系，对社会稳定与安全态势进行及时预测、预报和预警是当前我国经济与社会发展的迫切需要。社会系统是由政治、经济、文化等诸多领域及不同层次相互依存、关联耦合等相互作用而形成的复杂开放巨系统[46]。因此，构建社会安全指标体系在“自然-经济-社会”复杂巨系统理论指导之下，是在对“自然-经济-社会”复杂巨系统总体识别的前提之下展开的。

社会安全指标体系的构建要综合、集成、借鉴不同学科的理论与方法，并以现有的各种相关社会预警预测系统和评价指标体系为基础，如中国科学院研发的社会稳定与安全预警系统[47]、江苏省社会科学院提出的社会风险预警系统[48]。在评价指标体系研究方面，20世纪60年代以来，社会指标运动从美国兴起进而风靡世界。社会学家设计了各种各样的指标体系，用来对非物化社会现象进行定量研究，如美国社会学家阿历克斯·英格尔斯设计的计量社会现代化程度的“现代化指标体系”，我国社会学者朱庆芳设计的计量社会发展协调程度的“社会发展综合评价指标体系”[49]，王地宁和唐均设计的表征社会发展水平的“社会发展指标体系”[50]，宋林飞提出的“社会风险指标体系”[51]，郑阅春和王倩斓提出的社会治安评价指标体系[52]，南京市提出的“创建全国最安全城市”评价指标体系等。除了上述对整体社会安全的评价指标体系外，研究人员针对社会安全中某一方面进行了对评价指标体系的研究，如失业监测预警指标体系[53]、环境预警指标体系[54]、上海社会稳定指标体系[55]。

总之，尽管社会指标体系各色各样，运用社会指标方法是现代社会科学研究的大趋势，但是，由于非物化社会现象自身的高度复杂性和不确定性，而且人们对所要计量的非物化社会现象尚缺乏深入的定性分析，大多数指标体系的测量信度和效度都不尽如人意，有些指标体系甚至很难实施，导致定量研究缺乏可靠的理论前提。

中国科学院社会稳定与安全预警研究组[47]集中了国内外一批不同学科、不同研究领域的著名专家，经过多年潜心攻关，依据社会系统理论在对社会系统进行理论解析的基础之上，提出维系一个国家或区域社会安全需要自然系统、经济系统、社会系统、管理决策系统、民主法制系统五大支持系统的支撑。

依据社会稳定与安全预警系统的基本理论，针对中国的实际情况，研究组对中国社会稳定与安全预警系统的内部结构与运行模型进行了理论设计。中国社会稳定与安全预警系统有11大模块、30多项模型、80多个指数和200多个要素。

社会风险发生的实际过程是社会风险预警系统中设置社会风险预警指标的

首要依据。社会风险预警指标对应社会风险中孕育、发展与表现阶段的过程，应包含警源、警兆和警情三类因素，其中警源是产生社会风险的根源，警兆是指社会风险在孕育与滋生过程中先行暴露出来的现象，警情是指社会风险外部形态表现，并从经济、政治、社会、自然环境、国际环境五个方面提取指标，如表 2.20 所示。

表 2.20　社会风险预警指标体系

风险领域	警源指标	警兆指标	警情指标
经济	失业率	抢购风	集体上访
	通货膨胀影响率	挤兑风	集体静坐
	贫困率	怠工	集体罢工
	企业亏损率	抛荒	—
	城乡居民收入差距	—	—
	城市居民收入差距	—	—
	农村居民收入差距	—	—
政治	干部贪污	牢骚	行政诉讼
	干部渎职	激进言论	政治集会
	政策变动频率	—	游行示威
	政策后遗症	—	—
社会	犯罪率	小道消息	恶性侵犯事故
	离婚率	劳动争议	暴力群斗
	人口流动率	污染与破坏事故	团体犯罪
	—	非制度化团体	宗教冲突
	—	—	民族冲突
	—	—	动乱
自然环境	严重灾害	农业食品短缺	生命损失
	—	—	财产损失
	—	—	生产损失
国际环境	世界经济衰退	经济摩擦	经济制裁
	严重物价波动	政治争论	政治干涉
	意识形态对立	—	敌对行动

参 考 文 献

[1] 中华人民共和国住房和城乡建设部. 中国人居环境奖申报和评选办法[Z]. 建城[2006]101 号，2006-04-29.

[2] 周志田，王海燕，杨多贵. 中国适宜人居城市研究与评价[J]. 中国人口·资源与环境，2004，14（1）：27-30.

[3] 顾传辉，陈桂珠. 生态城市评价指标体系研究[J]. 自然生态保护，2001，（11）：24-25，38.

[4] 中华人民共和国国务院. 全国生态环境保护纲要[Z]. 国发[2000]38 号，2000-11-26.

[5] 李辉，魏德洲. 城市生态安全评价的理论与实践[M]. 北京：化工工业出版社，2011.

[6] 中国城市竞争力研究会. 中国安全城市评价指标体系[R]. 香港，2007.

[7] 陈秋玲，王永刚. 上海城市安全研究[M]. 北京：经济管理出版社，2011.

[8] 马德峰. 安全城市[M]. 北京：中国计划出版社，2005.

[9] 史培军. 四论灾害系统研究的理论与实践[J]. 自然灾害学报，2005，14（6）：1-7.

[10] 高庆华，张业成. 中国自然灾害风险与区域安全性分析[M]. 北京：气象出版社，2005.

[11] Dilley M，Chen R S，Deichmann U. Natural disaster hotspots：a global risk analysis synthesis report[R]. Washington DC：Hazard Management Unit，World Bank，2005.

[12] Arnold M，Chen R S，Deichmann U. Natural disaster hotspots：case studies[R]. Washington DC：Hazard Management Unit，World Bank，2006.

[13] 赵阿兴，马宗晋. 自然灾害损失评估指标体系的研究[J]. 自然灾害学报，1993，2（3）：1-7.

[14] 孙绍骋. 灾害评估研究内容与方法探讨[J]. 地理科学进展，2001，20（2）：122-130.

[15] 史培军. 中国自然灾害风险地图集[M]. 北京：科学出版社，2011.

[16] 葛全胜，邹铭，郑景云. 中国自然灾害风险综合评估初步研究[M]. 北京：科学出版社，2008.

[17] Burton I，Kates R W，White G F. The Environment as Hazard[M]. New York：The Guilford Press，1993.

[18] Birkmann J. Measuring Vulnerability to Promote Disaster-Resilient Societies：Conceptual Frameworks and Definitions[M]. Tokyo：United Nations University Press，2006：9-53.

[19] Cutter S L. Vulnerability to environmental hazards[J]. Progress in Human Geography，1996，20（4）：529-539.

[20] 刘艳，康仲远，赵汉章，等. 我国城市减灾管理综合评价指标体系的研究[J]. 自然灾害学报，1999，8（2）：61-66.

[21] 张风华，谢礼立. 城市防震减灾能力指标权数确定研究[J]. 自然灾害学报，2002，11（4）：23-29.

[22] Hewitt K. Regions of Risk[M]. Singapore：Longman Singapore Publisher，1997.

[23] 张风华，谢礼立. 城市防震减灾能力评估研究[J]. 地震学报，2004，26（3）：318-330.

[24] 任鲁川. 灾害损失定量评估的模糊综合评判方法[J]. 灾害学，1996，11（4）：5-10.

[25] 魏庆朝，张庆晰. 灾害损失及灾害等级的确定[J]. 灾害学，1996，11（1）：1-5.

[26] 张风华，谢礼立. 城市防震减灾能力评估研究[J]. 自然灾害学报，2001，10（4）：58-64.

[27] 马宗晋，高庆华，位梦华. 自然灾害与减灾 600 问答[M]. 北京：地震出版社，1990.

[28] 孙卫东. 相对灾度的提出及其实际意义[J]. 灾害学，1993，8（3）：88-89.

[29] 罗云. 安全生产指标管理[M]. 北京：煤炭工业出版社，2007.

[30] International Labor Office. Yearbook of Labor Statistics（1999-2009）[M]. Geneva：International Labor Office，2010.

[31] 李毅中. 我国安全生产的形势和任务[Z]. 北京，2007.

[32] 汪卫国，李东洲. 北京市安全生产与经济社会发展关系研究[Z]. 广州，2007.

[33] 段伟利，陈国华. 安全生产与经济社会发展之关系的研究——以广东省为例[J]. 中国安全科学学报，2008，18（12）：56-61，26.

[34] 姚有利. 安全生产与经济社会发展关系理论研究[J]. 安全与环境学报，2009，9（6）：159-163.

[35] 刘铁民. 橙色 GDP 及其演变规律[J]. 中国安全生产科学技术，2005，1（2）：3-6.

[36] 曾光，黄建始. 公共卫生的定义和宗旨[J]. 中华医学杂志，2010，90（6）：367-370.

[37] 中华人民共和国国务院. 突发公共卫生事件应急条例[Z]. 国务院令第 588 号，2011-01-08.

[38] Merson M H，Black R E，Mills A J. 国际公共卫生疾病、计划、系统与政策[M]. 北京：化学工业出版社，2009.

[39] 范春. 公共卫生学[M]. 厦门：厦门大学出版社，2009.

[40] 胡国清，饶克勤，孙振球. 突发公共卫生事件应对能力评价工具研究[J]. 中华医学杂志，2006，86（43）：3031-3034.

[41] 王海军. 公共卫生服务评价概念框架及指标体系的研究[D]. 北京：中国疾病预防控制中心，2008.

[42] 苏海军，姚岚. 公共卫生服务体系绩效评价指标框架研究[J]. 中国卫生经济，2010，（11）：74-75.

[43] 刘宝，胡善联，徐海霞，等. 基本公共卫生服务均等化指标体系研究[J]. 中国卫生政策研究，2009，（6）：13-17.

[44] 申井强. 城市突发公共卫生事件应对能力的评价指标体系研究[D]. 苏州：苏州大学，2008.

[45] 杨风. 突发公共卫生事件医务人员应对能力评价指标选择和初步模型构建[D]. 广州：南方医科大学，2009.

[46] 宋瑞林. 西方社会学（上、下）[M]. 南京：南京大学出版社，1997.

[47] 杨多贵，周志田，陈劭锋，等. 中国社会稳定与安全预警系统的理论设计[J]. 系统辩证学学报，2003，11（4）：82-87.

[48] 宋林飞. 中国社会风险预警系统的设计与运行[J]. 东南大学学报（社会科学版），1999，1（1）：69-76.

[49] 朱庆芳. 社会指标的应用[M]. 北京：中国统计出版社，1993.

[50] 王地宁，唐均. 社会发展指标体系的建构和应用[J]. 中国社会科学. 1991，（1）：151-167.

[51] 宋林飞. 社会风险指标与社会波动机制[J]. 社会学研究，1995，（6）：90-95.

[52] 郑阅春，杨倩斓. 社会治安评价指标体系研究[J]. 统计与咨询，2006，（6）：74-75.

[53] 蓝若琏. 失业对我国经济及社会的影响与建立失业监测预警指标体系研究[J]. 经济师，2000，（6）：15-17.

[54] 李俊红，刘树枫，袁海林. 浅谈环境预警指标体系的建立[J]. 西安建筑科技大学学报（自然科学版），2000，32（1）：78-82.

[55] 上海《社会稳定指标体系》课题组. 上海社会稳定指标体系纲要[J]. 社会，2002，（12）：8-11.

第3章　城市运行安全

3.1　城 市 运 行

3.1.1　概念界定

城市是以人的活动为主体，由经济、社会、环境等三大系统组成的多层次的动态系统。它是人口与经济活动在空间上的集中，是一个地区的经济、政治、文化、服务等中心，是一个地区经济和社会发展的标志。城市是一个复杂的自适应系统，包括城市人口、基础设施、公共服务等众多系统，通过与外部环境进行物质、能量及信息交换构成开放条件，通过物质运输、能量交换、信息交流等多种相互作用形成一种复杂系统，具有动态性、强耦合性、高度系统性等特征。

城市运行是在特定的环境下，为了不断满足人们经济、社会、文化需求，城市中人、物、管理等按照一定的规律持续运转的过程[1]，又指构成城市的各要素共同作用的过程或者城市的各要素相互作用所达成的运动状态。

城市运行有广义和狭义之分。广义的城市运行是指构成城市的所有要素之间相互作用的过程或达成的状态，即包括城市的经济、社会、环境等系统组成的多层次的动态过程；而狭义的城市运行是指具体某一领域或行业的运转状况，或者从时间发展角度提出的具体某一阶段的运转情况[2]。不管是广义的城市运行，还是狭义的城市运行，都是在自然环境及社会环境下，通过人的自觉行为和政府企业对城市的规划、决策、执行、反馈等行为，形成一个动态过程，保障城市经济、政治、文化、生活等方面的有序运转。

城市运行系统是一个复杂的巨系统，涉及交通、市政、环境秩序、医疗防疫、水务、电力、气象等众多方面，根据分析问题的不同角度，城市运行系统可以划分为不同的子系统，如划分为城市基础设施运行、城市实质环境运行、城市市场经营运行、城市公共服务运行、城市社会公共安全等子系统[3]。

3.1.2　系统特征

城市运行从系统科学的角度看是一个动态的开放系统，具有整体性、动态性、相关性、开放性、目的性、环境适应性等特点，具体分析如下。

1. 整体性

城市运行是一个规模庞大、关系复杂、影响因素众多、多目标、多层次、多功能的动态开放的系统，同时这个系统又由许多复杂的、相互作用的、相互影响的多元子系统构成。需要协调好各个子系统之间的关系，形成各子系统具有依照城市运行目标下的自适应、自组织能力。

2. 动态性

城市的发展是一个动态的发展过程，城市运行系统需要在城市各个要素动态的变化发展过程中，迅速获取城市动态变化的信息，谋求城市管理条件和管理目标的动态平衡。

3. 相关性

城市运行各子系统之间相关影响、相互关联，具有高度的相关性，任何一个子系统的运行状况都会影响到其他系统的运行。因此，需要加强城市运行整体的协调机制，从而实现城市整体的和谐运行。

4. 开放性

城市运行系统的开放性一方面表现在各子系统之间的开放，另一方面是指城市与外部环境的开放，如其他地区。具体而言，开放性体现在人流、信息流、物质流、能量流四个方面。

5. 目的性

城市运行系统具有特定的目的，即为人们从事各种经济及社会活动提供必要的物质条件、经济环境、空间活动条件及资源储备，并达到安全、快速、高效、和谐发展的目的。

6. 环境适应性

城市运行系统处于社会环境之中，受周围环境的影响和制约，并与周围环境相协调。

同时，城市运行系统具有多重非线性、复杂高阶次和多回路等系统的动态行为特性及自身特点，人在城市系统中处于主体地位，但由于系统的复杂性，人对系统的控制与作用异常复杂，存在着系统模糊性、系统反应滞后性、系统破坏不可逆性等特点。

3.1.3　系统划分

城市运行系统的构成包括：城市自然环境系统、城市社会经济系统、城市管理控制系统，以及形成以上三大系统之间的相互作用关系。

城市自然环境系统与城市社会经济系统之间是一种“供给-排放”关系。城市自然环境系统为城市社会经济系统提供物质、能源等供给，并影响城市社会经济系统；城市社会经济系统利用和消耗城市自然环境系统资源，并将各种废弃物排放到自然环境，一定程度上也影响城市自然环境系统。

城市管理控制系统与城市社会经济系统之间是一种“控制管理-响应反馈”关系，且是一种不断循环的过程。城市管理控制系统通过对城市社会经济规律的认识，并且通过制定相应政策法律法规，规范和管理城市社会经济系统，为城市社会经济系统提供服务和支撑；城市社会经济系统在自主运行的同时，受到城市管理控制系统的控制，实现城市社会经济系统之间的有序运行，同时向城市管理控制系统反馈信息，城市管理控制系统做出相应的影响措施。城市管理控制系统与城市社会经济系统之间存在着复杂的反馈与响应关系，从反馈时间角度可以分为长期、中期、短期，需要制定相应的长期政策、法律法规、制度，同时紧急情况下需要采用应急处置措施，通过多种策略、多种手段与方法，城市管理控制系统实现对城市社会经济系统的有效干预、控制和管理，实现城市社会经济系统的高效、安全、有序运行。

城市社会经济系统各子系统之间以居民活动为中心，为其提供各种相关服务，分为能源与水、建筑设施、交通运输、邮电通信、环境卫生、经济结构等功能子系统。城市社会经济系统运行表现出一定的波动性，可能产生相关的安全问题（自然灾害、生产事故、公共卫生事件、社会安全事件），并通过经济损失程度、人员伤亡数量、对城市生产和生活的影响程度等，体现出城市运行的安全状态。

通过对城市自然环境系统、城市社会经济系统、城市管理控制系统之间逻辑关系分析，得出三个系统之间的逻辑关系图，如图 3.1 所示。

3.1.4　影响因素分析

根据前面对城市运行的解析和对城市运行系统的解构，可以将影响城市运行的因素分为两类：长期影响因素和短期影响因素。

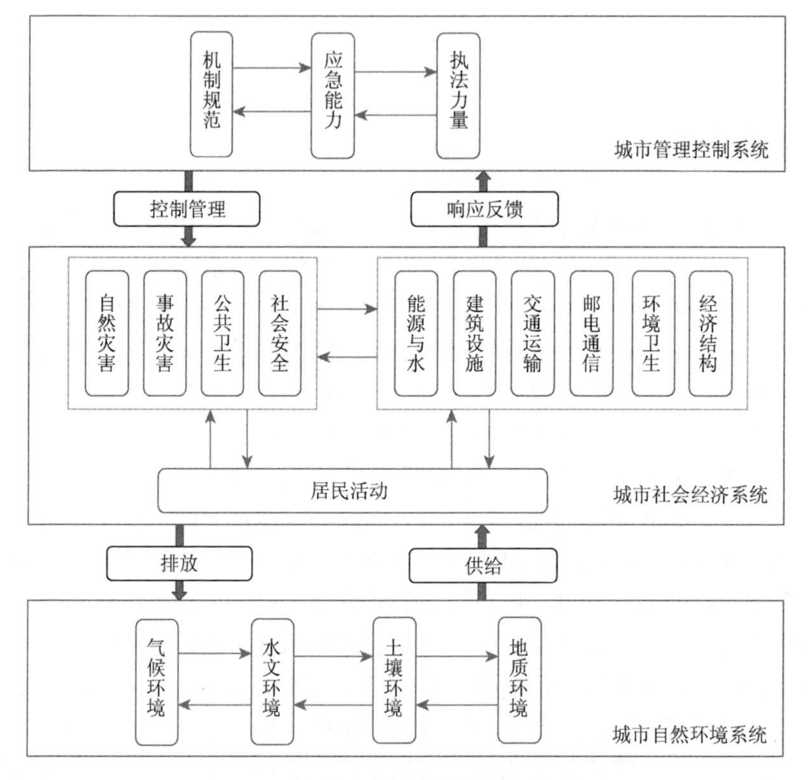

图 3.1　城市运行各系统的逻辑关系图

1. 长期影响因素

根据对城市运行的系统分析，可以将影响城市运行的主要因素归纳为四类。

1）经济因素

经济发展是直接影响城市运行各项指标的重要因素，特别是城市公共设施负荷的变化，经济因素主要包括人口和经济发展水平等。例如，随着经济的发展，车辆迅速增长；生活垃圾产生量及垃圾种类与人口数量和居民生活水平呈正相关。

2）自然因素

自然因素包括城市空间区位、气候环境、季节变化、地质水文等众多要素，对某一个特定城市来说，长期自然因素不同年度的变化较小。

3）个体因素

个体因素是指城市居民的个体行为意识、消费习惯、安全意识、文化素质等因素。

4）社会因素

社会因素是指城市社会法律法规、规章制度、社会行为准则等，是一种影响个体行为和城市运行的间接因素，如在垃圾产生方面，资源回收、减量化等可能影响垃圾产生量及成分。

2. 短期影响因素

1）天气条件

天气条件是影响人们活动规律的重要因素之一，也会对城市运行的其他方面产生直接影响。

常用的天气指标包括气温（最高气温、最低气温、平均气温），天气状况（晴、多云、阴、雨、雪等），风（风向、风力等），相对湿度（最高相对湿度、最低相对湿度、平均湿度），紫外线指数，人体舒适指数等。

紫外线指数指当太阳在天空中的位置最高时到达地球表面的太阳光线中的紫外线辐射对人体皮肤造成的可能损伤程度。

人体舒适度指数为表征不同大气环境下人体的生理反应和变化而提出。所谓“人体舒适度”就是指在不特意采取任何防寒保暖或防暑降温措施的前提下，人体在自然环境中是否感到舒适及其达到怎样一种程度的具体描述。人的生理变化受多种天气要素的综合影响，人体对小气候的感觉是多种因素的综合反应，影响人体舒适度的主要因素为环境温度、湿度和风力。人体舒适度指数就是为了从气象角度来评价在不同气候环境下人的舒适程度，而根据人类机体与大气环境之间的热交换而制定的生物气象指标。具体计算公式为

$$D = f(T) + g(U) + h(V)$$

式中，D 为人体舒适度指数；T 为日平均气温（℃）；U 为日相对湿度（%）；V 为日平均风速（$\mathrm{m \cdot s^{-1}}$）。我国对人体舒适度指数的研究虽然有一定的基础，但因国土广阔，区域气象差异大，迄今尚没有一个能够广泛适用的舒适度指数计算模型。

天气对城市运行的影响主要体现在以下几个方面：一是天气状况的好坏直接影响人们的出行，在工作日期间（星期一到星期五），由于出行的人大多数是为了工作，因此降雨、雪等天气状况对出行人数的影响相对较小，但是当雾霾到了一定的严重程度，政府采取更为严厉的限行措施，这将对交通运行产生显著影响；二是天气状况对能源与水供应的影响，当人体感觉冷或热的时候，会对电力、燃气、水等需求产生影响；三是雨雪天气会对道路交通产生影响，雨雪天气直接影响道路通行能力等。

2）大型活动

按照大型活动对城市运行的影响程度可以分为：①整体影响，奥运会期间北京市施行了五环路内单双号限行、加强城管执法等多项措施，对城市整体运行造成了多方面的影响；②局部影响，新中国成立60年庆祝活动时，在国庆阅兵、群众游行等活动期间北京市对部分路段施行了交通管制措施，另外，当某些场馆有大型文化、体育、招聘会等活动时会出现人流聚集等现象，从而影响

城市的局部运行。

3）节假日

城市居民依据节假日情况进行工作生活安排，工作日居民以工作为主，形成显著的潮汐人流，而节假日人们集中进行购物、消费行为，形成相应的人流、物流和能量流等。

节假日按照范围可以分为全国性节假日、城市特殊节假日，按照类型可以分为传统节假日、部分公民节假日等，另外，学生寒暑假对城市运行影响也比较显著，寒暑假期间学生出行的相关人流、车流量会减少。

4）活动规律

人的活动受到自然因素和社会因素的多种影响，天气条件、节假日等条件会显著影响人的出行、消费、活动行为。直接影响包括交通出行，同时会形成相应的水、电、气、热等使用量的规律性特征。

5）管理因素

城市管理是指以城市这个开放的复杂巨系统为对象，以城市基本信息流为基础，运用决策、计划、组织、指挥、协调、控制等一系列机制，采用法律、经济、行政、技术等手段，通过政府、市场与社会的互动，围绕城市运行和发展进行的决策引导、规范协调、服务和经营行为。城市管理是维持城市正常运行的重要因素，同时也会对城市运行监测指标产生影响。

3.2 城市运行系统动力学分析

城市本质上不是一个可积系统，而是动态的非平衡开放系统，通过不断地与外界进行物质、能量、信息交换来维持其结构的稳定性和有序状态。在城市内部扰动与外部扰动之间的共振作用下，表现出有序与无序，确定性与随机性、必然性与偶然性等多层面统一的动态特征。

城市运行研究可以为政府城市管理日常决策与应急决策提供支持，2008 年北京市以奥运会为契机，建成了城市运行监测平台。城市运行监测的目的是从全市的宏观角度，及时发现城市运行中存在的问题。城市运行监测指标在时间尺度上，主要以天为频率，而在空间尺度上以全市整体情况为主。因此，系统动力学的城市运行系统分析模拟应该建立在全市的宏观角度和更小的时间尺度上，选择适当的监测指标，探索主要监测指标间的相互关系，才能更及时、准确地发现城市运行过程中存在的问题，按照城市运行规律科学、有效地实现对系统的控制，保证城市的稳定、协调运行。

面对城市这样一个开放的复杂巨系统，要研究它的动态运行过程，仅仅应用单纯的数学、物理或某一种类的研究方法无疑是困难或难以胜任的。这就需要我们针对不同的局部问题和研究对象，使用不同的研究方法，对局部研究结果从整体上进行整合，从更高层面进行综合和归纳，进而进行定性分析和论证。

城市运行系统是处于相互作用中并与环境处于相互联系中的元素的集合体。系统元素相互作用或相互联系规律的具体形式一般有两种：输入输出关系和因果关系。其中，输入、输出是一对基本矛盾，是系统的基元；因果关系主要表现为矛盾与矛盾之间的关系，是系统各部分连接在一起的纽带。

系统动力学充分利用了上述这两种关系，并且把这两种关系具体化。系统动力学把系统中一个元素表述为一个水平变量，把这个水平变量的输入表示为输入速率变量，把它的输出表示为输出速率变量。水平变量是输入速率与输出速率的矛盾统一体，它们是系统动力学的最基本的结构单位。系统动力学把水平变量与水平变量之间，把矛盾统一体之间的关系具体化为因果关系环，通过因果关系环把系统各部分整合为一个整体。

在系统动力学研究中，系统变量是系统运行的基础支撑，城市运行的许多水平变量可以通过监测来获得，但是众多水平变量之间并不是明确的函数关系，城市运行系统中众多的输入和输出速率变量无法通过监测或函数关系获得，必须应用城市运行过程中产生的大量数据，采用一元回归、多元回归、生产拉布拉多函数、指数趋势预测和 GM（1, 1）、灰色预测等作为辅助模型来确定参数之间的关系。

因此，针对城市运行系统中变量的特点，需要建立以系统动力学方法为“母体”，“嫁接”多种方法的混合模型，实现城市运行系统的动态仿真。也就是以系统动力学方法为基础，分析城市运行各指标的因果关系、输入输出关系，并应用回归、多元统计等多种数据分析方法确定各变量之间的定量关系。

各专业部门为了保障部门计划与决策的科学性，对本部门的情况都做了大量研究，对各自的情况也都有了较为深入的了解，但是如何把城市运行各系统、各专业方面的相互影响进行综合考虑，就要借助系统动力学的方法手段，对城市运行系统进行全面、深入的分析，研究城市运行各子系统、各专业之间的相互影响，并通过多元统计、回归等数据分析方法把影响程度进行定量化，最终实现对城市运行系统的模拟仿真，从定性和定量上研究各种因素变化对城市运行的影响。

3.2.1　分析框架

1. 概述

针对城市这样一个复杂巨系统，众多研究者从不同的角度对城市的系统特性进行了研究。吴晓军等在《城市系统研究中的复杂性理论与应用》[4]一书中，指出城市系统的研究方法可分为：描述城镇体系以及城市内部空间结构的静态模型；

以系统动力学和Lowry模型为代表的宏观动态城市模型；以复杂系统理论为基础的动态演化城市模型。王铮等[5]探讨了上海市空间结构的复杂性，研究发现与经典的城市空间结构模式不同，空间结构的复杂性包括商业重心与中央商务区（central business district，CBD）分离；城市产业带存在多种结构；城市出现递阶行为上的边缘城市，并且其分布具有类似混沌的特点。另外一些研究者对城市公共空间形态、土地利用、空间结构、交通等方面的复杂性进行了研究。段汉明[6]通过分析城市系统的位置变量和状态变量，借鉴和运用动力学系统中哈密顿方程、刘维定理等方法，来刻画城市系统运行中相对稳定的子系统和某些层面演化的复杂性。袁晓勐[7]以分工和专业化为出发点构建了城市自组织过程的理论框架，综合性地研究了城市系统自组织演化的一般规律和聚集效应以及相关理论问题。李后强和艾南山[8]认为城市系统的演化具有混沌性质，必须借助非线性理论与方法才能揭示其动力学机制，单纬东等从一般城市系统的稳定性分析出发，提出了通过分数维（fractional dimension）分析，重建城市动力系统，并基于此模拟其演化机制的基本思路。

对于系统结构的确定，首先要根据建模目的和实际问题内涵的反馈机制划定系统边界，只有系统边界确定之后才能确定系统的内生变量和外生变量。系统边界的确定过程，即系统内要素的确定过程，由于建模目的的不同，同一研究对象的系统边界可以不同。在确定系统边界时，应遵循以下基本原则。

（1）目的原则：系统动力学方法需要把所研究的系统问题构造成一个系统动力学模型，然后借助计算机模拟计算进行定量分析和研究。因此就要求所构造的模型具有一定的目的性，能够面向问题，面向解决，而非笼统地面向系统。

（2）就简原则：如果在某变量要素缺失的情况下仍能达到系统研究的目的，就应该将该变量要素排除在边界之外，尽可能缩小边界的范围。

（3）有效原则：构造的模型要有较高的置信度，即构造出的模型能够确切地表述所研究的系统问题，且模型的行为及产生的策略等是有效的、可信赖的。

系统边界包含所研究问题的原因与结果的反馈，以及解决问题的方案或政策所处的系统范围。而城市运行把整个城市作为研究对象，城市与外界之间存在着物质、信息、能量和人等的交换，而自然环境也是影响城市运行的重要外部因素。城市运行的内涵应该包括城市的方方面面，城市运行是自然环境、物、人、管理等因素综合作用的结果。其中，人是城市运行的重要驱动力，物是城市运行的物质基础，管理是城市运行的调节中枢，自然环境是影响城市运行的重要因素，对城市中人和物质的运行都起着重要的驱动作用。

本书所拟定的系统空间范围为城市主要建成区，主要研究城市主要建成区内城市动态运转的各个方面，城市运行的系统动力学模型探索城市各子系统之间的相互影响，从而从城市宏观运行的角度发掘城市运行管理中存在的问题，因此，城市运行系统主要包括影响人们日常生活方方面面的各种因素，探索城市运行具有自身的规律性，包括城市各子系统、各方面的运行规律；城市运行各系统相互作用的规律。如城市中人的流动、天气的变化都具有其自身的规律，同时这些规律产生的结果通过系统间的相互作用影响其他系统。下面将讨论城市运行系统的具体内涵。

在可持续发展系统动力学基本模型中，将可持续发展系统分为人口、资源、环境、社会与经济五个要素。其中，人口是驱动系统发展变化的动力，资源环境是系统存在的基础支撑，经济是为满足人口直接需求创造条件的各种活动，而社会则是人口、资源、环境与经济活动的综合集成，是人口发展变化的组织形式，也是作为个体的人生存发展的条件。

由于模型建立的目的不同，与可持续发展系统动力学模型不同，城市运行的目的是为了满足人们生产、生活活动多个方面需求，城市运行的系统动力学仿真是为了研究各种因素对城市运行的影响方式、程度，为城市运行评价提供理论依据，并通过对主要指标的预测，实现城市整体运行状况的预测预警。

围绕人的各种活动可以将城市运行系统其他方面分为实质环境、公共安全、基础设施、市场经营四个子系统。这四个子系统除了相互之间的直接影响外，主要通过对人的活动的影响来影响其他方面。与可持续发展系统动力学模型不同，由于城市运行的系统动力学模型是探索城市运行的动态过程，实现城市运行的监测，为日常管理决策提供理论支撑，因此，需要紧紧围绕城市运行的特征，选择各子系统的输入、输出和指标间的反馈关系。

作为开放的复杂巨系统，影响城市运行的因素是十分复杂的，但系统内各子系统之间的相互作用是主因。分析子系统之间的内在联系，探讨整个运行系统相互影响的机制，对充分发挥城市管理的作用具有十分重要的意义。

在这种系统动力学基本结构下，人的活动是城市运行的中心，而实质环境、基础设施、公共安全、市场经营四个子系统为人的生产、生活活动提供服务，而人的活动都反过来作用于各子系统，系统动力学的反馈关系主要围绕人的活动而建立起来，实质环境、基础设施、公共安全、市场经营四个子系统在城市运行过程中也会相互影响，以这些反馈为基础构建城市运行的系统动力学模型，如图 3.2 所示。

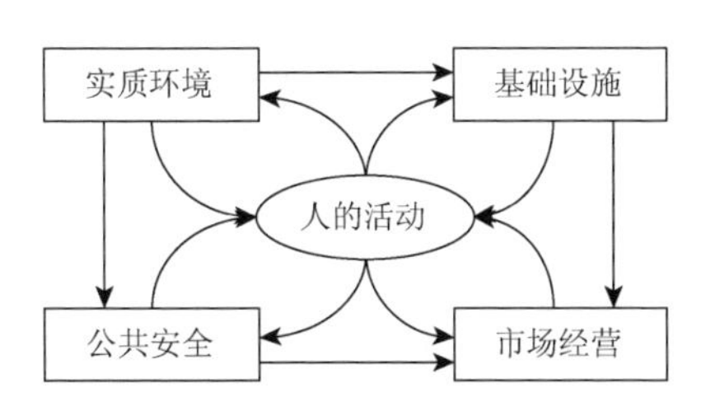

图 3.2　模型基本结构关系

通过前面对城市运行监测数据的分析，我们已经找到一些指标的主要影响因素，下面对城市各子系统的主要输入、输出进行分析，分析城市运行各个方面指标的主要因果关系链，并进一步形成反馈回路，形成城市运行的基本因果关系图。

2. 人的活动子系统

城市运行的最终目的是更好地满足人的生产、生活需要，人的各种活动是在特定的环境条件下进行的，人的活动也会反过来对环境造成影响。而基础设施、市场经营都是人们为了满足自身生产、生活需求而逐渐建立起来的。公共安全方面，自然灾害是受自然因素和人的活动耦合影响，而事故灾难、公共卫生事件、社会安全事件都直接与人的活动密切相关。

在城市运行系统中，人的活动包括衣、食、住、行、生产等行为，以及政治、经济、文化、体育、旅游等活动。目前能够反映人的活动的城市运行监测指标主要包括旅游情况，星级饭店出租情况，文化、体育、政治、商贸等大型活动的个数、人数，交通中居民出行总量，早晚高峰车速公共电汽车客运量、轨道交通客运量，网络舆情中话题的点击率、回复量等。

人的活动包括生活、生产多个方面，对人的活动产生影响的因素是多种多样的，但从城市运行的宏观整体来看，主要可以分为以下几个方面。

（1）实质环境子系统：天气条件、大气环境是影响人出行、户外生产活动的主要因素；而人的活动产生的垃圾、废气、噪声、辐射等都反馈到环境系统中。

（2）公共安全子系统：局部的、影响较小的安全生产事故并不会对城市整体运行造成较大的影响，因此，指标选择时主要考虑可能对城市宏观运行产生影响的公共安全事件，以及反映城市宏观公共安全状况的事件累计数据指标，例如，甲型 H1N1 流感的传播会导致大型活动、人的出行减少。而事故灾难中主要影响因素一般分为人机环管，其中人、管理因素都与人的活动直接相关，公共卫生事件中食物中毒、职业中毒、传染病等都与人的活动密切相关，因此人的活动也是公共安全子系统的一个重要输入。

（3）基础设施子系统：主要满足人的生活、生产需求，在运行正常、充足的情况下，并不会形成对人活动的输入，而一旦基础设施的某个方面无法满足人的生活、生产需求，会直接或间接影响人的活动；而人的活动是形成基础设施负荷的主要原因。

（4）市场经营子系统：日常消费品价格、娱乐教育文化用品及服务等多个方面都会对人的活动产生直接影响，而城市宏观经济、企业的经济状态也会间接地对人的活动产生影响。大量外来旅游人口会对经济系统中的居民消费产生直接影响。

在人的活动子系统中自身的主要输入还包括政治、文化、体育、经济等方面的大型活动，节假日旅游等方面。

由于人的活动是其他子系统之间反馈的中间环节，并且人的一些活动是城市运行的原始驱动力，掌握人活动的变化情况，是研究城市运行系统的核心环节。

图 3.3 表达了人的活动子系统的主要输入与输出关系。

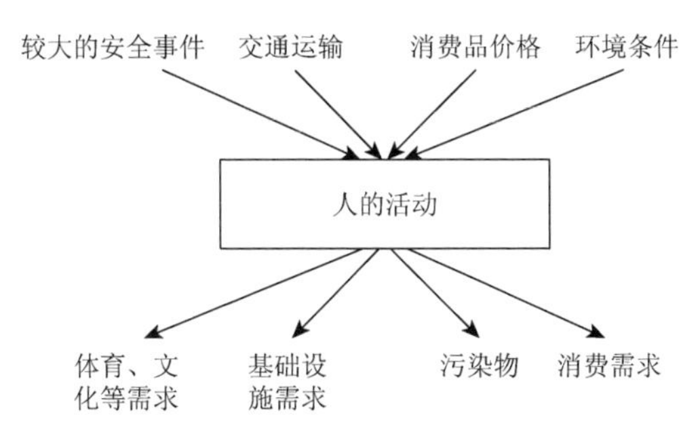

图 3.3　人的活动子系统的主要输入与输出关系

3. 实质环境子系统

所谓环境总是相对于某一中心事物而言，作为某一中心事物的对立面而存在。它因中心事物的不同而不同，随中心事物的变化而变化。与某一中心事物有关的周围事物，就是这个中心事物的环境。

在可持续发展系统动力学模型中常将环境划分成地理环境、地质环境和星际环境。针对城市运行系统外部环境的特征，可以将环境系统划分为天气环境、大气环境、市容环境。

图 3.4 说明了环境子系统的输入与输出关系。

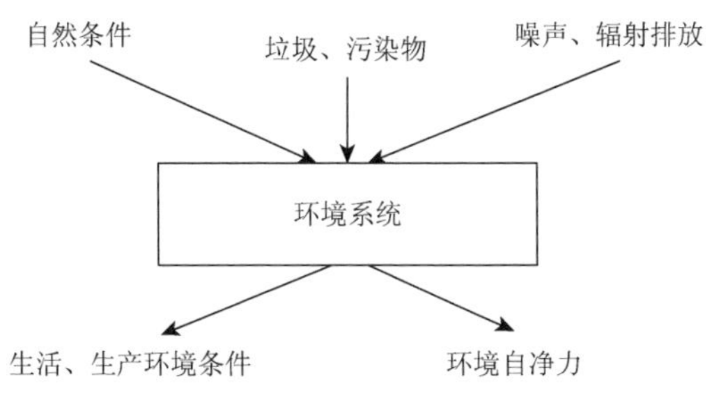

图 3.4　环境子系统的主要输入与输出关系

天气环境主要由城市所处的地理位置、气候条件等决定，城市每天的天气条件主要受季节等因素的影响，因此对于城市运行系统动力学模型来说，天气条件是从城市运行系统之外通过流进入系统之内的，称为“源”。

大气环境，一方面受到天气情况的影响，主要由空气污染扩散气象条件指数表征。该指数是在不考虑污染源的情况下，从气象角度出发，对未来大气污染物的稀释、扩散、聚积和清除能力进行评价。另一方面受到污染物排放情况的影响，包括燃煤、工业、机动车等排放的大量污染物，施工工地扬尘，特殊时期烟花爆竹燃放。另外，城市空气环境还受到城市周边地区污染物排放情况的影响。

市容环境包括生活垃圾产生与处理情况、市容环境秩序等方面。从长期来讲，生活垃圾产生量受到人口、居民生活水平和城市发展建设状况等因素的影响。从短期来讲，生活垃圾产生量受到季节、天气、人的活动规律（周末或工作日等）、流动人口等因素影响。市容环境秩序主要受管理因素影响，但也受到节假日、流动人口、重要活动等因素的影响。

4. 基础设施子系统

基础设施是指为社会生产和居民生活提供公共服务的物质工程设施，是用于保证国家或地区社会经济活动正常进行的公共服务系统。它是社会赖以生存发展的一般物质条件。在城市运行中基础设施子系统主要包括供水排水、能源供应、交通运输、邮电通信等几个方面。

能源和电力系统是城市健康运行的生命线之一，近些年来，城市热岛不断加剧，使得城市电力系统承受着越来越大的安全压力。天气和气候因素对电力消费需求及电力供给系统都具有较为显著的影响，并且保障电力运行的许多设备设施对天气和气候因素较为敏感。天气因素主要包括稳定、风速、湿度、日照、气压等参数。另外，电力负荷还受节假日等因素影响。燃气、供水等各种能源供应都在不同程度上受到天气、节假日等因素影响。

图 3.5 表达了基础设施子系统的主要输入与输出关系。

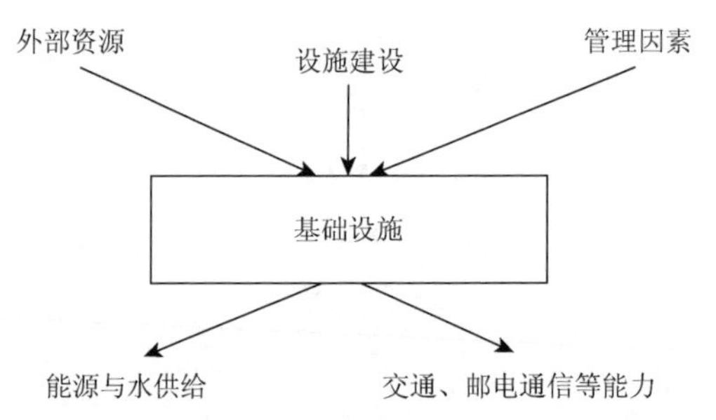

图 3.5　基础设施子系统的主要输入与输出关系

显然，基础设施提供能源、水供应与保障的能力主要取决于外部资源供应、设施建设情况、管理因素等。

5. 公共安全子系统

城市公共安全管理体系的建立和完善，可以在很大程度上提高城市应对突发性重大事故及灾害的快速反应与应急抵御能力，为城市持续、稳定、和谐的发展提供切实保障。

一般认为安全系统是人、机、环境相互交融的复杂系统，其结构、功能与行为之间，系统与环境之间是动态、辩证对立的统一关系，安全管理是为了认识安全系统中各种元素及其复杂的关系和系统动态变化的规律，并做出正确决策的组织管理行为，因此安全系统本身就是一个复杂的系统工程问题。

与普通安全系统相比，城市公共安全空间更大，从城市运行的整体来看，其环境主要是自然环境，包括天气、地震等因素；人活动主要包括相对危险的生产活动、交通活动及其一些大型活动；物质条件从宏观上讲主要是城市基础设施建设、生产条件情况等方面；另外还有安全与应急管理。而公共安全子系统的输出是在特定的自然条件下，基于城市基本物质条件的现状，公共安全管理水平与应急能力对城市运行的保障能力。基于上述分析，可以形成图 3.6 所示的公共安全子系统的主要输入与输出关系。

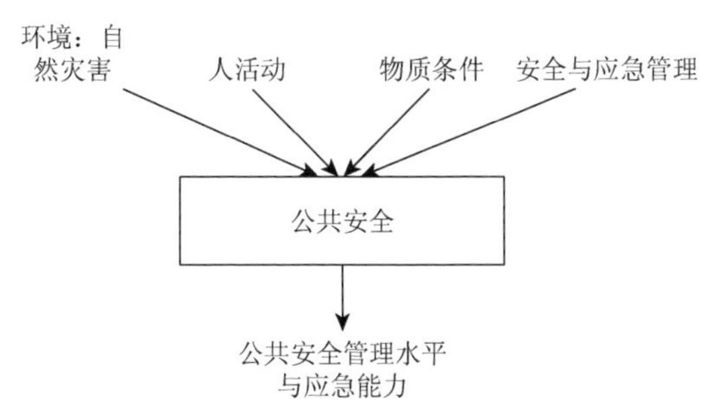

图 3.6　公共安全子系统的主要输入与输出关系

6. 市场经营子系统

市场经营所包括的范围比较广，这里从狭义的城市运行进行分析，主要分析生活必需品物价水平、能源供给情况和金融服务情况等。

对于城市而言，生活必需品、能源的供给主要受到宏观经济、生产、运输等几个方面的影响。另外，如果市场对生活必需品或能源等的需求发生突然变化准备不足，也会造成市场的不稳定，导致相应的商品供应紧张，价格上涨。而城市市场经营系统的输出主要是在以上系统输入的条件下，通过合理的管理措施，能够以合理的价格向市民提供充足消费品的能力。图 3.7 表达了社会经济子系统的主要输入与输出关系。

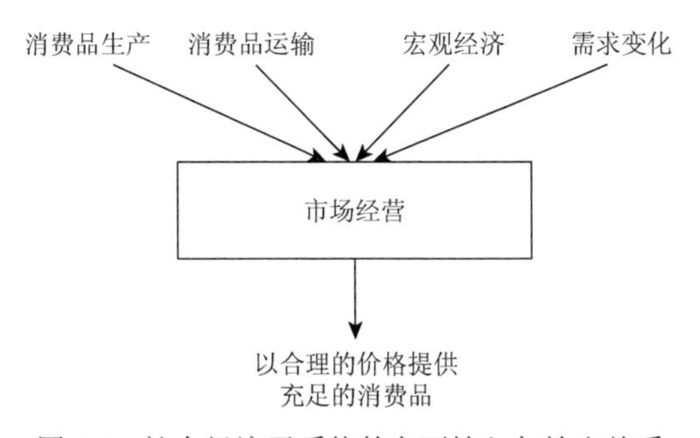

图 3.7　社会经济子系统的主要输入与输出关系

3.2.2 城市运行系统因果关系分析

在确定系统边界的基础上，进一步得到系统的基本因果关系图。因果关系图是指支配系统动态发展的行为，或最能表征系统结构的若干因果反馈环。在基本因果关系中，舍弃掉了一切无关紧要的细节，有助于正确把握系统的内在发展机制，从而实现对系统行为的调节与控制。

1. 主要因果关系链

在进行系统结构分析中，首先用直观的因果关系树状图，分析系统中的主要因果关系链，直接得到相关变量之间的因果关系，反映因素之间的相互影响，有助于对模型结构有更进一步的了解。

1）人出行活动的影响因素

对人出行活动情况很难进行监测，无法直接提取人出行活动状况变量，而市内交通状况是反映人出行活动的重要指标，可以间接反映人的活动状况。市内交通状况的主要指标包括：公共电汽车日客运量，轨道交通日客运量，全路网、快速路、主干路、次干路、支路等早晚平均车速。城市人出行活动受到多种因素影响，可以形成图 3.8 所示的影响因素因果链。

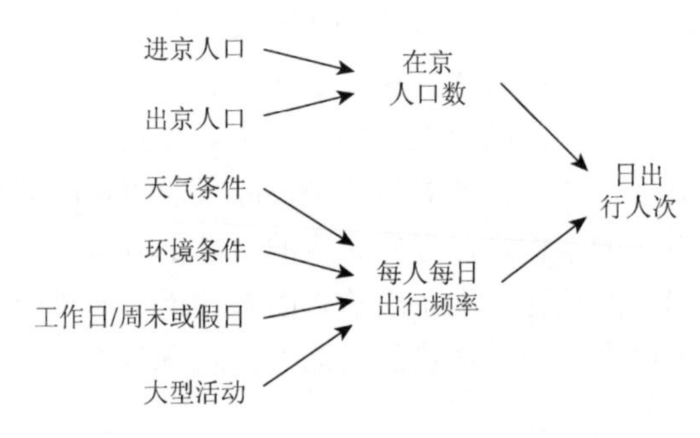

图 3.8 城市日出行人次影响因素因果链

以北京市为例，北京市每日出行人数与在京人数和每人每日出行频率有关。近年来，我国人口流动空前活跃，成为当前一个突出的社会现象。北京市作为首都和快速发展的特大城市，每年都会吸引大量流动人口，是全国流动人口的三大聚集区之一。从行业分布看，流动人口主要集中于批发和零售业、制造业、建筑业、住宿餐饮业和居民服务业。而节假日到北京市旅游、学生离京、出京旅游等的流动人口数量更加庞大，而这些流动人口的活动会呈现出一定的规律性特征，如春节期间离京人口增大，寒暑假许多外地大学生离京。

目前无法对进、出京人数进行准确的统计，但是铁路、公路、民航等部门已经实现了对每日进、出京客运量进行监测，另外，交通部门也对高速公路、国道每日进、出京交通量（辆次）进行了监测，可以通过对进、出京交通运输的情况对在京人口数进行推测与估算。

而影响人出行的主要因素包括天气条件、环境条件、工作日/周末或假日、大型活动等。

天气条件特别是气温对城市居民出行有较大影响。气温过低或过高会显著降低户外活动的舒适性，对人们的活动欲望和出行频率起到一定的抑制作用。恶劣的路面环境（如雨、冰、雪的覆盖）和寒冷的空气同样会影响居民对出行方式的选择。身体需长时间暴露在外或体力型的出行方式如自行车、摩托车等，在冬季因不具备良好的使用条件往往较少采用，而较为省力、舒适的机动交通方式，如公共汽车、单位班车、小汽车等则相应受到青睐。另外，空气环境、市容环境等也是影响人出行的重要因素。

居民的出行频数还与出行日期有关。工作日（星期一至星期五）的出行主要是较为固定的通勤、通学及业务出行，出行率和人均出行次数一般较高。而双休日（星期六、星期天）的出行多为文化娱乐、探亲访友，且有相当大比例的居民倾向于在家中休息，出行的频数因此较工作日有明显降低，表 3.1 给出了上海市居民一周内出行情况的统计结果。

表 3.1　上海市居民一周内出行情况

日期	人均出行次数/（次/天）	出行率/%
总平均	1.92	74.0
星期一	2.08	78.2
星期二	2.07	78.5
星期三	2.03	77.7
星期四	2.03	78.0
星期五	2.01	77.8
星期六	1.68	66.8
星期日	1.51	61.1

资料来源：《上海市第二次全市性综合交通调查》。

另外，大型活动的举办对居民出行也有显著影响。近年来，大型活动日益频繁，规模不断扩大，国际化程度也不断提高，日益成为社会、企业和广大民众关注的焦点。大型社会活动的成功举办不仅可以极大地提高我国的国际声望，同时对我国的会议、促销、集会和展览（meetings，incentives，conventions，exhibitions，MICE）行业的发展也大有益处。从活动规模以及活动对城市交通的影响程度方面考虑，大型活动可以定义为由政府、企事业单位或者社会团体等组织在公共场所——公园、游览区、广场、体育馆、展览馆等所举办的有大量人群参加，能够引起交通需求的大量增加，降低道路通行能力，影响交通的日常正常运行，需要制定交通疏散方案，有组织有计划的社会性活动。

2）环境子系统相关指标的影响因素

由于环境系统中包括空气环境、市容环境等多个方面，每个方面的主要影响因素差别很大，因此需要对各个方面的指标进行研究。

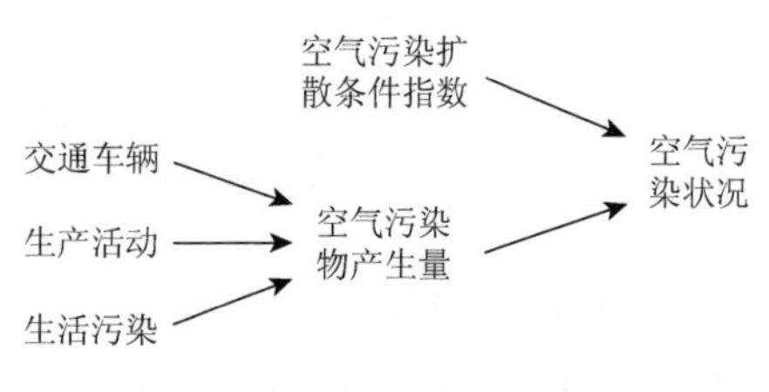

图 3.9　空气污染状况影响因素

城市空气污染显然是一个复杂的现象，特定时间、特定地点空气污染物浓度主要由污染物的排放量和气象条件这两个因素决定。其中，空气污染物来源可分为交通车辆、生产活动、生活污染等方面；气象条件主要包括天气情况和各种气象要素（如风速、风向、温湿度等），气象条件评价可采用空气污染扩散条件指数，如图 3.9 所示。

城市垃圾主要来源于居民生活、园林、建筑等三个方面，而这三个方面的主要影响因素差别很大。居民生活垃圾中蔬菜、瓜果类垃圾受到季节性因素影响显著。由于北京地理位置决定了在秋冬季节园林落叶期间会出现大量的园林垃圾，而建筑垃圾主要受到建筑情况的影响。城市垃圾主要影响因素的关系如图 3.10 所示。

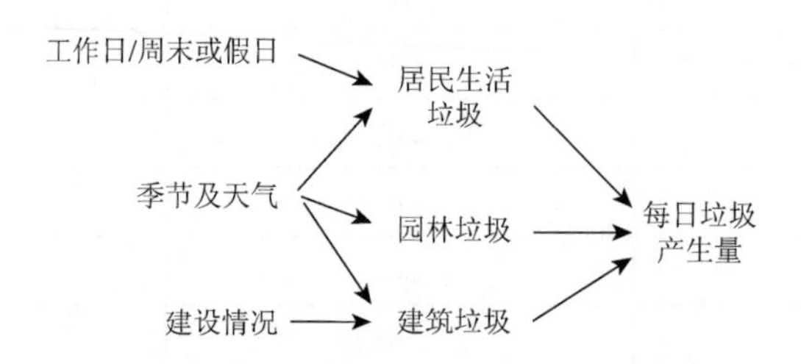

图 3.10　城市每日垃圾产生量影响因素

3）基础设施负荷的影响因素

由于是从宏观角度对城市运行系统进行研究，城市基础设施各方面整体运行状态的表征主要为基础设施的负荷情况，包括道路交通状态、能源与水供应量等。下面重点对日电力最大负荷的主要影响因素进行分析。电力负荷主要包括生活用电、工业用电两个部分负荷。城市电力负荷影响因素的关系如图 3.11 所示。

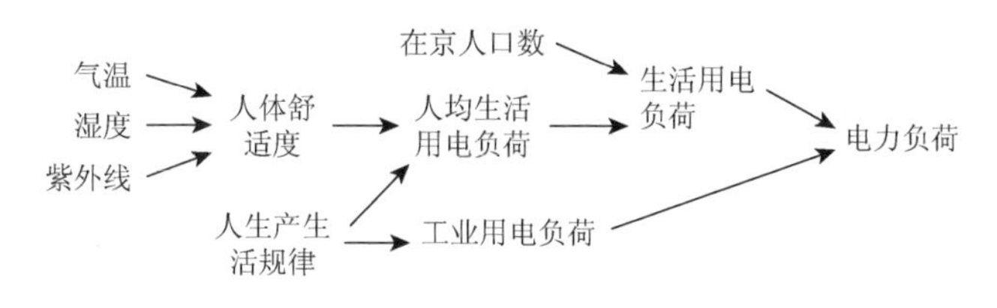

图 3.11　城市电力负荷影响因素

2. 城市运行的主要反馈回路

1）管理措施反馈环

从狭义上讲现代城市管理是以市政管理为主的城市运行管理，包括市政设施管理，城市公用事业管理，城市环境卫生、市容市貌管理等城市载体以及附着在这些载体上的人的行为，这其中包括对城市部件、事件的管理和对城市中人的行为的管理。城市运行管理是为了保障城市的有效运转。当市容环境变差时，城市市容环境部门会加大执法力度，从而有利于市容环境的改善，导致市容环境案件减少，从而形成如图 3.12 所示反馈回路。同样，当城市市内交通拥堵时，城市管理部门可以通过交通引导、限行等措施改善城市交通，从而减少道路负荷。显然，城市运行的许多方面与相应的管理措施都存在这样的负反馈回路，这里不再一一给出。

2）人的活动反馈环

人的活动特别是出行活动与城市运行状况密切相关，当城市运行能够提供舒适的环境时，人们会增加相应的活动，而当人的活动环境不够舒适时，人们会减少外出。当旅游人口显著增加时，如国庆长假期间各大景点人数暴涨，从而导致在城市运行的某个局部区域日出行人次显著增大，导致这些区域的交通负荷增大，从而很可能造成交通拥堵，由于交通不便旅游人口也会相应减少，从而形成如图 3.13 的负反馈回路。

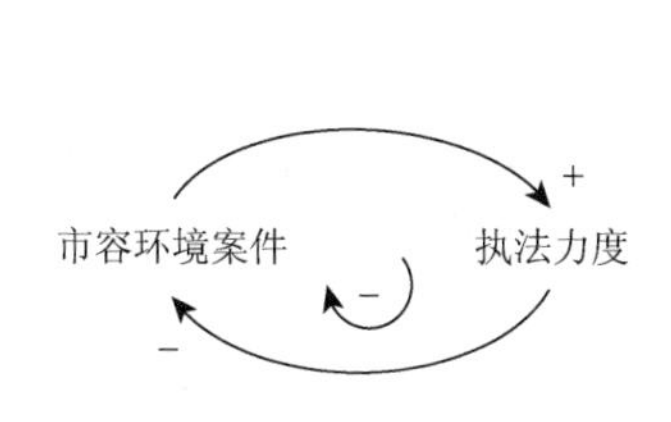

图 3.12　市容环境与执法力度反馈回路

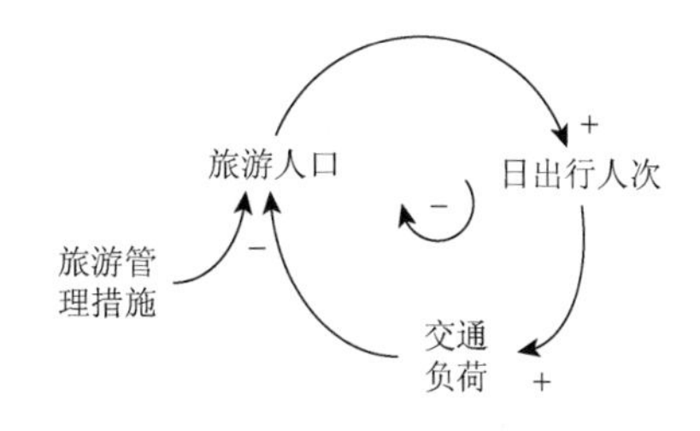

图 3.13　旅游人口与交通的反馈回路

3）功能性反馈环

城市运行系统遭到破坏后，完全可能对其他系统的服务能力造成严重影响，这种影响可能又会对恢复工作产生阻碍作用。例如，交通不畅使蔬菜、食品等生活必需品运输困难；相反，在对沿路布置的水、电、气、热地下管线及地铁、隧道等设施进行修复时，反过来又会造成路面交通状况的恶化，甚至完全中断。

3. 城市运行系统动力学模型流图

通过对城市运行中系统要素之间的相关性和反馈过程进行分析，成功构建了城市运行的因果关系图。但是因果关系图无法表达系统中变量的性质，无法描述系统管理和控制过程，需要在构建的因果关系图上进一步区分变量性质，用更加直观的符号刻画系统要素之间的逻辑关系，明确系统的反馈形式和控制规律。

流图是在因果关系图基础上对系统的更细致和深入的描述，它不仅能清楚地反映系统要素之间的逻辑关系，还能进一步明确系统中各种变量的性质，进而刻画系统的反馈与控制过程。

流图中的基本变量包括存量和流量。存量，也称为状态变量，是描述系统的积累效应的变量；流量，也称速率变量，是描述系统中积累效应变化快慢的变量，也称决策变量。

根据以上对城市运行的系统分析，城市运行系统的驱动力主要包括人的活动、天气条件、自然环境等因素。而城市运行系统动力学模拟主要是为了考察在城市运行系统输入条件发生变化的情况下，城市能否维持平稳、高效的运行。

围绕城市运行的几种重要驱动因素，逐步构建城市运行的系统动力学流图，具体包括如下三方面。

（1）在京人口数：北京市外来人口众多，外来人口具有现在的随季节或节假日的流动规律，也是影响城市运行多项指标的重要因素。

（2）天气条件：人的生产、生活各项活动都直接或间接受到天气条件的影响，包括能源与水供应负荷、道路交通、活动安排等。

（3）大型活动：新中国成立 60 周年庆祝活动的彩排、举行都对北京市多条道路进行了管制，两会召开期间也会对城市运行的多个方面加强管理，这些都对城市运行有着非常显著的影响，也是城市运行的重要驱动力。

围绕以上几个方面，初步构建城市运行的系统动力学流图如图 3.14 所示。在更进一步的研究中，通过对变量、变量之间关系的深入分析，进一步完善该流图，并对相关的参数进行界定，最终实现对城市运行的系统动力学模拟。

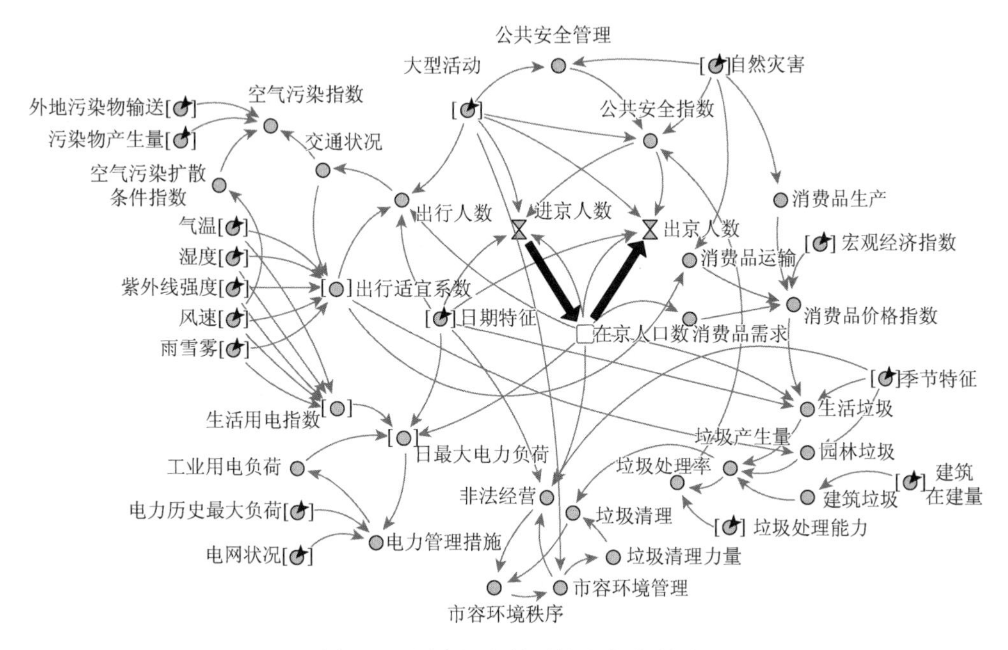

图 3.14　城市运行的系统动力学流图

3.2.3　模拟结果应用分析

通过城市运行的系统动力学分析，可以达到以下几个方面的目的。

（1）发掘常规的理论分析、数据分析无法得到的城市运行监测指标间的关系，给出多项、多方面指标对某项或某几项指标的综合影响。

（2）及时发现城市运行的异常情况，分析异常征兆、控制异常情况，最大限度地减少异常情况对城市运行的影响。

（3）模拟异常情况，当出现异常输入时，如异常天气、大型活动、重要事故等情况下，城市运行系统的变化情况，模拟各种扰动对城市运行的影响。

（4）为城市运行监测、安全分析与模拟提供依据。

（5）模拟城市运行管理措施的效果，当城市管理过程中制定相关的管理措施时，会对城市运行的多个方面产生影响，可以通过模拟得到管理措施的具体影响及其影响程度，为城市管理决策提供支持。

3.3　城市运行安全模型与指标

通过对城市运行概念、系统特征、影响因素等分析可以看出，城市运行是一个庞大而繁杂的系统，城市运行任何一个环节出现问题都有可能导致城市安全问题。当前，城市运行面临地震、爆炸、传染病等多种灾害威胁，同时也受到大雨、大雪、极端高温和低温等气象环境变化产生的冲击，城市运行安全受到高度关注。城市的基础设施、生命线系统、人为行为等构成的复杂的多子系统导致多重灾害耦合，使灾害事件的后果更趋严重。

从城市运行维度出发，城市运行安全应该表现为城市中水、电、气、热、交通、信息等系统的运行能够沿着既定的轨道或线路正常、有序地执行既定的功能目标，在发生系统内部或外部的干扰时能够及时诊断，依靠自身或外部条件及时纠正，而不会使功能目标偏离，对城市各方面造成严重影响。因此，城市运行安全是在自然环境条件下，通过各种措施，实现城市系统各要素运转良好，城市正常、有序地发挥作用，稳定地进行物质、能力和信息等资源的交换，确保城市功能的有效发挥。

根据经验研究，在综合考虑整个城市系统的情况时，城市的运行安全问题主要有如下特征。

（1）城市系统包括多种多样的结构类型，情况复杂，难以统一处理。

（2）城市系统都由若干环节组成，其中任何一个环节被破坏都可能会影响整个系统的功能。

（3）城市系统运行的环境条件极为复杂，地质条件、管道布设的位置不合适等都可能导致系统的某部分结构受到破坏，进而影响系统的安全运行。

（4）系统一旦发生事故，可能造成后果非常严重的次生灾害。

城市运行的复杂程度与影响安全因素的复杂程度交汇在一起加剧了城市运行系统安全管理与研究的难度。要在纷繁复杂的情景下及时发现问题并进行迅速而合理的应对，首先应当把握城市运行系统相互影响的机理，即各类相互影响事件的发生、发展与演化机理，才有助于我们合理预期未来的可能情况并找到科学的“干预点”来阻断突发事件的恶化。

3.3.1 城市运行安全模型

城市运行安全方面的评价多从防灾、应急等局部角度的研究出发，缺乏从城市自身系统运行角度来评价城市安全研究及评价指标体系。为此，要从系统工程的理论角度出发，结合城市系统和城市运行安全的影响因素分析、建立城市运行安全模型。众多城市运行要素中与城市运行安全直接相关的要素，其数值、属性结构及管理控制机制的变化，都在一定程度上影响城市运行的安全性。

结合城市运行系统中自然环境系统、社会经济系统、管理控制系统之间的作用关系，基于城市运行的基本因果关系，将城市社会经济系统作为城市运行的主体，而自然环境系统作为输入，城市运行安全状态作为输出，同时强调城市管理对城市运行的控制作用，得到城市运行要素与城市运行安全性关系图，如图 3.15 所示。

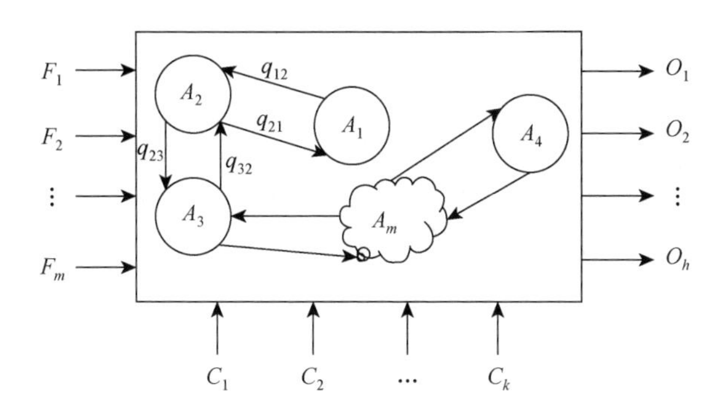

图 3.15　城市运行安全模型

图 3.15 中 A 表示城市社会经济系统中与城市运行安全直接相关的要素集合：

$$A=\begin{bmatrix} A_1 \\ A_2 \\ \vdots \\ A_m \end{bmatrix}$$

F 表示城市自然环境系统中与城市运行安全直接相关的要素集合：

$$F=\begin{bmatrix} F_1 \\ F_2 \\ \vdots \\ F_n \end{bmatrix}$$

C 表示城市管理控制系统中与城市运行安全直接相关的要素集合：

$$C=\begin{bmatrix} C_1 \\ C_2 \\ \vdots \\ C_k \end{bmatrix}$$

O 表示各项城市运行安全指标分析结果集合：

$$O=\begin{bmatrix} O_1 \\ O_2 \\ \vdots \\ O_h \end{bmatrix}$$

通过对这些结果集合的分析可以得出城市运行的安全性情况。

1. 城市社会经济系统的集合 A

城市社会经济系统是维持城市运行的内部基本要素，主要包括供排水、能源供应、邮电通信、交通运输、建筑设施、居民生活等，是一些城市常态运行过程中的城市运行要素信息。这些城市运行要素经过长期的相关互动作用、调整优化，保证了城市的常态运行，是城市运行安全的最基础的保障，同时某一城市运行要素的异常变化也会在一定程度上影响其他城市的运行要素，导致城市运行的异常。集合 A 内部要素的相互作用关系，使用矩阵 Q 表示：

$$Q=\begin{bmatrix} q_{11} & q_{12} & q_{13} & \cdots & q_{1m} \\ q_{21} & q_{22} & q_{23} & \cdots & q_{2m} \\ q_{31} & q_{32} & q_{33} & \cdots & q_{3m} \\ \vdots & \vdots & \vdots & & \vdots \\ q_{m1} & q_{m2} & q_{m3} & \cdots & q_{mm} \end{bmatrix}$$

式中，q_{ij} 是第 i 种要素对第 j 种要素的影响函数，q_{ji} 是第 j 种要素对第 i 种要素的影响函数，其为时空分布函数。

2. 城市自然环境系统的集合 F

城市自然环境系统是城市运行的外部基本条件，主要包括气象、水文、土壤、地质等城市运行基础环境信息。这些信息的变化将直接或间接地作用于集合 A，如果这些信息发生异常或是极端变化超过集合 A 的承受能力，就将影响甚至破坏城市的常态运行环境。集合 F 对集合 A 的作用关系，使用矩阵 F 表示：

$$F=\begin{bmatrix} f_{11} & f_{12} & f_{13} & \cdots & f_{1m} \\ f_{21} & f_{22} & f_{23} & \cdots & f_{2m} \\ f_{31} & f_{32} & f_{33} & \cdots & f_{3m} \\ \vdots & \vdots & \vdots & & \vdots \\ f_{m1} & f_{m2} & f_{m3} & \cdots & f_{mm} \end{bmatrix}$$

式中，f_{ij} 表示第 i 种自然环境作用对城市社会经济第 j 种要素的影响函数，其为时空分布函数。

3. 城市管理控制系统的集合 C

城市管理控制系统是为了保障城市的正常、有序、安全运行而采取各种控制措施，包括管理机制制度、执法力量、应急能力等。城市管理控制系统在集合 F 发生重大变化或是集合 A 出现异常时，通过相应的协调反馈、执法保障、应急处理等措施，通过控制和管理集合 A，优化城市运行系统的整体性能，消减或预防相应的破坏，维护城市运行的安全。集合 C 对集合 A 的作用关系，使用矩阵 C 表示：

$$C=\begin{bmatrix} c_{11} & c_{12} & c_{13} & \cdots & c_{1h} \\ c_{21} & c_{22} & c_{23} & \cdots & c_{2h} \\ c_{31} & c_{32} & c_{33} & \cdots & c_{3h} \\ \vdots & \vdots & \vdots & & \vdots \\ c_{k1} & c_{k2} & c_{k3} & \cdots & c_{kh} \end{bmatrix}$$

式中，c_{ij} 是第 i 种控制手段对第 j 种关联因素的影响函数。

4. 城市运行安全指标的集合 O

城市运行安全指标是城市运行呈现出的安全状态。其集合 O 是以城市运行系统中自然环境系统、社会经济系统、管理控制系统之间的作用关系为基础，总结出城市运行安全指标，并分析出这些指标的评价结果。通过这些评价结果可以得出城市运行安全性的综合情况，并获得以下内容信息：①从整体角度反映城市运行安全的基本情况；②反映自然环境对城市社会经济的驱动及城市的响应；③反馈控制管理的作用。

3.3.2 城市运行安全指标

以城市运行要素与城市运行安全性关系为基础，结合中国城市特点及实际运行情况，综合分析出下列6个城市运行安全指标，具体为供给输入能力、基础结构强度、常态管控能力、应急处置能力、自然变化程度、人为影响程度。

1. 供给输入能力

评价城市运行中供给输入能力主要依据各类城市基础设施的流动性供给能力，突出基于城市基础设施的流动供应能力。具体包括城市供排水、交通运输、邮电通信、能源供应、环境卫生、城市居民社会生活保障等基础设施自身的流动性供给输入能力，也包括城市水资源、城市土地矿产等自然环境能够转化为城市运行供给的具有流动性的基础资源情况。

对于城市供排水子系统，其城市运行要素有供水指标、排水指标，体现其流动性供给能力的具体参数是供水量、排水量、水质等级及供水覆盖率等；对于城市交通运输子系统，其城市运行要素有城市道路运输、航空运输、铁路运输、水路运输等，体现其流动性供给能力的具体参数是各种运输工具（出租车、公共汽车、轨道交通、飞机、火车、轮船等）的客运量信息；对于邮电通信子系统，其城市运行要素有网络、广播电视、电话、邮政物流等，体现其流动性供给能力的具体参数是各种邮电通信媒介（互联网、电视、电话、物流等）的用户数量和物流量；对于城市能源供应子系统，其城市运行要素有电力、供气、供热、成品油等，体现其流动性供给能力的具体参数是电力负荷、供气量、供热量以及各类能源销售量等；对于环境卫生子系统，其城市运行要素有垃圾、粪便等，体现其流动性供给能力的具体参数有垃圾产生量及处理量、粪便产生量及处理量；对于城市居民社会生活保障系统，包括经济结构、居民生活等若干子系统，其城市运行要素有生产力结构、生产关系、居民住房、文化娱乐教育、社会保障、物资供应等，体现其流动性供给能力的具体参数主要是物资批发零售额；对于城市水资源供给主要包括水文环境子系统，其城市运行要素有地表水、地下水等，体现其流动性供给能力的具体参数是河道、水库、地下水等流量、水位信息；对于城市土地矿产供给量主要包括城市所处的土壤环境、地质环境等子系统，体现其流动性供给能力的具体参数是土壤种类和总量、各类岩体和矿产量。

2. 基础结构强度

基础结构强度指城市供排水、交通运输、邮电通信、能源供应、环境卫生、城市居民社会生活保障等基础设施固有的结构信息，包括管网长度、大小、结构类型等固态性信息，也包括其抵抗各种异常情况的能力信息；另外还有城市水资源、城市土地矿产等综合自然环境为城市运行所提供的基础结构资源。

对于城市供排水子系统，其城市运行要素有供水指标、排水指标，体现其管网结构信息的具体参数是供水排水管网长度、坚固程度等；对于城市交通运输子系统，其城市运行要素有城市道路运输、航空运输、铁路运输、水路运输等，体现其结构信息的具体参数是各种运输类型的长度、等级等；对于邮电通信子系统，其城市运行要素有网络、广播电视、电话、邮政物流等，体现其结构信息的具体参数是各种邮电通信媒介（互联网、电视、电话、物流等）的覆盖率；对于城市能源供应子系统，其城市运行要素有电力、供气、供热、成品油等，体现其结构信息的具体参数是各类能源所占城市运行能源供给的比重；对于环境卫生子系统，其城市运行要素有垃圾粪便、环境污染、城市绿化等，体现结构信息的具体参数有垃圾和粪便处理设备及人员、环境污染情况、城市绿地面积等；城市居民社会生活保障系统，包括经济结构、居民生活等若干子系统，其城市运行要素有生产力结构、生产关系、居民住房、文化娱乐教育、社会保障、物资供应等，体现其结构信息的具体参数主要是产业结构、就业结构、分配结构、消费结构、投资结构、各种设施、医疗设备等结构和设施信息；城市水资源供给主要包括水文环境子系统，其城市运行要素有地表水、地下水等，体现其结构信息的具体参数是河道、水库、地下水等容量、坚固程度等；城市土地矿产供给量主要包括城市所处的地质环境、建筑基础等子系统，体现其结构信息的具体参数是地质坚固强度、各类岩体和矿产比例建筑抗震设防等级、防水等级等。

3. 常态管控能力

常态管控能力包括城市运行系统常态下，管理和控制相关规则制定完备程度、协同指挥程度、系统运行状况、人员配置数量及工作质量、信息交互能力等，衡量城市常态运行或异常程度较低情况下，通过管理和控制手段维持城市运行系统稳定的程度。

对于城市常态管控能力的政策措施和法律法规，主要体现为城市运行系统的各种管理条文、政策、法规等，如交通运输子系统中的汽车货物运输规则、道路交通安全法规、机动车辆保险与交通事故赔偿规定等，邮电通信子系统中的信号规范、通信设备管理办法、邮政法规等；对于城市常态管控能力的金融保障，主要体现为城市金融系统中的金融、理财、保险、社保等信息及相关管理和运行方法；对于城市常态管控能力的治安保障，主要体现为城市的各种执法力量，如武警、公安、司法、监狱警察的数量和配置情况，社区治理管理员的配置情况等；对于城市常态管控能力的管控系统状况，体现为城市运行各个子系统相关的管理和控制软硬件系统的平稳运行状况，也包括这些系统的现代化、自动化、智能化程度等。

4. 应急处置能力

在城市运行处于或预期处于异常情况下，通过风险分析、风险管理、应急指挥控制、应急资源管理、协同合作等方式降低和解决异常情况的能力程度，也包括应急规划、应急资源数量和质量等应急基础物资完备程度。

对于城市应急处置能力，主要指城市公共安全领域的应急能力，包括预防与应急准备能力、监测与预警能力、应急处置与救援能力、事后恢复与重建能力等四个方面子系统。其中预防与应急准备能力主要体现为应急法律法规和应急预案的完备程度、应急保障资源情况、应急队伍情况等；监测与预警能力主要体现为监测网络和体系建设完备情况、监测人员设备数量和质量、应急信息报送机构完备情况、报送渠道畅通情况、报送及时性、突发事件预警制度及应对措施等；应急处置与救援能力主要体现为应急救助和安置能力、应急指挥与协调联动机制、应急领导机构完备情况等；事后恢复与重建能力主要体现为事后物资征用和设备保障情况、重建中物资资金及技术支持力度、事后损失评价情况等。

5. 自然变化程度

城市所面临的各种自然变化都会影响人们的日常生活和城市的稳定运行，主要是常态下的气候环境变化，也涉及各种自然灾害，包括常态下气候等与人们日常生活直接相关的自然环境的变化程度，也包括这些自然环境不同程度的异常波动，如极端温度、洪水、地震等自然灾害程度。

对于常态下自然环境变化，主要体现为最高气温、最低气温、最高风速、降雨量等气象环境参数；对于各种极端自然灾害，主要包括气象灾害，水旱灾害，海洋灾害，地震、地质灾害，森林草原灾害，生物灾害等，体现为各种灾害的具体类型、等级、强度、影响范围、灾害死亡情况等。

6. 人为影响程度

人为影响程度主要指人们日常行为、作息规律的变化及对城市运行的影响程度，也包括重大节日、重大事件等对城市运行的影响程度。

人们日常生活的重大节日、重大事件等人为形成活动，主要体现为对交通运输量、供排水量、供气供热量等子系统需要的变化。其他人为的生活和生产活动主要表现在公共安全领域，即除自然灾害外，其他的各项包括事故灾难、公共卫生、社会安全等方面。其中体现事故灾难的参数有较大以上事故起数、伤亡率、影响人口和范围等；体现公共卫生的参数有动物疫情爆发范围及数量、食品中毒人员及范围、各种职业死亡率等；体现社会安全的参数有刑事、恐怖事件、群体性事件、民族宗教事件等各类突发事件的数量、范围、涉及人数等。

根据城市运行安全性与城市运行要素，归纳出城市运行安全指标，如表 3.2 所示。

表 3.2　城市运行安全指标

一级指标	二级指标	指标描述
供给输入能力	供排水量	供水量、排水量、水质等级及供水覆盖率
	交通运输量	出租车、公共汽车、轨道交通、飞机、火车、轮船等的客运量信息
	邮电通信量	互联网、电视、电话、物流等的用户数量和物流量
	能源供应量	电力负荷、供气量、供热量以及各类能源销售量
	环境卫生处理量	垃圾产生量及处理量、粪便产生量及处理量
	社会生活保障量	物资批发零售额
	水资源供给量	河道、水库、地下水等流量、水位信息
	土地矿产供给量	土壤种类和总量、各类岩体和矿产量
基础结构强度	供排水管网	供水排水管网长度、坚固程度
	交通运输设施	各种运输类型的长度、等级
	邮电通信设施	互联网、电视、电话、物流等的覆盖率
	能源供应管网	各类能源所占城市运行能源供给的比重

续表

一级指标	二级指标	指标描述
基础结构强度	环境卫生设施	垃圾及粪便处理设备及人员、环境污染情况、城市绿地面积
	社会生活保障设施	产业结构、就业结构、分配结构、消费结构、投资结构、各种设施、医疗设备等结构和设施信息
	水资源基础设施	河道、水库、地下水等容量、坚固程度
	地质环境结构	地质坚固程度、各类岩体和矿产比例
	建筑基础结构	建筑抗震设防等级、防火等级
常态管控能力	政策措施	城市运行系统的各种管理条文、政策、法规等，如交通运输子系统中的汽车货物运输规则、道路交通安全法规、机动车辆保险与交通事故赔偿规定，邮电通信子系统中的信号规范、通信设备管理办法、邮政法规等
	法律法规	
	金融保障	城市金融系统中的金融、理财、保险、社保等信息及相关管理和运行方法
	治安保障	城市的各种执法力量，如武警、公安、司法、监狱警察的数量和配置情况，社区治理管理员配置情况
	管控系统状况	城市运行各个子系统相关的管理和控制软硬件系统的平稳运行状况，也包括这些系统的现代化、自动化、智能化程度
应急处置能力	预防与应急准备能力	应急法律法规和应急预案的完备程度、应急保障资源情况、应急队伍情况等
	监测与预警能力	监测网络和体系建设完备情况、监测人员设备数量和质量、应急信息报送机构完备情况、报送渠道畅通情况、报送及时性、突发事件预警制度及应对措施
	应急处置与救援能力	应急救助和安置能力、应急指挥与协调联动机制、应急领导机构完备情况
	事后恢复与重建能力	事后物资征用和设备保障情况、重建中物资资金及技术支持力度、事后损失评价情况
自然变化程度	气候环境	最高气温、最低气温、最高风速、降雨量等气候环境参数
	气象灾害	气象灾害等级、强度、影响范围、灾害死亡情况
	水旱灾害	水旱灾害等级、强度、影响范围、灾害死亡情况
	海洋灾害	海洋灾害等级、强度、影响范围、灾害死亡情况
	地震、地质灾害	地震、地质灾害等级、强度、影响范围、灾害死亡情况
	森林草原火灾	森林草原火灾等级、强度、影响范围、灾害死亡情况
	生物灾害	生物灾害等级、强度、影响范围、灾害死亡情况
人为影响程度	作息规律变化	对交通运输量、供排水量、供气供热量等需求的变化
	重大人为活动	
	事故灾难情况	较大以上事故起数、伤亡率、影响人口和范围
	公共卫生事件	动物疫情爆发范围及数量、食品中毒人员及范围、各种职业死亡率
	社会安全事件	刑事、恐怖事件、群体性事件、民族宗教事件等各类突发事件的数量、范围、涉及人数

参 考 文 献

[1] 李永进. 雨雪冰冻灾害与城市运行[M]. 北京：北京科学技术出版社，2008.

[2] 李立明，潘成文，陈锐. 城市运行系统设计与实现——北京奥运城市运行系统设计理论与实施研究[M]. 北京：科学出版社，2009.

[3] 吴昉，徐黄，翟振岗，等. 基于层次分析法的城市运行评价指标体系研究[J]. 三峡大学学报（人文社会科学版），2008，30（12）：24-26.

[4] 吴晓军，薛惠锋. 城市系统研究中的复杂性理论与应用[M]. 西安：西北工业大学出版社，2007.

[5] 王铮，邓悦，宋秀坤，等. 上海城市空间结构的复杂性分析[J]. 地理科学进展，2001，（4）：331-340.

[6] 段汉明. 城市学——理论方法实证[M]. 北京：科学出版社，2012.

[7] 袁晓勐. 城市系统的自组织理论研究[D]. 长春：东北师范大学，2006.

[8] 李后强，艾南山. 关于城市演化的非线性动力学问题[J]. 经济地理，1996，（1）：65-70.

第4章　城市运行监测与分析

为了保证城市这个结构复杂、部件繁多、性能精密的庞大机器正常、稳定、协调地运转，必须对城市的各个系统运行状况进行“监测”，了解、掌握城市各方面运行情况，如水、电、气、热、煤等的供应情况，防灾减灾及城市安全保障情况，生活必需品市场物价等。为保障城市发展，加强城市管理，实现对城市运行的有效“控制”，及时、准确地掌握城市运行情况是十分重要的。以计算机和网络技术为代表的现代科学技术的发展，为城市运行管理提供了新的技术条件。“城市运行监测”对于城市宏观层面的把握与综合分析，可以与“数字化”城市管理进行融合和优势互补。目前我们针对城市运行过程进行动态精确监测，让监测数据“说话”，用监测数据分析、预测，利用各种分析模型和方法，分析各系统、各专业间的相互关系。为城市运行达到整体协调、综合管理和决策指挥的目标，形成一整套行之有效的城市运行监测分析方法，需从预测预警可能出现的问题、对已发生的城市运行问题提出措施建议、总结分析历次出现的城市运行问题三个方面，降低问题出现的概率和烈度、减少次生衍生灾害，为今后更准确地监测、分析奠定基础。建立城市运行监测平台是城市管理发展的客观要求，关注城市运行过程中的优劣势、暴露的问题和潜藏的矛盾，保证城市的稳定、协调和可持续发展，起到未雨绸缪、防患于未然的作用。

4.1　城市运行数据采集

4.1.1　信息分类

1. 信息形式分类

城市运行各方面提供的信息种类多样，从信息属性来看，可以分成以下几类。

1）流数据信息

流数据是指按时间顺序采样得到的一系列数值型数据序列。通过流数据的获取，能够采用坐标图的方式得到以时间为横轴的变化曲线，直观展示典型体征指标的运行状况。水、电、气、热等城市生命线系统供应情况的监测，主要通过流数据传送得到。

2）多媒体数据信息

多媒体数据是指通过视频、音频信号传送的数据。对于重点区域、重点路线的实时监控，在举办大型文化活动或进行赛事过程中，需要利用城市掌握的视频监控系统进行信息采集。

3）文档数据信息

文档数据是指通过一定格式的文本形成定期的统计总结，或及时上报的突发异常或事件，利用平台的文件传输功能，上报至平台。在城市运行监测平台中，对于安全生产、食品安全等方面，应当主要采取定时报告、特事特报、急事急报的方式，通过文档数据的传送，使监测平台及时掌握信息。

4）空间数据信息

空间数据主要是指通过数字地图、卫星遥感、路径绘制等方式出现的与空间有关的数据，通常采用地理信息图的方式予以显示。空间数据具有信息量大、直观的特点，但也存在传输速度慢的问题。在出行行为、交通管理、大气环境监测以及重点区域周边环境等情况的信息监测当中，就可以利用地理信息图的方式进行采集和分析。

2. 信息内容分类

从反映内容来看，城市运行采集的信息还可以分为如下五类。

1）状态类信息

状态类信息是反映城市运行各方面态势的动态变化的信息。在状态类信息当中，有的实时变化较为显著，而且变化带来的影响也较为不确定，需要上报机构以较小的时间间隔实时传送，同时平台对于每次传送的数据也给予显示和共享，以助于相关分析的进行；有的一般不会显著变化，但一旦出现变化可能带来显著影响，需要相关机构予以经常性的监测，及时报送异常；有的一般不会变化，在平台运行期间作为分析参考的静态指标。

2）事件类信息

事件类信息即城市运行过程中定期总结的、预先安排的或突然发生的重要事件，若每日或每周出警情况、大型文化活动安排、突发事件等信息。

3）方案类信息

方案类信息即为了城市运行安全的相关保障方案或应急预案，需要相关部门提供，若有改动也应及时更新，当城市运行监测的信息出现异常时，能够随时调用，便于指挥调动。

4）资源类信息

资源类信息即城市运行各方面的相关部门为保障城市运行出动的人员及车辆力量分布、相关物资调动及储备的情况，随着每天的情况应有不同的部署，同时还包括相关资源的调配计划和工作效能的考核情况。

5）评价类信息

评价类信息即对于一些数据量比较纷杂，可以由信息提供机构的专业人士或平台邀请的专家分析的各类数据信息，参照一定的标准后，对有关方面的情况进行评价，可以分为“良好”“一般”“预警”“事故”等档次，或者采用二分法，即“正常”或“异常”。

3. 信息领域分类

从城市运行监测平台便于管理的角度来看，更为适合的是从政府职责出发，城市运行各项指标的关联性，将城市运行工作划分为各个方面，根据职责协调数据来源，分别上报至监测平台，分为以下几个方面。

（1）能源和水保障，包括水、电、气、热、电煤、成品油等能源和水的供应或库存，还包括与供应直接相关的管线的综合管理。

（2）市场供应，包括物价监控、金融服务、商品供给等方面。

（3）通信保障和信息安全，包括通信与信息安全保障相关方面。

（4）安全生产，包括安全生产事故的发生及控制情况。

（5）交通组织，包括交通出行量的情况以及路面交通秩序的管理，还有地下交通的安全。

（6）大气治理，包括大气环境以及地表、地下水环境。

（7）市容环境，主要包括环卫和环境秩序两方面。

（8）旅游接待，包括旅游住宿服务和重点旅游景区景点的服务接待。

（9）文体活动，包括各类活动的组织安排、现场包围以及后勤服务保障等方面的情况。

（10）公共卫生，主要包括食品安全、卫生防疫和动物疫情防控方面。

（11）社会治安，包括群体性事件、校园安全、涉外事件等的管理。

（12）防灾减灾，包括防汛、气象、地震、避难场所情况和民防等方面。

4.1.2 采集方法

监测平台的路径设计涉及数据的采集、初步整理、综合集成等过程。

数据采集是将从同构的或异构的多个数据源获得的信息，通过互连、转换、调度及监控等手段综合集成于一个共享的、统一储存格式的数据仓库中，便于之后的数据处理。数据仓库中存储的数据从类型上可以分为动态数据和静态信息数据两大类。动态数据通过检测、监控等系统获得，如燃气运行信息、灾害信息与交通信息等；静态信息数据则包括文体活动信息、比赛线路信息等。这些数据还必须经过数据转换、重新组织和规范化再存入数据仓库中，形成统一格式的数据，进行融合处理。监测平台数据通过自动传输、人工填报以及文档传送方式进行采集。

1）自动传输

监测平台与各部门的有关数据信息系统对接，可以直接采用或进行一定的格式转换，将各部门有关的数据信息自动传输至平台形成表格或曲线图，并同步更新。如交通路况的地理信息图，积水点积水情况的监测信息图，就是直接与相关部门的信息平台对接，传输至监测平台；而供水、燃气、市场供应等数据表格，则可以通过相关部门的信息平台，提取监测平台需要采集的指标，按照监测平台制定的图表样式自动转换而成。数据传输主要指共用信息服务平台与各子系统之间的数据传递。

2）人工填报

对于不便或不具备自动传输条件的部门，可以为其设置登录方式，由远程登录平台后，根据其收集到的数据信息，对设定好的表格进行填写，完成数据的录入，从而形成体征表格。

3）文档传送

对于城市运行过程中发生的异常情况或突发事件，需要及时报送，而这样的报送很难规定统一的格式，可以由报送部门通过文档传送的方式发到平台，对情况或事件的起因、时间、地点过程及处理方式进行详细描述。

信息服务平台利用中间件技术与多种子系统平台联动，通过网络进行数据传输，当获得服务请求，并对客户系统权限查询后，可以将自身存放的数据直接输出，对于其他子系统存放的信息可以在信息服务平台上进行查询。

4.2 城市运行指标提取

从城市公共基础设施、城市环境、城市公共服务、城市市场经营、城市公共安全五个方面提取城市运行指标。

4.2.1 城市公共基础设施指标提取

1. 供水和水环境

供水系统运行过程中主要关注的问题包括供水能力、供水水质、管道渗漏及爆管等，因此，需要提取的指标如下所示。

1）供水能力

供水能力主要体现为供水量（单位：万立方米）和水压（单位：兆帕）。供水量包括当日、前一日以及第二日的预测供水能力情况，以及当天的供水量的实际值，报送频率为一天一报。水压是指各自来水厂、城市重点区域、主干网的水压实时监测数据，并给出水压是否正常的评价结果。

2）水质情况

按照《城市供水水质标准》（CJ/T206—2005），城市供水水质指标包括典型微量物质在水中的浓度值，如大肠杆菌、余氯等，根据水质监测方面的专业要求，可以转换为浓度（单位：毫克/升）、浊度（单位：NTU）、色度（单位：度）、嗅觉指标等，根据监测手段限制以及实际需要，定为一天一报，同时需要给出水质是否合格的评价结果。

3）事件类信息

事件类信息是指各类突发事件或事故征兆方面的信息，可以是水管爆管事故、水质污染事件，也可以是跑、冒、滴、漏等征兆情况，采取每日零报告以及突发事件后及时通报的方式。

2. 排水

根据排水系统的运行要求，需要关注的方面主要包括污水处理能力、污水处理后的水质状况以及排水管道的安全。

1）污水处理能力

污水处理能力具体体现为污水处理量（单位：万立方米），包括各个污水处理厂的设计日污水处理能力和实际的日处理量，并对其进行城市总能力的评价以及各个厂的情况比较。同时，根据市区日排放污水量的预测，分析当日的污水处理率（单位：%）。

2）污水水质情况

根据《城镇污水处理厂污染物排放标准》，需要采集的指标为各个处理厂污水处理后的生物需氧量（单位：毫克/升）、化学需氧量（单位：毫克/升）、悬浮物浓度（单位：毫克/升），并参照有关污水处理的标准要求，给出是否合格的评价结果。

3）排水管道的安全状况

一是排水管道的破裂、渗漏乃至爆管事件的上报和记录，属于事件类信息。二是暴雨情况下排水管道的畅通状况，可通过对城市道路主要积水点的监测与分析，反映排水情况。

3. 电力

城市电力监测要考虑城市电网供需平衡、重点场所保障以及故障情况。

（1）城市供电系统运行要考虑用电负荷，可以细化不同供电区域（如区、县）、重要场所等分区情况，具体指标为负荷值（单位：兆瓦），每小时提供一次数据更新，同时与历史最大负荷值进行比较。

（2）需要报送当日最大负荷出现的时刻，以及结合天气状况、节假日情况得到后三天的用电负荷预测值。

（3）供电系统安全事件的报送，以及当日和次日有重要活动的场馆或场所的供电保障情况。

4. 燃气

根据燃气系统运行的特点，需要监测的信息包括以下几个方面。

1）燃气供应能力

燃气供应能力具体体现为城市总体的天然气供应量（单位：万立方米）和液化气供应量（单位：吨），包括实际值和计划值，由专业公司每天提供，但重点地区可以每半天提供一次。

2）燃气系统关键节点状况

燃气系统关键节点状况具体体现为门站、高中压调压站、储配厂、压缩天然气加气母站的流量（单位：标方/小时）、压力（单位：兆帕），包括实时监测值（每小时传输一次）和最大设计值。同时给出各关键节点的空间信息，即地理信息图，便于查询。

3）事件类信息

事件类信息指燃气供应出现的问题及处理情况，如供应紧张、燃气管道泄漏或爆炸事故。

5. 供热

城市供热需要考虑城市各个区域及整个城市的供热能力、供热稳定性以及供热系统的安全状况。

1）供热能力

已知监测典型站点、线路的供水温度（单位：摄氏度）、回水温度（单位：摄氏度）及流量（单位：吨/小时）数据，利用公式：Q=流量×（供水温度−回水温度），得到总供热能力（单位：吉卡/小时），每小时计算并显示一次，并与最大能力进行比较。在信息采集过程中列出运行中的热电厂状况。

2）供热稳定性

各热电厂出入口、重点区域周边热力管道的压力（单位：兆帕）监测，与最大设计压力和最小运行压力进行比较得到供热稳定性。

3）供热系统的安全状况

供热系统的安全状况指供热中断、供热管道渗漏及爆裂的事件及处理情况。

6. 通信管线

弱电类管线主要包括有线电视、各类通信网络（如移动、联通、网通等），主要提取指标为通信管线的运行状况，具体体现为通信管线是否被破坏以及抢修情况。

4.2.2　城市环境指标提取

1. 气象信息

天气基本情况的预报，可分为未来8小时、未来36小时和未来3天三个档次，进行不同精度的预报，指标包括最低气温、最高气温、相对湿度、风向、风力、天气状况、降水量、紫外线照射等，可以分为不同气象监测点得到的指标上报，提供中暑气象指数（中暑气象指数大于三级时才提供）。

2. 大气治理

大气治理采集空气质量、空气环境保护工作等相关指标。

1）空气质量指标

每日提供全市各大气环境质量监测站得到的空气质量日报，主要包括各种微量成分（二氧化硫、二氧化氮）、可吸入颗粒物的浓度值（单位：毫克/升），以及悬浮物、浮尘、花粉等情况的程度等级，并根据空气质量换算方法得到空气质量等级评价结果。

2）环境保护工作指标

每天上报关于环境保护工作反映的指标，包括车辆限制数量，重点污染企业停产限产状况、极端不利气象条件下的污染控制应急措施、黄标车治理情况等。另外还有环保突发事件的上报，如放射源遗失、重大噪声投诉、水源上游尾矿库坍塌、危化品车辆倾翻事故等。

3. 水环境指标

城市水环境重点关注水源地水质及水量情况，包括地表水和地下水，监测指标为微量成分的浓度，如硫酸盐、氯化物、高锰酸盐、氨氮、氟化物、总大肠菌群、挥发酚、硝酸盐氮、亚硝酸盐氮、总氰化物、总汞等成分，由于各种成分浓度范围相差较大，应当按照国家标准《地表水环境质量标准》（GB3838—2002）进行评价，给出各种成分评价等级，各水环境监测点提供具体数值的同时还应上报等级情况；同时，还有水的 pH、硬度等参数值；根据水源等级划分标准，给出水源质量评价结果。

4. 城市市容环境

城市环卫工作是市容环境的主要组成部分，其工作重点之一就是城市生活垃圾的处理，它涉及垃圾的收集、清运、处理和处置。

（1）环卫方面的典型体征指标就是与垃圾处理有关的参数，城市各区县及重点场所或区域的垃圾产生量、垃圾清运量、垃圾处理量，单位均为吨，环卫部门提供每日的实际量和去年同期量以及最大清运、处理能力。根据无害化处理率=处理量/产生量的关系，计算出相应的处理率（%）。

（2）及时报送市容环境及秩序需要协调、陈述的信息，若出现景观不符城市文明、排污不畅破坏环境卫生、城市绿化出现生态破坏、小摊小贩占道经营等，则将事件及处理情况作为文档信息上报。

（3）作为市容环境的重要组成部分，还应包括夜景照明和户外广告的相关信息，当出现照明损坏、非法广告等问题时应作为事件类信息以文档形式上报。

4.2.3 城市公共服务指标提取

1. 交通组织

交通系统是由人、车、路及其周围环境所构成的动态系统，因此，交通运行涉及“人、车、路、环境”众多因素。交通运输方面需要提取的典型指标应当包括以下几个方面。

1）交通流量

一是地面公共交通流量，以每天为单位上报，包括车次和载客人数，通过刷卡器和售票情况进行统计。二是轨道交通流量，也是以每天分线路统计并将总数一起上报。三是出租车情况统计，由各出租车公司分别上报当日出车情况而次日预计出车量，同时还有机场、火车站的排队等候出租车及需求情况的实时报告。四是进出京主要路口的车流量，包括各国道和高速公路，每天进行统计上报。

2）道路状况

利用公安局交通管理部门信息平台的空间数据，采用不同颜色反映不同等级，实时监测路面的拥堵状况。及时提供事故造成的拥堵或路面损坏以及道路交通管制信息和绕行建议。

3）交通运行的安全状况

通报各类交通事故情况，包括发生路段和处理情况；提供专用车道的通行情况，必要情况下提供多媒体数据。

2. 通信服务

通信服务的运行主要是指各类通信信号的正常传播，避免其他信号的干扰或窃取。城市运行需要保障政务网络、公共信息网络的基础设施与信息安全。为了保障通信系统运行的正常，需要对以下几个方面的指标进行提取。

1）重点地区的信号情况

重点地区的信号情况具体体现为通信信号覆盖状况和干扰信号、电磁环境监测，均属于日常监控，报告正常或不正常重点监控的对象包括800兆无线政务网、广播电视传输网、政府网站群、政务信息系统、社会领域重要信息系统、邮政服务、网通（固话网、互联网）、电信（固话网、互联网）、移动（GSM、互联网）、联通（GSM、互联网、CDMA）、无线电管理等信息系统的运行状态。

2）病毒情况监控

信息管理部门每日提供病毒发作情况，并提供后三天的病毒预警。

3. 旅游接待

城市旅游系统的运行包括饮食、住宿、游览、购物和娱乐这五个环节。因此，旅游接待方面需要监测的指标如下所示。

1）饮食方面

饮食方面包括饭店卫生达标情况，尤其是乡村游、农家乐的卫生达标情况。同时，发生食品安全事件及时上报。

2）住宿方面

住宿方面包括住宿设施出租客房预订情况，每家宾馆饭店每日客房总间数、预订客房数；每家星级饭店和规模以上非星级宾馆饭店，每日核定北京市奥运住宿设施出租客房预订情况，每家宾馆饭店每日客房总间数、预订客房数；每家星级饭店和规模以上非星级宾馆饭店每日核定出租间数、实际出租间数、剩余可出租客房间数。

3）游览方面

游览方面包括每家国际旅行社和规模以上国内旅行社每天旅游者数量，数据项为国内旅游者数量、国外旅游者数量；旅游区（点）接待情况，每家A级及以上和主要旅游区每日接待人数，与历史日最高峰游客人数的比较。

4）购物方面

购物方面包括景区有关购物物价、质量方面的投诉情况，每日以日报形式上报，重大投诉及时上报。

5）娱乐方面

娱乐方面包括景区特种设备、游艺设施的安全检查情况，每日报告有关设备故障造成游客滞留甚至伤亡的事件情况。

4. 文体活动

城市重大文化活动主要提供下列指标。

1）活动基本信息

活动基本信息包括活动名称、具体时间、场所地理位置、场地停车位数、场地可容纳人数、参加人数（需购票的活动可以统计）、重要任务概况等。该信息需要在活动前一天提供至监测平台，若有较大的变更则及时提供新信息。

2）活动保障情况

活动保障情况包括交通、安保的保障方案，还有医疗、电力、基础设施、环卫等后勤服务的保障方案，需要提供各部门、专业公司的场内外配备人数、车辆数，电子显示屏的情况，提交详细的保障方案备查。

3）活动场所的视频信息

活动场所的视频信息包括重要活动过程中需要提供交通状况、天气情况的具体信息，结合空间数据一起采集与分析。

4.2.4　城市市场经营指标提取

城市市场供应包括物价监控、金融服务和生活必需品供给这三个方面。

1. 物价监控

城市物价直接影响居民生活，需要监控指标包括：一是生活必需品的物价，每日采集城市大型批发市场、超市和农贸市场的经营数据进行监测和分析，为实施有效的商业运行指挥提供依据。商务部门以日报的形式报送反映商业运行状况的数据，每日报送当日数据，主要包括猪肉、牛肉、羊肉、鸡蛋、大米、大豆油、蔬菜、牛奶等。二是主要能源的物价，主要是成品油、天然气的价格。

2. 金融服务

城市金融服务主要是为外国、外地游客在城市消费顺畅的保障，包括银行卡的受理、交易情况、境外机构及个人开立账户的情况、外币兑换情况、咨询投诉服务受理情况，这些情况主要由金融服务管理机构以日报的方式通过文档信息上报。

3. 生活必需品供给

城市生活必需品供给需要商务部门每日通报粮油、蔬菜、肉蛋奶等基本生活必需品的库存情况、市场渠道以及交通运输保障情况。

4.2.5　城市公共安全指标提取

1. 安全生产

安全生产包括安全监督管理信息及安全生产事故情况。一是安全生产监督检查执行情况，包括危险化学品、建筑等高危行业的安全监督管理，严密监控高危行业安全生产状况，对相关的销售、运输环节实行严格控制。二是安全生产及火灾方面事件类信息。每日通报各方面的事件事故以及处理情况的信息。上报安全生产应急救援和消防队伍、装备和物资等方面的指标，每日提交接处警次数和处理结果。

2. 公共卫生

城市公共卫生监测指标包括疫情、医疗、食品安全等方面。

1）疫情方面

疫情方面包括每日报告全球、国内及城市当地不同范围内不同级别的疫情或急性传染病信息，每日报告入境检疫部门病媒生物检查的信息，出现疫情或疑似疫情的及时报告。

2）医疗方面

医疗方面包括城市医疗机构的服务状况，包括空床位、药品、血液等信息指标，重点区域、A 级景区的急救站、医务人员、急救车辆的配置数量，出现药品安全事故的及时上报。

3）食品安全方面

食品安全方面包括重要场所、重大活动及其周边的食品安全检查情况，提供不合格单位数量和具体名称，食品供应基地、物流配送中心的自检、抽检合格率（%），食品安全管理部门每日抽样检查、出动人数、吊销执照情况的具体数字，城市主要食品不合格产品抽检率。

3. 自然灾害

城市各专业部门依据各自专业优势开展监测，科学预测，完善预案，及时发布预测预警信息。

1）防汛方面信息指标

防汛方面信息指标包括提供城市河道、水库的水情实时数据，包括水位（单位：米）、流量（单位：米^3/秒）（分别为日平均流量、旬平均流量、月平均流量、洪峰流量）、蓄水量（单位：万立方米）、库容（单位：万立方米）等，在雨季应当每小时提供一次。防汛物资准备情况应定时上报。

2）地震方面信息指标

地震方面信息指标包括提供每日地震情况的会商结果，提供城市地震应急避难场所的地理信息图和各场所物资储备、道路通畅程度等情况。

3）其他极端恶劣天气的预报和通报

其他极端恶劣天气的预报和通报包括雷电预报，尤其是通知有关登山、长城的旅游管理部门；冰雹预报，通报农业、电力、通信等部门加强防雹措施；浓雾、沙尘预报，通报交管、环保等部门，以及应对上述恶劣天气所采取的措施准备情况，如除雹高炮。此外，还有极端恶劣天气发生后造成影响情况的及时上报。

4. 社会治安

社会治安包括执行城市规模性群体事件工作方案，加强各类外来人群的服务管理工作，组成治安联保队伍，推动群防群治，主要是社会治安事件类信息的报告，还有 110 报警接警次数、出动人员情况、重点敏感地区的警力安排实际情况及计划情况，以及治安联保队伍的状况等。

对于突发事件，要做到及时报送，处置过程的及时沟通，进展情况的及时汇报，与指挥中心保持联系，同时利用监测平台的数据优势为突发事件的处理提供支撑。

4.3 城市运行监测数据分析方法

4.3.1 单一指标特征分析

1. 描述统计的测度

1）均值

度量中心趋势最常用的指标是算术平均数，也称均值，记为 $\bar{X}$，是社会经济统计中广泛应用的一种综合性指标，它反映同类现象在特定条件下所达到的平均水平，是总体数量分布的一个重要特征。其计算公式为

$$\bar{X}=\frac{1}{N}\sum_{i=1}^{N}x_i f(X)$$

要分析总体的分布规律，中心趋势指标并不能完全反映取值情况，还需要了解数据的离散程度或差异状况。度量数据离散程度（变异性）的指标主要有：极差、标准差和变异系数（这里用标准差系数表示）。

2）极值

极值包括一组数据的最大值和最小值，极差是一组数据的最大值和最小值之差，也称全距。极差是最简单的变异指标，但极差也是一种比较粗糙的变异指标，有很大的局限性，因为它仅考虑了两个极端的数据，没有利用其余数据的信息。

3）标准差

标准差是方差的算术平方根，其量纲与均值相同。总体方差是总体中所有数据与其均值离差平方的算术平均值，记为σ^2，总体标准差记为σ，定义如下：

$$\sigma^2=\frac{1}{N}\sum_{i=1}^{N}(x_i-\bar{X})$$

$$\sigma=\sqrt{\frac{1}{N}\sum_{i=1}^{N}(x_i-\bar{X})}$$

标准差能反映一个数据集的离散程度，在管理中有非常广泛的应用。对于单峰分布，通常 99%以上的数据落在$\bar{X}\pm 3\sigma$的范围内。

4）标准差系数

相对变异指标（变异系数）应用于比较不同总体的离散程度，使用的度量单位或数量级上的差异导致用绝对数值表示的标准差没有可比性时，相对变异指标中最重要的是标准差系数，它是标准差与平均值之比，表示偏斜程度，记为V_σ，计算公式为

$$V_\sigma=\frac{\sigma}{\bar{X}}$$

5）分布特征

偏度系数是度量偏斜程度的指标，如表现对称分布、右偏分布和左偏分布，是表现总体分布特征的重要参数。常用的偏度系数是使用三阶中心矩计量的偏度系数，该偏度系数记为 SK，计算公式为

$$\mathrm{SK}=\frac{1}{n-1}\sum_{n=1}^{n}(x_i-\bar{x})^3/\sigma^3$$

SK 是无量纲的量，其绝对值越大，表明偏斜程度越大。偏度为 0 表示对称分布，当 SK＞0 时，分布呈右偏态，也称正偏态；当 SK＜0 时，分布呈左偏态，也称负偏态。

2. 方差分析

方差分析是针对不同因素分析各个因素水平是否有差异。例如，要分析雨雪、晴天等天气条件对城市交通的影响，天气条件称为因素，而不同的条件是因素的内容，称为因素水平。单因素方差分析（one-way analysis of variance）是针对一

个因素进行的，而双因素方差分析（two-way analysis of variance）则是针对两个因素进行的。

要进行方差分析，前提条件是被检验的样本为服从正态分布总体中的随机样本，各个总体的标准差相等，并且样本的选择是独立的。

方差分析中所用到的概率分布是 F 分布，F 分布是为了纪念著名统计学家 Fisher 而得名。因素水平间方差和因素水平内方差之比服从 F 分布。

$$F=\frac{\text{因素水平间方差}}{\text{因素水平内方差}}$$

F 分布具有以下特征。

（1）F 分布是一个“家族”。分子和分母具有各自的自由度，每一对自由度对应一个 F 分布。

（2）F 分布是一个右偏分布。当分子和分母的自由度逐渐增加时，F 分布就越接近于正态分布。

（3）F 分布是连续的，并且自变量取值非负，一般取值范围在区间$[0,+\infty)$。

（4）F 分布的右侧区县以 X 轴为渐近线。但 x 的值越来越大时，F 分布曲线就越接近于 X 轴。

单因素方差分析：只针对一个因素分析其对样本的观察值产生影响的情况，对各因素水平的样本容量大小没有要求。

双因素方差分析：在双因素方差分析中，方差来源分为两种，分别来自因素水平间和因素水平内，通常将来自因素水平内的方差称为误差（error variation）或随机方差（random variation）。如果只考虑这两种方差，有很多因素都可能产生方差，城市运行监测指标会受到多种因素影响，这就需要进行双因素或多因素方差分析。经过分析就可以明确影响城市运行监测指标的主要因素。

3. 时间序列分析

时间序列预测的一个最基本的假设就是影响着过去和现在时间序列形态的因素将继续以同样的方式作用于未来。所以，时间序列研究的一个重要目标就是识别这些影响因素，并且从时间序列中分离出来。

一个变量的时间序列受到许多因素的共同影响，在这些因素中，有些是具有长期的、决定性的作用，使事物的发展表现出某种趋势和规律性；而有些是具有暂时的、非决定性的作用，使事物的发展表现出不规则性。为了分析时间序列的成因及变动规律，就需要对其进行分解并分别加以测定，对于一个较长的时间序列，一般将其分解为长期趋势、季节波动、循环波动和随机波动四部分。表 4.1 所示为影响时间序列因素表。

表 4.1　影响时间序列因素表

因素	分类	定义	出现动因	持续时间（周期）
长期趋势 T	系统的	时间序列的观测值在长期过程中逐渐向上或向下移动的一种趋向或状态	技术、人口、财产和价格变化作用的结果	若干年
季节变动 S	系统的	时间序列的观测值受季节影响，一年内重复出现的周期性波动	气候条件、社会风俗习惯、宗教习俗或者节假日作用的结果	一年
循环波动 C	系统的	时间序列中出现的周期性在一年以上的上升与下降交替或以繁荣－衰退－萧条－复苏－繁荣为周期的循环往复波动	影响经济的因素交互作用于序列的结果	一般 2～10 年
不规则（随机）波动 I	非系统的	由偶然因素引起的除去长期趋势、季节波动和循环变动后剩下那部分变动	无法预见的事件，如罢工、自然灾害	短期并且不重复

为了对时间序列进行具体分析计算，还要对时间序列各构成部分的结合及其相互作用做出假设。在统计学上，时间序列一般有两种模型：乘法模型和加法模型。

周期性特征，是定期或间隔一定期间发生的量（在时间或空间）。常用的周期性分析包括季节因素分析和循环因子分析。

4.3.2　指标相互影响分析

城市管理者在决策过程中需要知道当一个城市运行某个指标发生变化或进行控制时，对其他指标究竟会有多大影响？这里以城市运行监测数据为基础，进行指标相互影响的量化研究。一方面可以为城市管理决策提供更精确的支撑；另一方面也为对城市运行的系统动力学分析提供分析依据和相关的参数，为城市运行指标预测时方法与输入变量的选择提供支持。

1. 相互影响特点分析

在自然界和社会经济领域中，各种现象之间普遍存在着相互联系和相互制约的关系。要深入了解事物的本质及其发展变化规律，就需要分析各种现象之间客观存在着的相互关系，即变量间的关系。变量间的关系通常可以分为以下两大类。

1）确定性关系

确定性关系（函数关系）是指一个变量的取值能由另一个或若干个变量的值完全确定，此时变量间的关系可用函数表示为

$$Y = f(X)$$

$$Y = f(X_1, X_2, \cdots, X_n)$$

2）非确定性关系

非确定性关系是指涉及的变量过多、关系过于复杂，不能得到它们之间的精确函数关系；或者由于一些无法计量和控制的随机因素不能由一个或若干个变量精确地确定另一个变量的值。在自然界和社会经济各领域中的各种现象之间大量而普遍地存在着非确定关系。

对于城市运行系统这样一个开放的复杂巨系统，采用物理-事理-人理系统方法论对城市运行系统中相互影响的关联特征进行分析。

物理是指涉及某项系统项目或问题处理过程中人面对的客观存在，是物质运动的规律总和，显然，物理主要存在于城市运行各专业部门内，如供水量与水压的关系，燃气供应量与燃气站压力的关系，供热量与循环水温的关系等。变量间"物理"性关系一般是确定性关系，可以用函数来表示。但是由于有些规律过于复杂，影响因素众多，目前人们尚没有认识清楚，无法用确定的函数来描述，也可以认为是非确定性关系。

事理是指涉及某项系统项目或问题处理过程中人们面对客观存在及其规律时介入的机理。由于城市运行最终是为居民提供各项功能与服务，因此，城市运行中众多指标间的关系都具有事理的特征，如水、电、气、热等供应情况的变化也可以认为是"事理"影响的结果。

人理是指涉及某项系统项目或问题处理过程中的所有人们之间的相互关系及其变化过程。如北京市市内道路平均车速随着汽车拥有量的不断上升而下降，为了保证市内交通的正常运行，北京市人民政府依法实施了交通管理措施。

通过以上分析可以看出，城市运行中众多变量（指标）之间是非确定性关系，对于非确定性关系，虽然不能由某个或某组变量的取值完全确定另一个变化的值，但通过大量的观察或试验，可以发现这些变量间存在着一定的统计规律性，变量间的这类统计规律就称为相关关系或回归关系。相关关系具有以下特点：变量之间有关系，但不是一一对应。

2. 相关系数

相关系数指从统计学上描述各种监测参数关联特征的一种重要指标，表示一个变量随着另一个变量变化而变化的影响程度。相关系数是变量之间相关程度的指标。相关系数的取值介于–1～1，其说明两个现象之间相关关系密切程度的统计分析指标，相关系数大于 0 表示正相关，小于 0 表示负相关，0 表示不相关，其绝对值越大，表示变量之间相关程度越高。其计算公式可以表示如下：

$$r=\frac{\sum(x-\bar{x})(y-\bar{y})}{\sqrt{\sum(x-\bar{x})^2\cdot\sum(y-\bar{y})^2}}$$

式中，r 的取值范围是$[-1, 1]$。

得到了样本的变量间相关系数，是否可以推出总体的变量间相关程度呢？这需要对相关系数进行显著性检验，采用 t 检验。检验的步骤如下。

（1）提出假设：

H_0：$\rho=0$（总体的相关系数为 0）

H_1：$\rho\neq 0$（总体的相关系数不为 0）

（2）计算检验的统计量：

$$t=\frac{r\sqrt{n-2}}{\sqrt{1-r^2}}\sim t(n-2)$$

式中，（$n-2$）为自由度。

（3）确定显著性水平 α，并做出决策。

若$|t|>t_{\alpha/2}$，拒绝 H_0；若$|t|\leqslant t_{\alpha/2}$，不拒绝 H_0。

除了相关系数以外，还有一个说明自变量解释因变量变化百分比的度量，叫作决定系数（coefficient determination，也叫测定系数或可决系数），用 r^2 表示。

3. 偏相关分析

偏相关分析也称净相关分析，它利用偏相关系数（净相关系数）分析在其他变量的线性影响下两变量间的线性相关，识别干扰变量并寻找隐含的相关性。

相关分析中利用计算相关系数等方式研究两事物之间的线性相关性，并通过对相关系数值的大小来判定事物之间的线性相关强弱。但是当存在第三个变量影响时，变量之间关系错综复杂，相关系数不能真实地反映两个变量之间的线性相关程度，导致二元变量相关分析的不精确性。因此，简单相关不能完全反映两个变量之间的纯相关关系。

根据控制变量的个数（N），偏相关分析可以命名为 N 阶偏相关分析；当控制变量的个数为零时，称为零阶偏相关，也就是相关系数。偏相关系数可以理解为其他变量的影响固定以后，某一自变量与因变量之间的关系。偏相关系数可以用来反映不同的自变量在解释因变量的离差上所起的相对作用。

城市运行监测指标往往受到多种因素的影响，可以采取偏相关分析排除其他因素影响，重点考虑某一因素对指标的影响。

4. 距离分析

距离分析可以按照各种统计测量指标来计算各个变量（或记录）之间的相

似或不相似性（距离），从而为聚类分析等提供信息，以分析复杂的数据集。

距离分析是计算一对变量之间或一对观测量之间的广义的距离，是对贯彻量之间或变量之间相似或不相似程度的一种测度，方便进行聚类分析、因子分析等。

使用距离分析可以利用两种方法研究样本之间的关系，将变量分类，一种方法是用相似系数；另一种方法就是利用空间定义距离关系，将每一个变量看作空间上的一个点，距离较近的点归为一类，距离较远的点应属于不同的类。

在距离分析过程中，主要利用变量间的不相似性测度和相似性测度度量两种之间的关系。

1）不相似性测度

对定距型变量之间距离的描述，主要有欧式距离（Euclidean distance）、平方欧式距离（squared Euclidean distance）、切比雪夫（Chebychev）距离、Block 距离、闵可夫斯基（Minkowski）距离等。

对定序型变量之间距离的描述，主要有卡方不相似测度（Chi-square measure）和 Phi 方不相似测度（Phi-Square measure）。

对二值（只有两种取值）变量之间的距离描述，主要有欧式距离、平方欧式距离、Lane and Williams 不相似性测度等。

2）相似性测度

两变量之间的相似性可以进行数量化描述，针对定距型变量，主要有 Pearson 相关系数和夹角余弦距离等。

对于二值变量的相似性测度主要包括简单匹配（simple matching）系数、Jaccard 相似性指数、Hamann 相似性测度等 20 余种。

相似性测度或不相似性测度还可用于其他模块，如因子分析、聚类分析以及多位尺度分析的进一步分析，以便分析复合数据集。

5. 回归分析

回归分析侧重考察变量之间的数量变化规律，用连续曲线近似地刻画或比拟平面上离散点组所表示的坐标之间的函数关系，进而确定一个或几个变量的变化对另一个变量的影响程度，回归分析的目标是使得回归线上的预测值与观察值之间的距离综合达到最小，通常利用最小二乘法拟合的回归直线与样本数据点在垂直方向上的偏离程度最低。其是最重要也是应用最广泛的统计分析方法。

1）一元线性回归分析

由于线性函数是最容易进行数学处理和分析的一类函数，并且在自然界和社会经济领域中，变量间普遍存在着线性关系，再加上许多非线性关系都可转化为线性关系来分析，因此线性回归作为回归分析的基础是使用最为广泛的回归模型，所有非线性回归都要转化为线性回归才能分析和求解。一元回归方程：

$$y = \beta_0 + \beta_1 x + \varepsilon$$

式中，β_0 为常数项；β_1 为 y 对 x 回归系数，即：x 变化一个单位所引起的 y 平均变动。误差项 ε 是随机变量，不能由 x 和 y 线性关系表达的变异量，它反映了除 x 和 y 之间的线性关系之外的随机因素对 y 的影响。回归分析在建立回归方程以后需要对回归方程的拟和优度检验、显著性检验（t 检验和 F 检验），进行残差分析，并做出预测。

2）多元线性回归分析

$$Y = \beta_0 + \beta_1 X_1 + \beta_2 X_2 + \cdots + \beta_k X_k$$

式中，β_0 为常数项；$\beta_1, \beta_2, \cdots, \beta_k$ 为偏回归系数，β_1 表示在其他自变量保持不变的情况下，自变量 X_1 变动一个单位所引起的 Y 的平均变动。多元线性回归分析的主要问题是回归方程的检验、自变量筛选、多重共线性问题等，这里不再详细给出。

另外，在研究过程中，指标之间的回归模型会出现违背经典假设条件的情况，主要包括以下三种情况：①模型中的随机误差项序列不是同方程的，称为异方差；②随机误差项序列之间不独立，存在相关性，称为自相关；③解释变量之间存在较高程度的线性相关性，称为多重共线性。

3）可线性化的非线性回归

在城市运行中，许多回归模型的因变量 y 与自变量 x 之间不是线性关系，但 y 与未知参数 β_0、β_1 之间的关系却是线性的，线性回归的“线性”是针对参数而言，不是针对自变量而言。这样，我们可以通过变量代换法将非线性模型线性化，再按线性模型的方法处理。但是并非所有的非线性模型都可以化为线性模型，几种常见的非线性模型包括指数函数、幂函数、双曲函数、对数函数、S 形曲线等。

6. 数据挖掘中的关联分析

数据关联是数据库中重要的一类知识。当数据中两个或多个变量的取值之间存在某种规律性，就称这些数据为关联。关联分析的目的是找出数据库中隐藏的关联关系，如简单关联、时序关联、因果关联。

关联分析，也称作亲和力分析或连接分析，是揭示数据之间的隐藏关系的数据挖掘任务。确定关联规则是关联分析最佳的应用例子。关联规则是可以识别出特殊类型的数据关联的模型。这些关联通常用于零售业以了解哪些商品频繁地被顾客同时购买。

4.3.3 城市运行指标预测

城市运行监测指标是城市运行管理决策的重要依据，也是城市建设的总体规划、城市应急管理等的重要研究内容。城市运行监测不仅要掌握城市当前的运行状态，还要了解城市运行状态的发展变化趋势，对未来一段时间城市运行状态做出准确的判断。预测是为适应社会经济的发展与管理的需要。对城市运行监测指标的预测研究具有以下几个方面的意义。

（1）充分发挥城市运行监测平台汇集多个方面几百项指标的优势，在上文对指标特征、相互影响、因果反馈等分析的基础上，建立综合考虑多方面信息的城市运行监测指标预测模型，可以实现各项指标的准确预测，研究各种异常情况对城市运行指标作用的结果，从而为专业部门决策提供支持。

（2）由于城市运行各子系统间的复杂相互作用，当城市运行某个子系统出现异常或者某项指标发生变化时，常常会引起城市运行其他多个子系统或指标的变化，通过城市运行监测指标的预测可以掌握城市多项指标的发展变化趋势，从而为城市综合管理部门或市级领导掌握城市整体运行状态提供数据支撑。

（3）城市一旦出现大的灾害或异常天气会影响到城市多个方面的正常运行，例如，城市出现大雪低温天气，导致电、热、天然气等负荷不断攀升，并且影响到电煤的运输。为了保障灾害条件下城市多个方面的正常运行，就需要充分认识多项负荷在灾害条件下的发展变化趋势，并给出准确的预测，从而实现对城市运行的综合协调。

1. 城市运行指标变化特点

确定城市运行监测指标预测的主要输入变量是预测是否准确有效的基础。首先输入变量自身的变化必须是可以预测的，其次输入变量对于输出变量有显著的规律性影响。通过第 3 章对城市运行系统的分析，可以将城市运行监测指标预测的主要输入变量归纳为以下两个方面。

1）外部环境因素

外部环境因素包括天气条件、大气环境等因素，这些因素主要受到自然规律控制，其预测由专业部门完成，例如，天气预报部门可以根据卫星云图及其相关理论对未来一段时间的天气情况给出相对准确的预测。由于天气的变化受到城市运行的影响非常小，而外部环境对城市运行的影响却非常显著，第 3 章已有分析，这里不再详细分析。因此外部环境因素是城市运行的主要输入变量。

2）人具有规律性的活动

人具有规律性的活动包括大型活动、日期属性（周末、工作日）、节假日等。

这些都是人的生活、生产的规律，会做出提前计划。

2. 常用预测方法

按照具体的预测方法特点分类，可以分为三大类，即解释性预测方法、时间序列分析方法和其他预测方法，具体见表 4.2。

表 4.2　常用预测方法分类

解释性预测方法	一元线性回归模型、多元线性回归分析模型、多元非线性回归分析模型等； 弹性系数预测法； 指标分析法
时间序列分析方法	自回归模型、自回归移动平均模型等； 单指数平滑模型、自适应单指数平滑模型、季节性指数平滑模型等； 典型移动平均模型、线性移动平均模型、求和自回归移动平均模型、季节性自回归移动平均模型等
其他预测方法	灰色预测模型； （人工）神经网络模型：小波理论模型、小波神经网络模型、自适应滤波模型、组合模型等； 系统动力学方法

下面对常用的预测方法做简单介绍，从而为城市运行监测指标预测时选择适当的方法提供依据。

1）时间序列方法

时间序列分析在理论与应用方面日益成熟，在众多领域得到广泛应用，成为概率统计学中的重要分支。目前单因素法的时间序列分析已有了成熟的理论，而多因素法仍处于探索阶段。为了得出对某项事物更加精确的预测，应该采用更加接近客观现实的模型，不能仅由单个的因素决定，应考虑错综复杂的因素综合作用的结果。

时间序列分析预测方法暂不考虑外界具体因素的影响，突出时间因素在预测中的作用，时间序列在时间序列分析预测方法处于核心位置。虽然，预测对象的发展变化是受很多因素影响的，但是运用时间序列分析进行量的预测，实际上是将所有的影响因素归结到时间这一因素上，为了求得能反映城市运行未来发展变化的精确预测值，这种方法不仅在未来可以对预测对象起作用，也可以分析探讨预测对象和影响因素之间的因果关系。在运用时间序列分析法进行预测时，必须将量的分析方法和质的分析方法结合起来，从质的方面充分研究各种因素与城市运行指标的关系，在充分分析影响城市运行的各种因素的基础上确定预测值。

时间序列预测方法的基本原理也决定了其自身的缺陷。时间序列预测法因突出时间序列暂不考虑外界因素影响，存在着预测误差的缺陷。时间序列预测法对于中短期预测的效果要比长期预测效果好，当遇到外界因素发生较大变化时，往往预测结果会有较大偏差。因为客观事物，尤其是城市运行现象，在一个较长时间内发生外界因素变化的可能性加大，它们对城市运行状态必定要产生重大影响。如果出现这种情况，进行预测时，只考虑时间因素不考虑外界因素对预测对象的影响，其预测结果就会与实际状况严重不符。

2）人工神经网络

人工神经网络已成为最具潜力的非线性建模方法。城市运行中许多对象具有复杂的不确定性、实时性、高度的非线性，这导致根本无法或者很难建立精确的数学模型，人工神经网络具有逼近和拟合非线性关系的能力，可以很好地搭建模型进行研究。

目前，常用的人工神经网络建模方法有反向传播网络和径向基函数神经网络。由于城市运行指标预测是一个多变量、非线性、大滞后性的问题，人工神经网络具有自适应、自组织等能力，不需要对象的先验知识，具有很强的非线性映射能力。

反向传播网络（back-propagation network），即 BP 神经网络是一种多层前向神经网络，它将学习规则一般化，并使误差反向传播。目前大部分人工神经网络模型采用的是 BP 神经网络或其变化形式，本项目也采用了 BP 神经网络模型实现给水管网用水量的预测。

人工神经网络技术具有非线性描述、大规模并行分布处理、高度鲁棒性和自学习与联想等特点。BP 神经网络是误差反向传播的前馈网络，是建立在梯度下降法基础上的，通过误差反馈不断修正整个网络的权值和阈值，直至使整个网络达到稳定状态。一个 BP 神经网络模型包括输入层、隐含层和输出层，各层间采用全连接方式，同一层单元之间不连接。

3）支持向量机

支持向量机以统计学习理论为基础，具有简洁的数学形式、直观的几何解释和良好的泛化能力等优点，它避免了神经网络中的局部最优解问题，并有效地克服了“维数灾难”。和传统的分类算法相比，支持向量机在防止训练过学习、运算速度和结果精度等方面都表现出明显的优越性。

统计学习理论（statistical learning theory，SLT）与传统统计学不同的是，它是一种专门研究小样本情况下机器学习规律的理论。Vapnik 等从 20 世纪 60 年代开始致力于这方面的研究。到 20 世纪 90 年代中期，随着其理论的不断发展和成熟，统计学习理论开始日益蓬勃。

4.4　数据分析案例——燃气供应量预测

燃气是城市生命线系统的重要组成部分，其供气量是城市运行安全的重要环节，关系到人民生活、经济发展及社会运行。燃气作为一种重要的清洁能源在日常生活中扮演着重要角色，随着近些年燃气用量逐渐增加，科学合理地掌握供气量对于燃气的供应调度及资源配置意义重大，成为保障城市运行安全的必然要求[1, 2]。

用于预测燃气供气量的方法有多种，如统计数据分析、遗传算法、人工神经网络及模糊方法等。Gorucu 和 Gumrah[3]利用多元回归分析方法预测土耳其首都安卡拉的燃气消耗量。Aras[4]将天然气用量看作时间的函数，由遗传算法预测居民对天然气的需求量。Gil 和 Deferrari[5]根据统计方法得到中短期天然气用量预测模型，短期模型可对五天之内的天然气用量进行预测，中期模型可估计五年内天然气的年最大消耗量。Suykens 等[6]利用人工神经网络方法计算比利时天然气的月消耗量。Azadeh 等[7]根据模糊方法对天然气日需求量进行预测。

无偏灰色模型具有所需数据少和计算方便等特点，因而被广泛应用[8]。但是，无偏灰色模型中微分方程的解是指数函数，适合于较为稳定的数据序列，对于波动太大的数据预测误差较大[9]。本书利用三点平滑法对预测数据序列进行处理，从而提高预测数据序列的光滑度。将等维新息应用于无偏灰色模型中，使预测得到的新数据加入原数列并去掉原数据序列中最陈旧的数据，从而提高预测精度。

4.4.1　无偏灰色模型

设原始数据序列为 $X^{(0)}=\{x_1^{(0)},x_2^{(0)},x_3^{(0)},\cdots,x_{n-1}^{(0)},x_n^{(0)}\}$，其中 $x_k^{(0)}\geqslant 0$（k=1, 2, ⋯, n）。建立无偏灰色模型的步骤如下[10-13]。

步骤 1：对原始数据序列累加。

对原始数据序列 $X^{(0)}$ 进行累加，生成序列 $X^{(1)}=\{x_1^{(1)},x_2^{(1)},x_3^{(1)},\cdots,x_{n-1}^{(1)},x_n^{(1)}\}$，其中 $x_k^{(1)}=\sum_{i=1}^{k}x_i^0$ (k=1, 2, ⋯, n)。$X^{(1)}$ 可通过求解微分方程（4.1）得到：

$$\frac{\mathrm{d}x_k^{(1)}}{\mathrm{d}t}+ax_k^{(1)}=u \tag{4.1}$$

步骤 2：确定数据矩阵 B 和 Y_n。

$$B=\begin{bmatrix}\left[-\frac{1}{2}(x_1^{(1)}+x_2^{(1)})\right]1\\ \left[-\frac{1}{2}(x_2^{(1)}+x_3^{(1)})\right]1\\ \vdots\\ \left[-\frac{1}{2}(x_{n-1}^{(1)}+x_n^{(1)})\right]1\end{bmatrix},\quad Y_n=\begin{bmatrix}x_2^{(0)}\\ x_3^{(0)}\\ \vdots\\ x_n^{(0)}\end{bmatrix} \tag{4.2}$$

步骤 3：最小二乘法求参数 a 和 u 。

参数 a 和 u 可通过计算式（4.3）得到：

$$\begin{bmatrix} a \\ u \end{bmatrix} = (B^{\mathrm{T}}B)^{-1}B^{\mathrm{T}}Y_n \tag{4.3}$$

步骤 4：计算无偏灰色模型参数 b 和 A 。

$$b = \ln\frac{2-a}{2+a},\ A = \frac{2u}{2+a} \tag{4.4}$$

步骤 5：建立预测模型。

$$\hat{x}_1^{(0)} = x_1^{(0)},\ \hat{x}_{k+1}^{(0)} = Ae^{bk} \tag{4.5}$$

式中，k=1, 2, …, n−1 时，$\hat{x}_{k+1}^{(0)}$ 为原始数据序列的拟合值。$\hat{x}_{k+1}^{(0)}$ $(k \geqslant n)$为原始数据序列的预测值。

4.4.2 改进无偏灰色模型

本书改进无偏灰色模型主要包括两方面的改进：一是用三点平滑法对原始数据序列进行前处理；二是通过等维新息处理加入预测数据且去掉陈旧数据。具体流程，如图 4.1 所示。

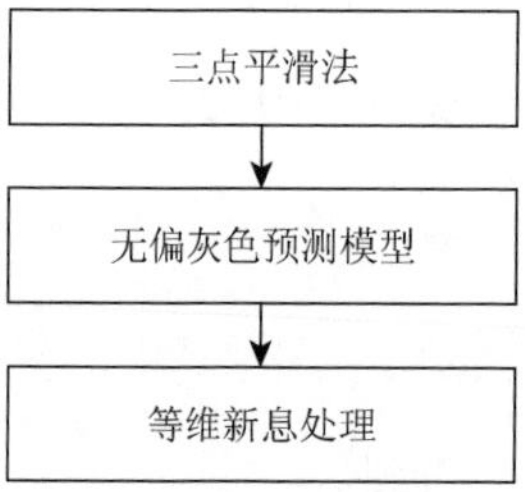

三点平滑法

↓

无偏灰色预测模型

↓

等维新息处理

图 4.1 改进无偏灰色模型预测的流程

1. 三点平滑法

为了减弱原始数据序列中异常数据的影响，对原始数据序列用三点平滑法进行处理，强化原始数据序列的大致趋势，从而提高预测精度。

原始序列 $X^{(0)} = \{x_1^{(0)}, x_2^{(0)}, x_3^{(0)} \cdots, x_{n-1}^{(0)}, x_n^{(0)}\}$，其中 $x_i^{(0)} \geqslant 0$ (i=1, 2, …, n)。对数据进行平滑处理后新的数列为 $X'^{(0)} = \{x_1'^{(0)}, x_2'^{(0)}, x_3'^{(0)}, \cdots, x_{n-1}'^{(0)}, x_n'^{(0)}\}$，计算表达式如式（4.6）所示[14]：

$$\begin{cases} x_1'^{(0)} = \dfrac{\left[3x_1^{(0)} + x_2^{(0)}\right]}{4} \\ x_i'^{(0)} = \dfrac{\left[x_{i-1}^{(0)} + 2x_i^{(0)} + x_{i+1}^{(0)}\right]}{4} \\ x_n'^{(0)} = \dfrac{\left[x_{n-1}^{(0)} + 3x_n^{(0)}\right]}{4} \end{cases} \tag{4.6}$$

式中，i=2, 3, …, n–1。

2. 等维新息模型

随着时间的推移，扰动因素对系统产生影响，预测模型从初值一直延续到未来任何一个时刻。在预测模型中将新得到的信息加入数据序列中，同时去掉最开始的数据，使构成的新序列与原始序列有相同的维数，用新序列建立无偏灰色模型，这种建模方法称为等维新息模型[15]。

根据原始数据序列 $X^{(0)}=\{x_1^{(0)},x_2^{(0)},x_3^{(0)},\cdots,x_{n-1}^{(0)},x_n^{(0)}\}$ 预测出新的数据 $\hat{x}_{n+1}^{(0)}$；建立新的数据序列 $Y^{(0)}=\{x_2^{(0)},x_3^{(0)},\cdots,x_n^{(0)},\hat{x}_{n+1}^{(0)}\}$ 预测 $\hat{x}_{n+2}^{(0)}$，新数据序列 $Y^{(0)}$ 将 $\hat{x}_{n+1}^{(0)}$ 作为最后一个数，同时将原数据序 $X^{(0)}$ 中的第一个数据 $x_1^{(0)}$ 去掉；同理，可预测 $\hat{x}_{n+3}^{(0)}$、$\hat{x}_{n+4}^{(0)}$ 和 $\hat{x}_{n+5}^{(0)}$ 等数据。

4.4.3　燃气供气量预测

某城市连续 50 天的燃气供气量数据，如图 4.2 所示。

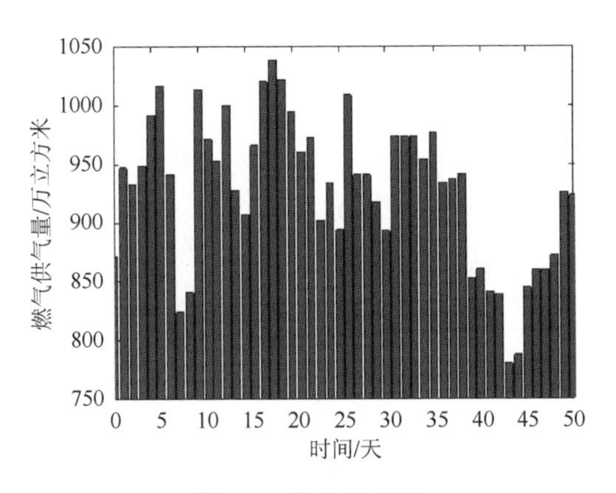

图 4.2　燃气供气量

以图 4.2 中的第 1 至第 30 个数据建立原始数据序列，分别用无偏灰色模型和改进无偏灰色模型进行计算，将计算结果和实际供气量进行比较，并由相对误差验证模型预测的有效性。

1. 无偏灰色模型预测供气量

由图 4.2 数据建立原始数据序列 $X^{(0)}$，对其进行累加可得数据序列 $X^{(1)}$ 的值，如图 4.3 所示。

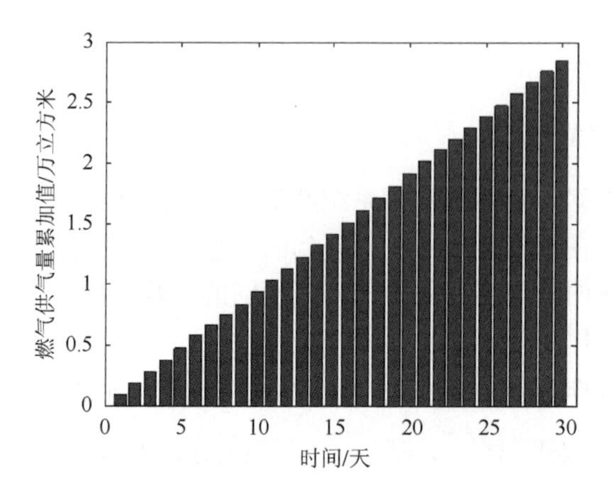

图 4.3 燃气供气量累加值

由无偏灰色模型的步骤 1～步骤 5 可得，参数 A=956.4180，b=–0.0002815。

于是，无偏灰色数据序列模型如式（4.7）所示：

$$\hat{x}_1^{(0)}=870.86\text{,}\ \hat{x}_{k+1}^{(0)}=956.4180\mathrm{e}^{-0.0002815k} \tag{4.7}$$

式中，k 取 1～29，可得数据序列 $X^{(0)}$ 的拟合值；k 取 30 和 49，可得燃气供气量预测值。

2. 改进无偏灰色模型预测供气量

对图 4.2 建立的原始数据序列 $X^{(0)}$ 进行三点数据平滑处理，然后由无偏灰色模型的步骤 1～步骤 5 可得，参数 A=953.740，b=–0.0001389。于是，经过三点数据平滑处理后的无偏灰色数据序列模型为

$$\hat{x}_1^{(0)}=870.86\text{,}\ \hat{x}_{k+1}^{(0)}=953.7400\mathrm{e}^{-0.0001389k} \tag{4.8}$$

式中，k 取 1～29，可得数据序列 $X^{(0)}$ 的拟合值；k 取 30，可得燃气供气量预测值 $\hat{x}_{31}^{(0)}=949.77$。

为预测第 32 天的燃气供气量，将原始数据序列中的 $x_1^{(0)}$ 去掉，添加新预测的数据 $\hat{x}_{31}^{(0)}$，从而建立新的数据序列 $Y^{(0)}$。根据步骤 1～步骤 5，可得参数 A=957.930，b=–0.000370。于是，经过等维新息处理后改进无偏灰色预测模型为

$$\hat{y}_1^{(0)}=946.90\text{,}\ \hat{y}_{k+1}^{(0)}=957.9300\mathrm{e}^{-0.0003700k} \tag{4.9}$$

由式（4.9）可预测第 32 天的燃气供气量为 947.35 万立方米。同理，可预测第 33～50 天的燃气供气量。

无偏灰色模型及改进无偏模型所得燃气供气量的拟合值及预测值，如图 4.4 所示。

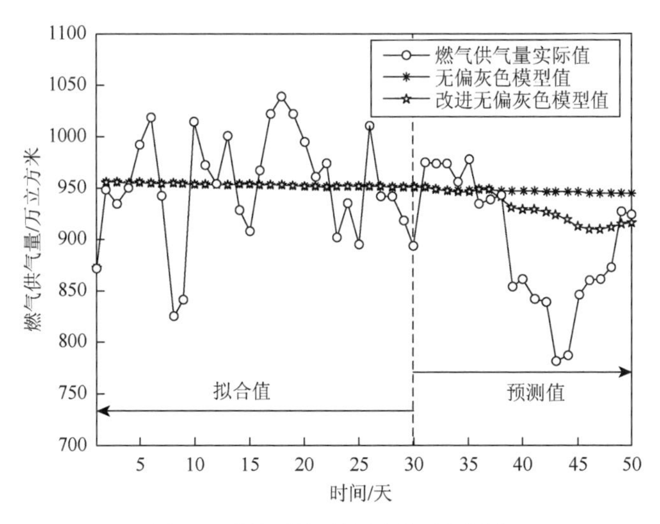

图 4.4　燃气供气量拟合值及预测值

3. 结果与讨论

由图 4.4 可知，无偏灰色模型所得曲线为单调递减函数，随着预测时间的增加，预测值逐渐降低，第 31～38 天预测值和实际供气量偏差较少，但第 38 天之后的预测值和实际供气量偏差较大。用数据平滑处理及等维新息处理后，减弱异常值的影响且加入新的预测数据，使得改进无偏灰色模型能逐步调整无偏灰色模型的单调性，预测值和实际供气量偏差较少，能较好地实现预测功能。

根据图 4.4 燃气供气量的实际值、拟合值及预测值，计算燃气供气量预测的相对误差，如图 4.5 所示。

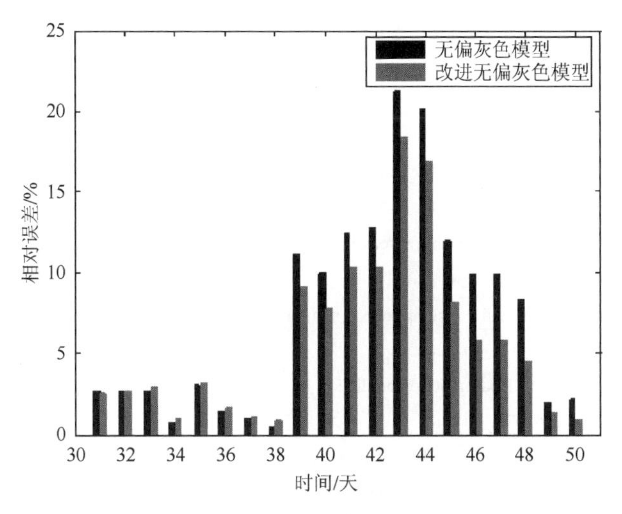

图 4.5　燃气供气量预测相对误差

由图 4.5 可知，从第 31～38 天，无偏灰色模型和改进无偏模型所预测燃气供气量的相对误差都小于 5%，且两种模型预测的相对误差相差很小，不超过 0.35%；从第 39～47 天，无偏灰色模型和改进无偏模型所预测燃气供气量的相对误差都大于 5%，且两种模型预测相对误差相差较大，最大时可达 4.09%。

由图 4.5 数据可得，无偏灰色模型所得预测数据的相对误差均值为 7.32%，改进无偏灰色模型预测数据的相对误差均值为 5.76%。改进无偏灰色模型预测所得燃气供气量相对误差小，预测精度高。

4.4.4 结论

将预测燃气供气量和实际供气量相比，改进无偏灰色模型精度高于无偏灰色模型。改进无偏灰色模型经过数据平滑处理，提高了原数据序列的光滑度，降低了异常数据对预测结果的影响。等维新息处理不仅充分利用了历史数据，同时将新的预测数据加入到数据序列中，使改进无偏灰色模型有较好的适应性，可用于中长期预测且具有较好的精度。

改进无偏灰色模型比无偏灰色模型预测模型效果好，但距实际监测数据还有一定的误差。在将来的研究中，对求解微分方程中的参数进行修正也是一种对无偏灰色模型的改进，可以通过参数修正与数据平滑处理相结合提高预测精度。

改进无偏灰色预测模型具有所需历史数据少、预测精度较高等特点，可用于燃气供气量预测，也可用于供水及供热等方面的预测，更好地服务于城市运行，从而保障城市公共安全。

参考文献

[1] Beronich E L，Abedinzadegan A，Hawboldt K A. Prediction of natural gas behaviour in loading and unloading operations of marine CNG transportation systems[J]. Journal of Natural Gas Science and Engineering，2009，1(1)：31-38.

[2] Frota W M，Alberto J，Moraes S B. Natural gas：the option for a sustainable development and energy in the state of Amazonas[J]. Energy Policy，2010，38（7）：3830-3836.

[3] Gorucu F B，Gumrah F. Evaluation and forecasting of gas consumption by statistical analysis[J]. Energy Sources，2004，26（3）：267-276.

[4] Aras N. Forecasting residential consumption of natural gas using genetic algorithms[J]. Energy Exploration & Exploitation，2008，26（4）：241-266.

[5] Gil S，Deferrari J. Generalized model of prediction of natural gas consumption[J]. Journal of Energy Resources Technology，2004，126（2）：90-98.

[6] Suykens J，Lemmerling P，Favoreel W，et al. Modeling the Belgian gas consumption using neural networks[J]. Neural Processing Letters，1996，4（3）：157-166.

[7] Azadeh A，Asadzadeh S M，Ghanhari A. An adaptive network-based fuzzy inference system for short-term natural

gas demand estimation：uncertain and complex environments[J].Energy Policy，2010，38（3）：1529-1536.

[8] Wang Y F. Predicting stock price using fuzzy grey prediction system[J].Expert Systems with Applications，2002，22（1）：33-39.

[9] Tien T L. A research on the prediction of machining accuracy by the deterministic grey dynamic model DGDM（1, 1）[J]. Applied Mathematics and Computation，2005，161（3）：923-945.

[10] Shih C S，Hsu Y T，Yeh J，et al. Grey number prediction using the grey modification model with progression technique[J]. Applied Mathematical Modeling，2011，35（3）：1314-1321.

[11] Kayacan E，Ulutas B，Kaynak O. Grey system theory-based models in time series prediction[J].Expert Systems with Applications，2010，37（2）：1784-1789.

[12] Leephakpreeda T. Adaptive occupancy-based lighting control via grey prediction[J]. Building and Environment，2005，40（7）：881-886.

[13] Akay D，Atak M. Grey prediction with rolling mechanism for electricity demand forecasting of Turkey[J]. Energy，2007，32（9），1670-1675.

[14] 朱芸，乐秀璠. 可变参数无偏灰色模型的中长期负荷预测[J]. 电力自动化设备，2003，23（4）：25-27.

[15] 曾斌，罗佑新. 新息与等维新息非等间距 GM（1, 1）模型及其应用[J]. 辽宁工程技术大学学报，2011，30（4）：615-618.

第5章　城市运行安全仿真

随着我国城镇化的快速发展，城市运行系统更加复杂，城市各种系统之间耦合性不断增强，城市风险因素急剧增加，安全问题层出不穷。由于城市运行系统涉及要素众多，系统结构层次超过了工程分析方法所能掌控的程度，需要采用系统工程方法进行分析，利用多主体建模技术模拟城市运行的真实过程、运行效果，预测多源异质复杂系统的综合作用效应，取得相对可靠的城市运行系统安全状态评断方法，用于城市日常安全管理与紧急状态下应急管理过程中的决策。本章提出城市运行安全仿真模型，用于模拟各种条件下城市运行安全状态，识别城市运行过程中的薄弱环节，掌握城市运行整体状况，并通过对城市运行系统的优化控制，实现城市安全水平整体提升。

5.1　城市运行安全仿真模型框架

通过对城市运行系统、城市运行安全、城市运行监测等梳理和分析，明确了城市运行系统构成的主体，并且各类主体之间都存在着供求关系、控制关系、结构关系等，使得系统具备非线性与反馈特性，即城市运行系统具备复杂系统的高阶次、非线性、多路反馈等特征，由系统局部的行为无法预知系统整体行为。因此，对城市运行进行建模，需要采用多主体建模，然后通过各类主体之间的复杂相互作用，实现对城市运行整体系统行为的推断，即通过微观层面的建模，实现对城市运行宏观涌现行为模拟，并进一步研究城市运行涌现出的系统行为的优化控制方法。

1. 系统分层

城市运行系统结构复杂，系统中各个组成部分的结构及各组成部分之间的联系是多种多样的，应该将城市运行系统划分成若干子系统及不同的层次。城市运行系统可以分为三个层次：一是城市环境信息层，即城市所处的气象环境、空间环境等；二是基础设施网络层，包括城市供水、排水、电力、通信、燃气、供热等网络状设施；三是城市能动主体，城市中居民、工厂企业、管理部门等都是城市智能主体，城市智能主体的运行变化规律为城市运行提供了驱动力，城市运行安全仿真分层结构如图 5.1 所示。

2. 分层建模

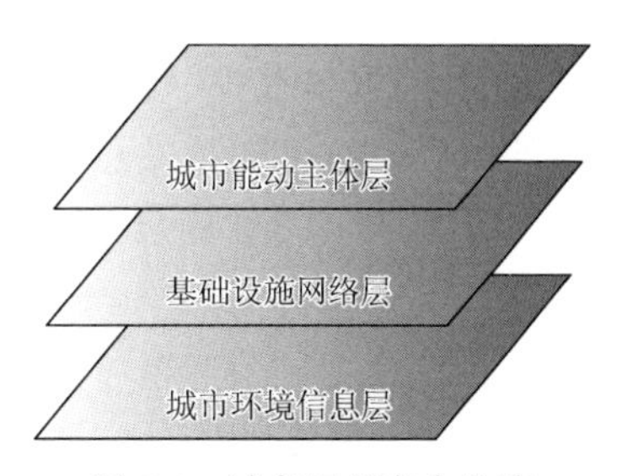

图 5.1　城市运行安全仿真分层结构

分层建模适宜描述结构复杂的系统，有利于充分利用现有的系统信息与模型，城市运行仿真模型分为三个层次：一是对单一基础设施网络的运行建模，包括网络正常运行时的运行状态、工作压力，对于需求变化的响应，网络故障的影响范围及其在网络内部的传递规律等；二是基础设施网络之间的耦合关联，不同网络之间如何相互作用，包括常态时对于需求变化响应的关联作用，以及故障时网络间的级联失效等问题；三是城市运行能动主体建模，主要基于主体的需求和供给关系，采用典型的多主体建模方法。

3. 城市运行的安全后果

根据城市基础设施运行问题的特点，可以从供应短缺、安全事故、介质属性破坏三个方面描述城市基础设施安全问题。

1）供应短缺

供应短缺是指城市基础设施系统不能满足居民生产生活的需求。随着经济的快速发展，城市对生命线系统的依赖性逐渐增强，供需矛盾凸显，持续低温或高温情况下，有可能出现城市基础设施供应能力不足，如在极端低温条件下北方城市燃气可能出现短缺。

2）安全事故

安全泛指没有危险、不受威胁和不出事故的状态，这里特指城市基础设施系统中各类设施、设备、管线等没有出现故障及其泄漏、人员伤亡等事故。城市水电气热系统一旦出现管线破损，发生泄露，会引起监测指标的异常波动，如压力降低、流量增大等。

3）介质属性破坏

供水、燃气等城市基础设施运行介质的属性均应符合国家标准要求，并能够满足用户需求，一旦出现破坏会导致供应安全问题。介质属性是系统监测的重点，特别是供水水质、燃气气质等，如供水系统对浑浊度、余氯、pH 等进行监测、检测。

5.2　城市基础设施单一网络模拟

城市基础设施多以网络形式存在，由于网络状设施的特点，城市中一个微小扰动就可能触发整个系统（网络）的连锁反应，从而导致系统中的多个部分产生崩溃的灾难性后果[1, 2]。复杂电网就是一个典型的例子[3]。电网、供水网、供气网、交通网、通信网等关键生命线系统都可认为是复杂网络，其中节点代表生命线系统的站点，边则模拟站点之间的相互关系。

近年来，关于复杂网络的研究正处于蓬勃发展的阶段，研究者来自图论、统计物理学、计算机网络、生态学、社会学以及经济学等不同的领域[4, 5]。具有不同拓扑结构的复杂网络可以分为规则网络[6]、随机网络[7]、小世界网络[8]、无标度网络[9, 10]、演化网络[11, 12]等。规则网络是具有规则拓扑结构的网络，如完全连接图、星状网络、邻近节点连接图等，规则网络的研究已经建立了比较完整的理论框架。随机网络是一些节点通过随机布置的连接而组成的复杂网络，如美国的高速公路网，随机网络的节点度分布为钟形曲线分布。小世界网络是一类特殊的复杂网络，它具有大的簇系数和小的平均最短距离，如电影明星网。无标度网络是节点度分布遵循幂次定律的网络，如美国航空网；无标度网络的大部分节点只有少数连接，而少数节点则拥有大量的连接。演化网络是一类更复杂的网络，它的倾向性选择概率是非线性的，演化网络存在边的增加和减少，内部节点之间存在着竞争，它的增长性受到节点老化等多种因素的限制。

目前，复杂网络上的蔓延动力学研究成为热点，如网络中随机或特定去除某些关键节点或边产生整个网络拓扑结构的演化[13]、病毒在计算机网络上的蔓延[14]、传染病在人群中的流行[15, 16]以及谣言在社会中的扩散[17]等。然而迄今为止，有关复杂网络上灾害蔓延动力学研究不多。与传染病传播网络相比，关键生命线系统等灾害网络经常是有向网络，同时结点之间存在非线性且有反馈性的相关关系。在灾害网络中，当一个节点发生崩溃，这个节点能否在自身修复功能的作用下恢复从而保证整个网络的正常化；或者由于蔓延机制导致灾害的传播并造成网络的大面积崩溃；或者网络中的随机噪声（扰动）能否造成整个网络的崩溃，这个随机噪声的临界值是多少；等等，这些都是复杂网络上灾害蔓延动力学关注的问题。针对这些问题，首先需要建立一个普适性的灾害蔓延动力学模型，将随机网络、无标度网络和小世界网络考虑在内，而后利用这个模型进行模拟研究，探讨复杂网络上灾害蔓延动力学特征。

5.2.1　灾害蔓延动力学模型

当今社会中的电网、供水网、供气网、交通网、通信网等关键生命线系统都是十分复杂和庞大的系统工程，我们利用复杂网络进行这项系统工程的建模，需要研究这些生命线系统的一些共性特征，即建立一个普适性的灾害蔓延动力学模型。

考虑一个有向网络 $G=(N,S)$，其中包含结点 $i\in N:=\{1,2,\cdots,n\}$ 和边 $(i,j)\in N\times N$，分别代表生命线系统的站点和各站点之间的相互关系。对于每个结点的属性值用x_i表示，当$x_i=0$时表示这个节点是稳态的，反之，当x_i偏离零时说明这个节点产生崩溃。考虑这些关键生命线系统（灾害网络）的普适性特征是每个节点都有自修复功能和灾害蔓延机制。自修复是指当节点产生崩溃时，随着时间演化，节点都具有自身修复的功能，灾害蔓延机制是指某个节点产生崩溃时，灾害在网络上进行蔓延从而造成大部分节点也产生崩溃。以属性值表现就是假设开始时刻x_i有个小扰动，随着时间推移，节点发挥自修复功能或灾害蔓延机制，x_i会趋向于零或网络中大部分节点的属性值会趋向于∞。因此对于节点的时间演化动力学可以用式（5.1）表示：

$$\frac{\mathrm{d}x_i}{\mathrm{d}t}=-\frac{x_i}{\tau(t)}+\Theta(x_i)\left\{\sum_{j\neq i}\frac{M_{ij}(t)x_j[t-t_{ij}(t)]}{f(O_i)}\mathrm{e}^{-\beta t_{ij}(t)/\tau(t)}\right\}+\xi_i(t) \tag{5.1}$$

式（5.1）等号右端第一项表示节点的自修复功能，第二项表示节点的灾害蔓延机制，第三项表示节点的固有特征，即节点存在内部随机噪声。这里定义τ为自修复因子，对于灾害蔓延机制我们参考神经网络模型[18]，其中$\Theta(x_i)$为S形函数：

$$\Theta(x_i)=\frac{1-\exp(-\alpha x_i)}{1+\exp\{-\alpha[x_i-\theta_i(t)]\}} \tag{5.2}$$

式中，α为一定值，θ_i为i节点的函数阈值，如果i节点属性值$x_i=0$，不管α和θ_i的取值如何总有$\Theta=0$，即节点之间不存在相互影响机制。式（5.1）中的权重值M_{ij}表示i节点连接到j节点的相互关系强度，t_{ij}是i节点与j节点之间的延迟时间因子。$f(O_i)$为i节点的出度函数，出度值O_i用于表征i节点直接影响其他节点的程度：

$$f(O_i)=\frac{aO_i}{1+bO_i} \tag{5.3}$$

式中，a,b为定值。

公式（5.1）表征了在节点自修复功能和灾害蔓延机制，以及在内部随机噪声的综合影响下复杂网络系统随时间的演化动力学，等同于生命线系统下一个普适性的灾害蔓延动力学模型。

5.2.2　网络拓扑结构

基于上述建立的灾害蔓延动力学模型，采用随机网络、无标度网络和小世界网络三种应用较广的网络拓扑结构进行模拟计算，研究灾害蔓延的动力学特征。计算中所采用的三种网络均为有向网络，节点数都为10000，平均度均为3.5。其中随机网络和无标度网络都由Pajek软件产生[19]，其中无标度网络采用偏好依附（preferential attachment）方法产生：在每个产生步骤，一个节点和k条有向边依据式（5.4）的依附概率 P 连接到已有节点上：

$$P(i)=\alpha_1\frac{I_i}{|S|}+\beta_1\frac{O_i}{|S|}+(1-\alpha_1-\beta_1)\frac{1}{|N|} \tag{5.4}$$

式中，I_i 是 i 节点的入度，$|S|$、$|N|$ 分别是网络总的边数和节点数，参数 α_1,β_1 分别设为 0.3 和 0.23。小世界网络是由下列步骤产生[20]：首先产生一个无向环规则网络，然后将无向边设置成有向边，其方向包括顺时针、逆时针和双向，比例分别占 45%、45%和 10%，最后类似产生无向小世界网络那样以概率为 0.3 随机重连该网络。

5.2.3　模拟结果与讨论

当网络中的 i 节点受到外界冲击时，x_i 为一个大于零的极小量，随着时间演化，网络可能出现两种情况：一种情况是节点 i 由于自修复功能趋于稳定，即 x_i 趋向于零；另一种情况是节点 i 的灾害蔓延机制造成灾害的蔓延，网络中越来越多的其他节点无法趋于稳定，其属性值趋向于 ∞，最终造成整个网络中大部分节点的崩溃。

考察网络中节点三个重要特征参数对灾害蔓延动力学的影响，依据公式（5.1）所建立的模型，我们重点考虑自修复因子 τ、延迟时间因子 t_{ij} 和噪声强度 Δu，这里假设网络内部随机噪声 ξ 为[0, Δu]的均匀分布。假设网络中其他参数为定值：$\alpha=10$，$\beta=0.01$，$a=1$，$b=10$。首先我们考虑自修复因子 τ 的影响，这时延迟时间因子 t_{ij} 为 χ^2 分布，其均值和方差均为 2，内部随机噪声 ξ=0。我们随机选取一个节点，将其属性值人为设定为一个大于零的极小量，其他节点的属性值设定为零，每个 τ 值都模拟 20 次，以确定修复率和崩溃节点数的平均值。图 5.2、图 5.3 分别是三种网络（随机网络、无标度网络和小世界网络）自修复因子 τ 对网络节点修复率和崩溃节点数的影响，图 5.2（a）中 θ_i=0.5，M_{ij}=0.5，可以将此网络视为同质网络；图 5.2（b）中 θ_i 和 M_{ij} 均为[0.2, 0.8]的均匀分布，显然此网络为异质网络，图中的曲线是相应的拟合曲线。从图 5.2 和图 5.3 中可以看出，很显然随着自修复因子 τ 的增加修复率下降，相应的崩溃节点数上升，这是由于 τ 值小时，系统（网络）只需要很短的时间即可修复，随着 τ 值的增加，所需时间越来越长；修复率和崩溃节点数曲线都存在相变过程，当 τ 值很小时，网络节点通过自修复功能都可以修复，即修复率为 100%，同时崩溃节点数为零，当 τ 值达到某个临界值时，修复率发生相变，下降到某个较低的值，甚至为零，相应的崩溃节点数上升到某个较高的值，甚至所有的节点都产生崩溃。但三种网络的 τ 的临界值不一样。同时从图中也可以得到：异质网络比同质网络的网络节点修复率要高，相应的崩溃节点数要少；而且在异质网络中拟合曲线的误差比同质网络要大，这很显然是由于异质网络的 θ_i 和 M_{ij} 为均匀分布，而不是同质网络的定值造成的。

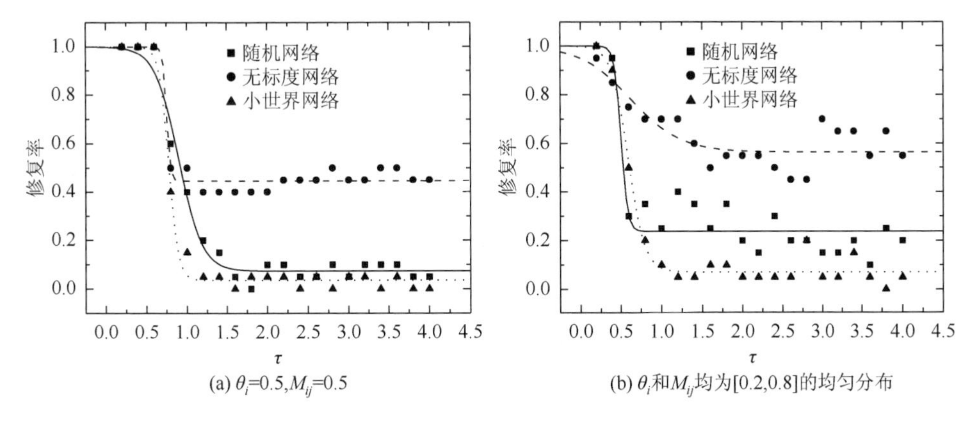

(a) θ_i=0.5,M_{ij}=0.5　　(b) θ_i和M_{ij}均为[0.2,0.8]的均匀分布

图 5.2　自修复因子 τ 对网络节点修复率的影响

注：延迟时间因子 t_{ij} 为 χ^2 分布，其均值和方差均为 2

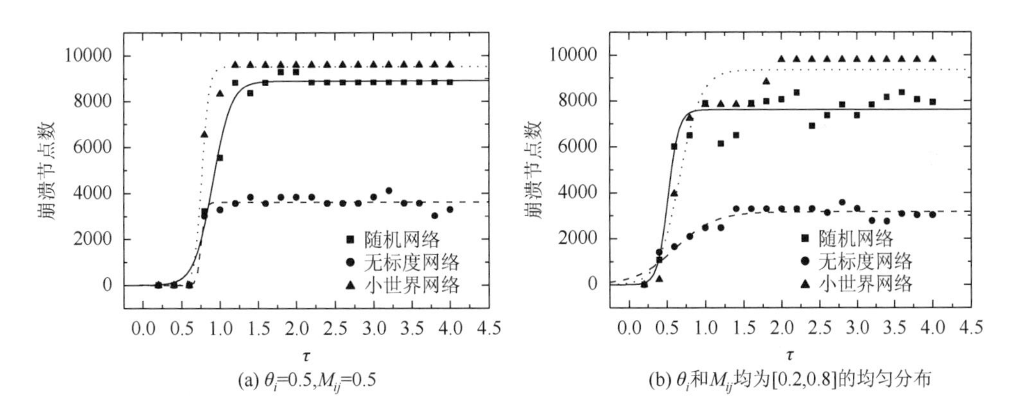

(a) θ_i=0.5,M_{ij}=0.5　　(b) θ_i和M_{ij}均为[0.2,0.8]的均匀分布

图 5.3　自修复因子 τ 对网络崩溃节点数的影响

注：延迟时间因子 t_{ij} 为 χ^2 分布，其均值和方差均为 2

我们接着考虑延迟时间因子 t_{ij} 的影响，这时自修复因子 τ 为 χ^2 分布，其均值和方差均为 2，内部随机噪声 ξ =0。模拟过程与前面的一致。图 5.4、图 5.5 分别是三种网络（随机网络、无标度网络和小世界网络）延迟时间因子 t_{ij} 对网络节点修复率和崩溃节点数的影响，图 5.4（a）中 θ_i =0.5，M_{ij} =0.5；图 5.4（b）中 θ_i 和 M_{ij} 均为[0.2, 0.8]的均匀分布，图中的曲线也是相应的拟合曲线。从图 5.4 和图 5.5 也可以看出，随着延迟时间因子 t_{ij} 的增加，修复率上升，相应的崩溃节点数下降，

这是因为随着 t_{ij} 值的增加，灾害在网络上的蔓延影响程度越来越弱。与自修复因子 τ 的影响一样，延迟时间因子 t_{ij} 对网络节点修复率和崩溃节点数的影响曲线也存在相变的过程，其相变临界值也不一样。相同的延迟时间因子 t_{ij}，异质网络比同质网络的网络节点修复率要低，同时崩溃节点数也少。

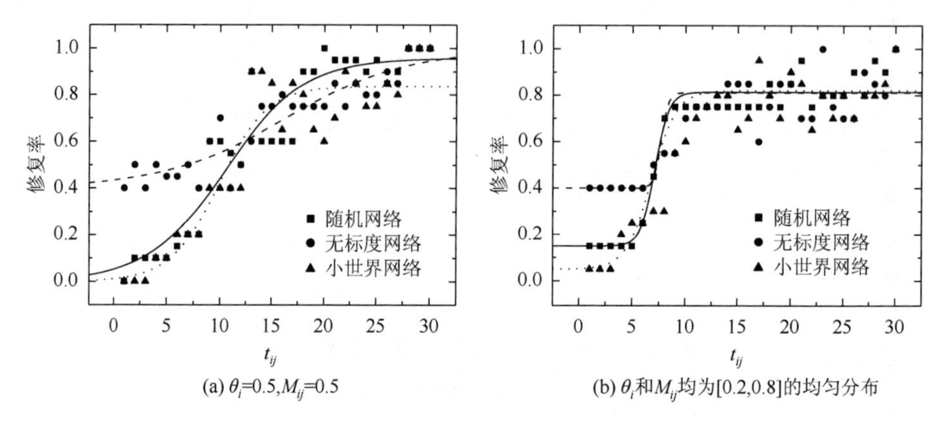

图 5.4　延迟时间因子 t_{ij} 对网络节点修复率的影响

注：自修复因子 τ 为 χ^2 分布，其均值和方差均为 2

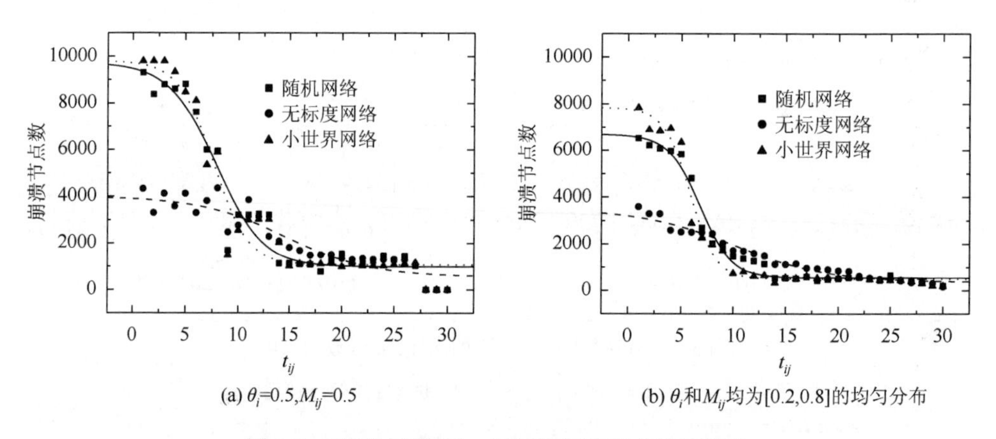

图 5.5　延迟时间因子 t_{ij} 对网络崩溃节点数的影响

注：自修复因子 τ 为 χ^2 分布，其均值和方差均为 2

最后我们考虑内部噪声 ξ 对网络动力学的影响，这时自修复因子 τ 和时间延迟因子 t_{ij} 都是 χ^2 分布，其均值和方差均为 2。我们设定网络中所有节点的初始属性值都是零，在每个时间步叠加[0, Δu]的均匀分布随机噪声，以确定修复率和崩溃节点数的平均值。图 5.6 是三种网络（随机网络、无标度网络和小世界网络）

噪声强度 Δu 对网络崩溃节点数的影响，图 5.6（a）中 θ_i=0.5，M_{ij}=0.5；图 5.6（b）中 θ_i 和 M_{ij} 均为[0.2, 0.8]的均匀分布，图中的曲线也是相应的拟合曲线。很显然随着噪声强度 Δu 的增加，网络的崩溃节点数上升，这与实际的生命线网络的特征一致。图 5.6 中崩溃节点数曲线也存在相变过程，只是每种网络的 Δu 的相变临界值不同。从图 5.6 中还可以看出：异质网络比同质网络的崩溃节点数要少，同时在异质网络中拟合曲线的误差比同质网络要大。

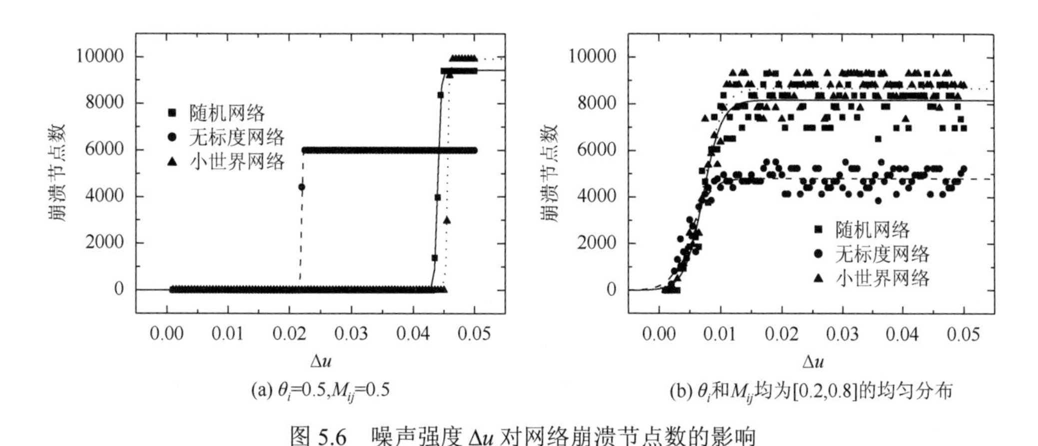

(a) θ_i=0.5,M_{ij}=0.5　　(b) θ_i和M_{ij}均为[0.2,0.8]的均匀分布

图 5.6　噪声强度 Δu 对网络崩溃节点数的影响

注：内部随机噪声 ξ 是[0, Δu]的均匀分布，自修复因子 τ 和时间延迟因子 t_{ij} 都是 χ^2 分布，其均值和方差均为 2

建立一个普适性的复杂网络灾害蔓延动力学模型以模拟关键生命线系统，如电网、供水网、供气网、交通网、通信网等的演化动力学。将这些关键生命线系统视为复杂网络，并考虑其共性特征：网络中每个结点都有自修复功能、灾害蔓延机制和内部随机噪声。研究三个重要特征参数，修复因子 τ 、延迟时间因子 t_{ij} 和噪声强度 Δu 对灾害蔓延动力学的影响，即考虑结点修复率和崩溃结点数的变化情况。本书针对三种理想网络拓扑结构，随机网络、无标度网络和小世界网络，利用所建立的模型，进行灾害蔓延动力学的模拟。模拟结果表明三个特征参数对结点修复率和崩溃结点数曲线都有一个相变过程，即三个特征参数都存在一个临界值，以区分生命线系统的两个不同状态：稳定或崩溃。模拟结果与这些实际生命线系统的特征一致，表明所建立的模型可以有效模拟生命线系统的灾害演化动力学。

5.3　基础设施网络间相互影响建模

5.3.1　研究方法综述

城市基础设施涉及多个行业，而大多数情况下单个设施无法独立完成功能，要依赖其他基础设施提供的服务。行业的性质与功能的不同，使得其所能够提供的服务也不相同，与其他行业之间呈现的依赖关系存在着不同的类型。

城市基础设施之间的相互依赖是不同设施元素之间的联系和影响。城市基础设施内部元素与元素、系统与系统之间存在相互依赖关系，例如，电力基础设施可以看作由发电厂、变电站、负荷等系统组成。美国关键基础设施保护委员会将依赖定义为：资产、网络、系统为了正常工作，在一个或跨多个领域内，对其他资源的输入、作用或其他需求的单向依靠。

目前，在城市基础设施系统耦合性分析与模拟方面的研究比较少，但从关键基础设施方面，许多国家的政府和研究机构都启动了关键基础设施保护项目，并进行了建模与仿真工具的开发。2006 年 10 月，美国爱达荷国家实验室发布的《美国和国际上对关键基础设施依赖性建模研究的调查》[21]分析了当时 30 种仿真工具，对各种建模工具涉及的领域、仿真类型和系统模型等进行了详细分析。

通过对国内外典型的基础设施耦合模拟方法进行分析，为本书城市基础设施相互影响建模提供借鉴，以便发展更有效精确的模型。下面对典型的基础设施系统耦合模拟研究方法做简要介绍。

1）集成供给和需求工具

集成供给和需求工具（aggregate supply and demand tool）评估所有基础设施的需求和供给能力，并将其作为联系基础设施的纽带，将满足需求的能力作为基础设施的健康状况的标志，资源的缺失作为输入，分析对其供给和需求能力的影响及其级串作用，目前主要应用在电网、石油天然气系统、有线通信系统等基础设施模拟上。

2）基于物理的模型

基于物理的模型（physics-based model）是利用标准的专业分析模型对基础设施进行物理特征模拟，通常可以提供更为详细的信息，多在单个基础设施层次上采用专业分析，如电网系统的能量流和稳定性分析，输水管路的水动力学分析。目前主要应用在耦合的能源基础设施系统。典型软件有相互依赖能源基础设施模拟系统（interdependent energy infrastructure simulation system）[22]。

3）层次全息模型

层次全息模型（hierarchical holographic model）是通过对基础设施系统内各部分的相互关系建模以及对自然环境与系统的相互作用建模，完成对系统耦合性的模型建立[23]。

4）系统动力学模型

系统动力学是一种自上而下的方法，通过反馈机制来捕捉复杂的动态行为。为了理解基础设施间的依赖关系和跨领域的级联效应，应用系统动力学方法研究基础设施间的动态交互要靠仿真的方法。美国洛斯拉莫斯国家实验室、桑迪亚国家实验室和阿贡国家实验室共同开发的关键基础设施保护决策支持系统（critical infrastructure protection decision support system，CIPDSS），通过微分方程、离散事件和操作规则，仿真单个基础的动力学，也可以根据基础设施间的依赖关系仿真多个耦合的基础设施的动力学[24]。

5）Leontief 输入-输出模型

Leontief 输入-输出模型（Leontief input-output model）是利用经济学 Leontief 的输入-输出模型，对基础设施输出流和消费过程提供线性或非线性的时间相关分析，并研究相互耦合的基础设施之间的风险传播，主要应用于建立线性风险平衡模型、风险动力学模型[25]。

6）关键基础设施模拟框架

美国爱达荷实验室建立关键基础设施建模系统（critical infrastructure modeling system，CIMS）框架[26]。CIMS 框架以辅助网络的视角将基础设施看作由组件、组件之间的关系、基础设施之间的依赖构成的网络，组件抽象为节点，关系、依赖抽象为边。用节点和边组成的网络来描述基础设施的复杂结构和动力学特性。基础设施网络之间的依赖分为物理的、信息的、空间的、政策的、程序的和社会的六种类型。

7）基于 Agent 的模型

基于 Agent 的模型是一种自下而上的方法，可以提供真实系统的有关动力学的有价值信息，描述复杂适应行为模式。基础设施也认为是复杂适应性系统，因此，可以用基于 Agent 方法建模与仿真相互关联的基础设施依赖关系与整体的涌现行为[27，28]。

5.3.2　相互影响类型分析

国内外对基础设施的耦合或依赖关系做了大量研究，Rinaldi、Peerenboom、Kelly 等定义了四种类型的耦合关系：物理（physical）、虚拟（网络）（cyber）、地理（geographic）、逻辑（logical）四类。Dudenhoeffer 和 Permann 进行了扩展：物理（physical）、信息相互依赖（informational interdependency）、地理空间相互依赖（geospatial interdependency）、政策/过程相互依赖（policy/procedural interdependency）、社会相互依赖（societal interdependency）等。

根据城市运行安全仿真模型的需要，通过对城市运行各要素相互影响的分析，从各类要素之间的作用特点出发，将城市运行要素之间的影响分为四类：输入-输出关联、结构关联、依赖关联和需求性关联。

1. 输入-输出关联

两个系统的输入和输出有关联，即一个系统是另一个系统运行的物质或能量来源，例如，燃气作为热源厂的重要燃料，燃气系统是热力系统的输入之一，当冬季极端低温条件下燃气供应不足时会导致热力生产能力不足，导致供热系统供应短缺。

对于输入-输出关联，城市运行要素的输入相对明确，例如，城市冬季供热能源主要来自供气，则供气与供热存在输入-输出关联，供气为供热的输入项。这类关联需要通过实地调研获取相关数据，确定各个城市运行要素的关联程度，这种关联程度会在一定程度上反映到两个要素之间的日常运行数据中，部分关联程度可以应用数据分析进行验证，如表 5.1 所示。

表 5.1　输入-输出关联调查表举例

要素	输入	输出
供水	地下水、水库、河流各种来源的量和比例等	生活、工业、绿化环卫用水量和比例
排水	生活污水、工业污水、雨水	污水处理、河流等
电力	本地发电量、外地发电量、本地发电能源（煤、天然气）需求	生活、工业、基础设施等用电量和比例
供气	上游气源、本地储气量	生活用气、工业用气等用量和比例
供热	采暖能源结构（煤炭、天然气、电力等）	居民供暖、工业、旅游业（宾馆）
电煤	本地生产量、外地输运量	发电厂
成品油	本地生产量、外地输送量	汽车、工业
邮政物流	城市邮寄从业人数	外地邮寄量、市内邮寄量
城市道路运输	城市人口、道路长度、等级、拥堵情况	客运量、货运量

2. 结构关联

由于两个系统空间位置接近，一个系统的损毁会对相邻布设的另一个系统产生影响或直接损害，也称为地理关联或布设型相互作用，例如，当地下燃气管道发生爆炸时会对周边电力、通信、热力等管线造成破坏。

城市运行要素结构的可靠性是要素自身结构脆弱性和灾害的强度的函数，在城市运行系统结构相对固定的情况下，其结构破坏主要受到灾害类型、强度的影响。在系统结构方面，主要采用工程的方法，计算各种外力作用下结构破坏的机理，从而确定不同灾害条件下系统结构的可靠性。本书在各类突发事件强度下城市运行各要素失效文献的基础上，给出各类突发事件对城市运行要素结构破坏的可能性。

城市运行要素结构关联方面，重点考虑城市运行社会经济系统的破坏，因此极少发生在城市内部的灾害不在考虑范围之内。在四大类突发事件中公共卫生事件对城市运行结构破坏的可能性极小；而社会安全事件对城市运行结构的破坏具有极大的不确定性；自然灾害类中水旱灾害、气象灾害、地震灾害、地质灾害等容易造成城市运行结构破坏，而生物灾害等极少造成系统结构破坏，森林草原火灾通常发生在城市外部，中国城市内森林极小；事故灾难中爆炸、火灾、交通事故等容易引起结构破坏。

以 2008 年我国南方罕见雨雪冰冻灾害为例，低温冻害天气造成供水系统大面积受冻受损，造成的结构破坏主要有以下三种形式。

（1）供水主干管受冻破漏。气温骤降时，管道材料自身会因热胀冷缩产生一定的变量，一旦变量超出管材设计允许限值，在管内压力的挤压下极易引发漏水或爆管。

（2）管道闸阀冻裂。受闸阀井内积水凝冻及持续低温影响，阀体易冻裂或冻死，不能通水。

（3）水表受冻破损。设置在户外的水表，在低温天气下极易出现表盖玻璃破裂、表芯和表壳被冻裂等问题。

3. 依赖关联

城市基础设施一类系统功能的发挥依赖于另一类系统，一旦被依赖系统失效，另一个系统的功能会受到影响，其受影响的程度取决于系统之间的依赖关联程度。城市供热、供水等系统介质流动的动力依赖于电力供应，如果缺少备用发电设备，可能导致供热、供水中断。

依赖关联的确定需要通过对各个系统运行要素的分析来明确系统运行的各种要素，并确定各种要素在系统运行中的重要程度。

通过对典型案件的收集，可以看出城市运行过程中存在的主要依赖关系，并且可以通过对典型案例的分析，为确定各类依赖关联的程度提供依据。表 5.2 是从案例分析出的依赖关联举例。

表 5.2　依赖关联的典型案例举例

类别	案件
交通对电力的依赖	2011 年 3 月，丽江主城大范围停电，交警不得不使用便携充电式红绿灯指挥交通
供水系统对电力的依赖	2007 年，郑州市“7·31”停电导致停水事件

续表

类别	案件
邮电通信对电力的依赖	2003 年 8 月 14 日美加大停电事件，手机服务一度因为服务商用完了后备电源而中断。电视和电台在备用电源的支持下仍正常运作
金融对通信的依赖	2006 年海底光缆中断，导致日本外汇交易运行不畅，很多亚洲国家及地区的主要银行和商业部门都受到通信不畅的影响

4. 需求性关联

通过人的感受与决策改变系统需求，也称为逻辑性关系。例如，夏季气温升高，人们使用空调降温，导致用电需求增加，冬季气温降低时必须增加城市供热量才能保证室温符合要求；燃气中断时人们采用电力做饭，从而增加电力负荷。

城市运行正常情况下，各个城市运行要素的供应等于实际需求量，因此对城市运行正常时供应量的分析可以确定城市各方面的实际需求。

在异常情况下，城市运行各方面的需求量会发生明显变化。从对象（城市居民）的需求出发，一旦发生异常情况，除了人的正常需求外，居民身体、房屋、资产等受到损害，日常生活遭到破坏，灾民为了维持身心健康和基本生活，对外界提出生命、生活、心理等方面的需求。这种需求可以分为三个方面：生命维持、生活保障、心理需求。在生命维持方面主要包括救生物品、医用物品；在生活保障方面包括饮食、衣被、用品、居住等；心理需求包括沟通、心理辅导等内容，因此，异常情况下物质运输、能量输运、信息传递的需求变化会导致对相关系统的需求急剧增加或减少；另外，一个系统的失效会导致对另一个系统需求的增加或减少，如停电会导致燃气用量增加。异常情况下需要变化案例。

5.3.3 相互影响建模

由于基础设施涉及众多大范围地理分布的设备，包含多种类型的依赖关系，单一的建模方法都有其各自的适用范围，很难正确描述由多个基础设施所构成的复杂体系。因此，在对基础设施进行建模与仿真研究时，应视具体情况综合运用多种建模方法，力求能够准确反映基础设施间的复杂关系。

结合城市运行仿真平台的建设需要，这里采用结合物理建模和 Leontief 输入-输出模型的综合建模方法。对于单一系统的建模，采用考虑基础设施网络拓扑结构和基本运行规律的半物理半规则模型，基础设施之间的耦合关系，采用基于 Leontief 输入-输出模型的不可操作理论进行模拟。

对于城市基础设施网络之间的相关性，主要采用 Leontief 输入-输出不可操作性模型。具体建模过程如图 5.7 所示。

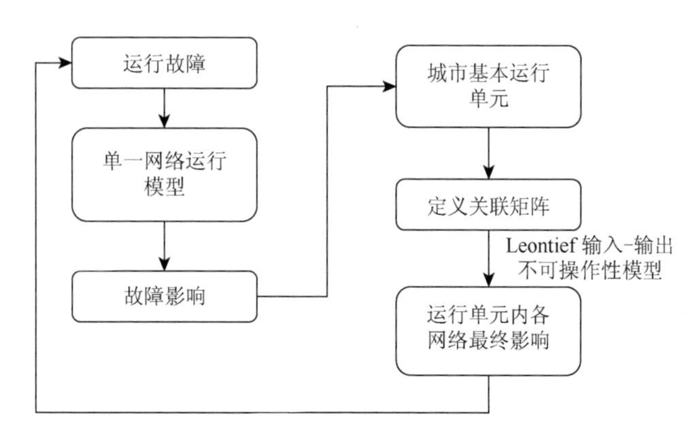

图 5.7　基础设施网络间相互影响建模

（1）城市运行的波动和故障首先出现在单一网络中，由上面单一网络运行模型可以分析得到故障影响的范围和程度。

（2）依据影响范围内运行主体体现出的网络相关性（相关性矩阵），由 Leontief 输入-输出不可操作性模型，可以获得影响区域内，不同基础设施网络所遭受的影响水平。

（3）如果影响程度过高，则在网络中会触发新的故障，返回第（1）步，由单一网络故障分析模型，重新进行上面的分析步骤。

下面简要介绍 Leontief 输入-输出不可操作性模型。考虑一个由 n 个互相依赖的基础设施系统构成的系统；系统的输入是事故灾难、自然灾害或恐怖袭击等风险源；系统的输出是当系统达到平衡状态时的各个子系统的不可操作性。并且假设每个子系统的功能都是唯一的，不存在相同功能的子系统，即该系统在功能上是串联的，而非并联的。

定义如下变量：

$S_i(i=1,2,\cdots,n)$ 为各个子系统；

x_i 为子系统 S_i 的不可操作性；

x_{ij} 为由于依赖关系和子系统 S_j 的不可操作性，导致子系统 S_i 的不可操作性；

a_{ij} 为由于依赖关系，当子系统 S_j 完全不可操作时，导致子系统 S_i 完全不可操作的概率；

c_i 为子系统 S_i 由于危险源导致的初始不可操作性。

进入如下假设：

线性假设，假设系统的不可操作性正比于初始扰动，即

$$x_{ij}=a_{ij}x_j,\quad i,j=1,2,\cdots,n \tag{5.5}$$

叠加假设：假设由系统之间的依赖性导致的不可操作性和由初始扰动导致的不可操作性是可叠加的，即

$$x_i = \sum_{i=1}^{n} x_{ij} + c_i, \quad i = 1, 2, \cdots, n \tag{5.6}$$

Leontief 的输入-输出不可操作性模型方程如下：

$$\begin{aligned} & x = Ax + c \\ & x = (x_1, x_2, \cdots, x_n)^{\mathrm{T}} \\ & c = (c_1, c_2, \cdots, c_n)^{\mathrm{T}} \\ & A = [a_{kj}] \end{aligned} \tag{5.7}$$

算例分析：考虑区块内四个基础设施网络组成的系统（交通、电力、供水、供气），假设初始破坏了 50%的电力，依赖矩阵如下：

$$A = \begin{pmatrix} 0 & 0.9 & 0 & 0 \\ 0.4 & 0 & 0 & 0 \\ 1 & 0.8 & 0 & 0 \\ 1 & 0.9 & 0 & 0 \end{pmatrix}$$

最终各系统不可操作性为（0.70，0.78，1，1），供水、供气完全失效，交通受到影响，其他供给的缺失，导致电力系统的破坏达到 0.78，高于初始的 0.5，如图 5.8 所示。

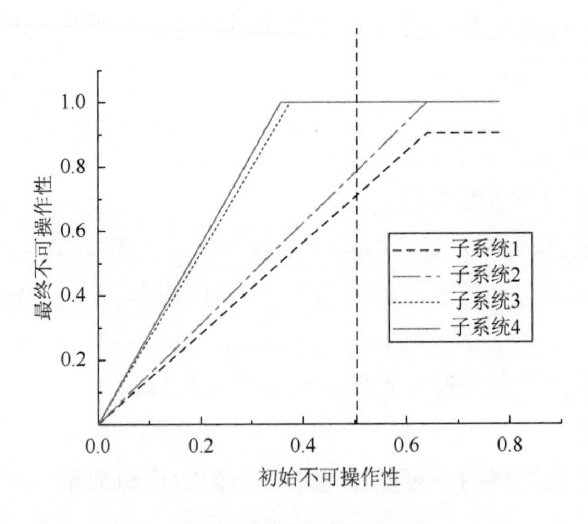

图 5.8　网络间相互作用

5.4　智能主体层建模

5.4.1　方法选择

城市运行能动主体的需求和供给在城市运行系统中发挥着重要作用。城市各种能动主体的建模方法比较多，根据城市运行安全仿真的需求，主要可采用三种典型主体建模方法。

1. 动力学模拟

动力学模拟（dynamic simulation）将各种服务和商品的生产、分配、消费过程模拟为各种流的循环和积累（物质流、能量流、信息流），分析不同的状态对基础设施操作的影响（包括一天的不同时段，一年的不同时期，非常规事件，新的政策、法律、法规的实行等），主要应用在能源系统、通信系统、交通系统、应急服务系统、金融财政系统等。

2. 人群运动模型

人群运动模型（population mobility model）是通过跟踪模拟城区人群运动，来生成和模拟人群路径，确定基础设施服务的分配和消费过程。例如，模拟城市交通资源的使用，辅助设计交通和疏散方案；对社会网络的研究；对流行病学的研究。主要应用在模拟高精度的模拟交通系统、电网系统、无线通信系统和流行病学。

3. 基于智能体的模型

基础设施系统作为自适应系统，其每个组分均可视为具有自主学习能力的智能体。基于智能体的模型（agent-based model）利用智能体的特点，对城市运行主体的操作和状态进行模拟，同时可以模拟决策者的行为。这是典型的处理复杂自适应系统的方法，主体能够与环境和其他主体进行交互，并在交互作用中不断学习和积累经验，通过自身改变来适应别的主体和环境。它摒弃了处理连续复杂系统常用的微分方程或代数方程的数学模型，而采用更加关注组成系统的各主体行为及其相互作用的建模方法，主体的学习过程可以通过神经网络、模糊逻辑、遗传算法等人工智能的方法来实现[9-11]。该模型主要应用在分析基础设施破坏对生产供应链的影响，破坏状态下的主体响应情况、相关政策对主体状态能力的影响。

针对不同城市能动主体运行的特点，主要采用基于智能体的模型对城市中各种能动主体进行建模仿真，模拟其对各种变化的响应，以及相互作用规律。

5.4.2　模型构建

城市运行安全仿真平台中各种主体通过预先设计好的规则运行，这些主体虽然按照设计好的规则运行，但是彼此之间还存在着关联，通过这种关联的作用，这个运行系统可能会涌现出新的运行状态或者运行情景，即在基本的规则基础上，演绎出新的情景。这种涌现和演绎的过程，可以帮助认识城市运行系统存在的问题和可能发生的各种情况，为城市的安全运行提供帮助。

为了平台能顺利运行，需要构建城市运行主体元素库。将城市运行系统中的各种主体，包括居民、企业、政府等视为系统基本主体元素，将主体进行划分归类，对每一元素进行建模。

将城市按照实际功能区块进行分区，如商业区、工业园区、居民区、高科技产业区等，形成空间上的分区；根据不同区域的特点，将城市主体运行基本元素库中的元素添加到空间分区中，如在居民区中添加居民主体元素、在商业区添加商业类主体等。

各城市运行区块内添加相应的运行主体后，城市运行区块便具备了空间、属性、行为特征，构成了城市运行的基本单元。结合已经建立的城市运行基本环境，进一步实现城市运行仿真的工作，实现建立城市运行仿真平台的目标，如图 5.9 所示。

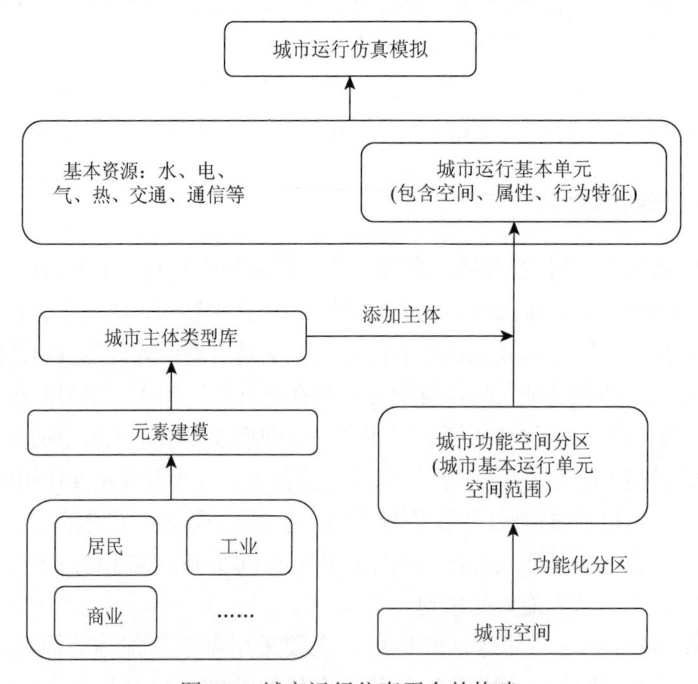

图 5.9　城市运行仿真平台的构建

5.4.3　城市运行主体元素

所谓城市运行主体是指城市中主要行为主体，包括城市居民、企业、公共服务机构等。可以将城市视为这些运行主体的集合体，各个主体在城市空间范围内，在基础设施网络等各种资源的支持下，展开各种生产、消费活动，同时彼此相互联系、相互作用，构成有机整体。可以认为城市运行系统是不同类型主体通过自主运行与相互作用而形成的系统，因此，可以通过对不同运行主体的建模完成城市运行系统的构建。

为了完成城市运行系统的“搭建”，首先需要拥有建设的基本材料，即城市运行主体元素库，因此，需要进行城市运行主体元素库的构建。将城市运行系统中的各种主体，包括居民、企业、公共服务机构等视为系统基本元素，将主体进行划分归类，对每一元素进行建模。需要说明的是，考虑到城市仿真平台的实际运行能力，这里使用的是群体建模方法，即针对一类对象的群体进行建模，反映的是群体的运行行为，例如，当对居民主体进行建模时，并不是对每个居民个人进行建模，而是对一群联系较为紧密的居民对象进行建模，在这里的建模过程中，这种“紧密联系”体现在这些居民主体生活在同一小块区域内（如社区），对于区内水电气等基本物质需求、交通商业等服务需求有相似的依赖关系，同时，又由于物质供给方式（如管网）的限制，这群居民对环境的变化影响会有相似的响应，可以设想，当小区内的供水中断后，所有区内居民都会受到影响，并且其影响程度较为相似，所以，从研究城市运行的角度来看，进行群体建模是合理的。

基于 Agent 的城市运行主体库建模如图 5.10 所示，具体步骤如下所示。

（1）城市运行系统分析。对所研究的城市运行系统中各种类型主体之间的交互行为进行分析，并对各类主体的层次和关系加以区分。

（2）城市运行主体行为分析。复杂适应系统理论的核心思想是“适应性造就复杂性”，适应性表明了相互作用在系统存在和演化中的基础地位和主要作用，人工社会模型中 Agent 的适应性行为主要以行为决策的方式体现。

（3）模型假设定义。城市运行系统是一个复杂系统，一些必要的假设对模型和计算简化起到关键作用。

（4）城市运行主体属性定义。在经济社会系统研究中，根据实际调查对应设置主体的各种属性。

（5）城市运行主体行为定义。主体的适应性行为可以采用基于知识的系统（knowledge-based system，KBS）或基于行为的系统（behavior-based system，BBS）两种方法进行建模。

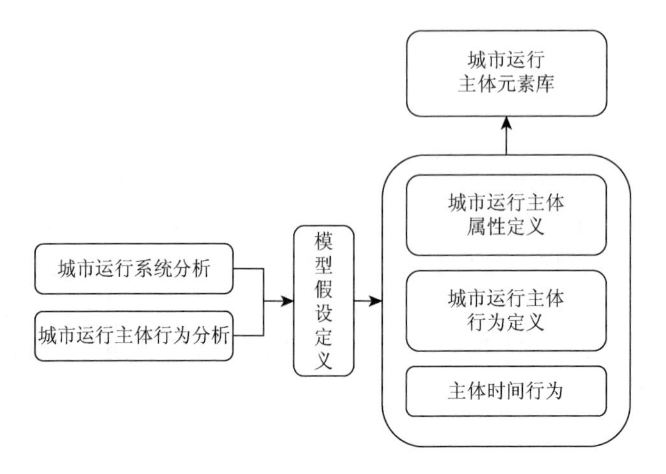

图 5.10　城市运行主体元素库建设流程

（6）主体时间行为定义。随着时间的推移，Agent 根据自身的目标执行各种行为，模型环境参数也会随着时间的变化而发生变化。

（7）仿真模型实现。

其中，步骤（1）、步骤（2）属于城市运行系统分析阶段，步骤（4）～步骤（7）属于计算机建模阶段。

具体而言，建模过程首先抽象出运行主体的主要属性，如居民类主体的属性应该包含居民数量，对各种资源的需求等；其次，定义运行主体的基本行为，这里的行为主要体现各个主体的运行状态，建立主体运行状态方程，如

$$U = f(\text{Resource},\text{Demand})$$

式中，U 是主体运行状态健康度，可以定量描述，如 $U \in [0,1]$；Resource 是主体能够获得的资源，包括基本资源（水、电、气、热、交通等），生产资源（其他主体提供的资源）；Demand 是主体为了保持正常运行状态所需要的资源，当 Demand 与 Resource 不均衡时，主体的正常运行状态会受到破坏，运行状态方程正是用来表征这种破坏程度。

这里涉及的 Resource，Demand 同样是其他因素的函数，可以表示为

$$\text{Resource} = g(\text{Basic},\text{OtherSupply},t)$$

$$\text{Demand} = h(\text{Environemt},t)$$

式中，Basic 是城市主体运行所需要的基本资源，包括水、电、气、热、交通等；OtherSupply 是城市主体运行所需要的其他主体提供的资源，如居民主体的正常运行需要企业主体的物质保障、工作岗位、商业主体的商业服务等；同时，这种资源的供给也应该与时间有密切关系。这里考虑的需求 Demand 主要是环境因素和

时间的函数，主要是从居民主体的行为抽象而成，例如，当气温升高时，居民对水电的需求会明显增加。对城市运行主体进行分析，可以得出具体的类型、描述、供给、需求的信息，如表 5.3 所示。其中基本需求*包括对水、电、气、热、交通等的需求。

表 5.3　城市运行主体列表

标号	类型	描述	供给	需求
RES	居民	城市各年龄段、各种收入水平居民	劳动力	基本需求*
				工作
				商品
				服务
				娱乐
COM1	交易市场	城市衣、食、住等种类交易市场	商品	基本需求
			服务	
COM2	公共娱乐	城市公园、景区等	娱乐	基本需求
COM3	公共卫生	城市各等级医院	服务	基本需求
IND1	一般工业	非食品类生产企业	工作	基本需求 原材料
IND2	食品生产	食品生产及经销产业	商品 工作	基本需求
IND3	高技术产业	提供技术、新闻服务的企业	商品 服务 工作	基本需求
EMM	应急管理	各级应急队伍	调节	基本需求
GOV	政府	各级政府及其组成部门	管理	基本需求

5.4.4　城市区域划分

经过前面的建模过程，已经获得了城市运行主体库，为了实现城市运行仿真，还要将运行主体添加到城市里去，这个添加过程主要通过城市的区域划分来完成。

根据城市的规划，城市可以分为居民区、商业区、工业区等。将城市按照实际功能区块进行分区，如商业区、工业园区、居民区、高科技产业区等，形成空间上的分区；根据不同区域的特点，将城市主体运行基本元素库中的元素添加到空间分区中，例如，在居民区中添加居民主体元素、在商业区添加商业类主体元素等。

各城市运行区块内添加相应的运行主体后，城市运行区块便具备了空间、属性、行为特征，构成了城市运行的基本单元，结合已经建立的包括地理环境、基础设施网络环境等在内的城市运行基本环境，可以进一步实现城市运行仿真的工作，完成城市运行仿真平台建模，如图 5.11 所示。

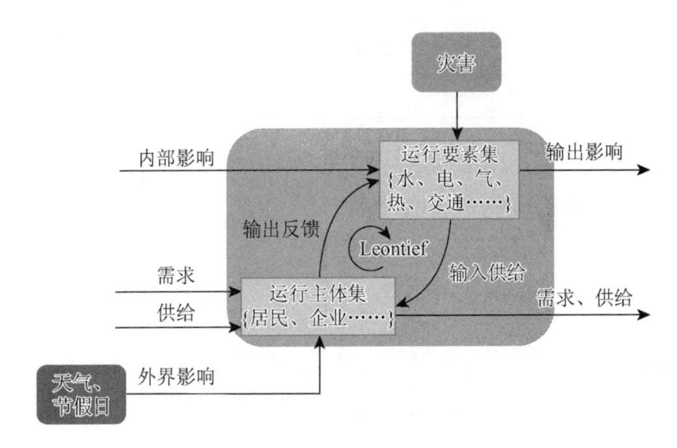

图 5.11　城市运行基本单元

参 考 文 献

[1] Helbing D，Kühnert C. Assessing interaction networks with applications to catastrophe dynamics and disaster management[J]. Physica A Statistical Mechanics & Its Applications，2003，328（3-4）：584-606.

[2] Buzna L，Peters K，Helbing D. Modelling the dynamics of disaster spreading in networks[J]. Physica A Statistical Mechanics & Its Applications，2006，363（1）：132-140.

[3] 孙可，韩祯祥，曹一家. 复杂电网连锁故障模型评述[J]. 电网技术，2005，29（13）：1-9.

[4] Albert R，Barabasi A L，Albert R. Statistical mechanics of complex networks[J]. Reviews of Modern Physics，2001，74（1）：xii.

[5] 吴金闪，狄增如. 从统计物理学看复杂网络研究[J]. 物理学进展，2004，24（1）：18-46.

[6] Strogatz S H. Exploring complex networks[J]. Nature，2001，410（6825）：268-276.

[7] Erdös P，Renyi A. On random graphs I[J]. Publicationes Mathematicae，1959，46（6）：290-297.

[8] Watts D J，Strogatz S H. Collective dynamics of small-world networks[J]. Nature，1998，393（6684）：440-442.

[9] Barabasi A L，Albert R. Emergence of scaling in random networks[J]. Science，1999，286（5439）：509-512.

[10] 潘灶烽，汪小帆. 一种可大范围调节聚类系数的加权无标度网络模型[J]. 物理学报，2006，55（8）：4058-4064.

[11] Albert R，Barabási A L. Topology of evolving networks[J]. Physical Reviews Letters，2000，85（24）：5234-5237.

[12] 李季，汪秉宏，蒋品群，等. 节点数加速增长的复杂网络生长模型[J]. 物理学报，2006，55（8）：4051-4057.

[13] Albert R，Jeong H，Barabási A L. Attack and error tolerance in complex networks[J]. Nature，2000，406（6794）：387-482.

[14] 吕金虎. 复杂动力网络的数学模型与同步准则[J]. 系统工程理论与实践，2004，24（4）：17-22.

[15] Newman M E，Jensen I，Ziff R M. Percolation and epidemics in a two-dimensional small world[J]. Physical

Review E Statistical Nonlinear & Soft Matter Physics，2002，65（1）：95-129.

[16] Li Y，Liu Y，Shan X M，et al. Dynamic properties of epidemic spreading on finite size complex networks[J]. Chinese Physics，2005，14（11）：2153-2157.

[17] Moreno Y，Nekovee M，Pacheco A F. Dynamics of rumor spreading in complex networks[J]. Physical Review E Statistical Nonlinear & Soft Matter Physics，2004，69（2）：279-307.

[18] Liao X，Wang J. Global dissipativity of continuous-time recurrent neural networks with time delay[J]. Physical Review E Statistical Nonlinear & Soft Matter Physics，2003，68（1 Pt 2）：016118.

[19] Batagelj V，Brandes U. Efficient generation of large random networks[J]. Physical Review E Statistical Nonlinear & Soft Matter Physics，2005，71（3 Pt 2A）：036113.

[20] Murai T. Spectral Analysis of Directed Complex Networks[D]. Tokyo：Aoyama Gakuin University，2002.

[21] Pederson P，Dudenhoeffer D，Hartley S，et al. Critical infrastructure interdependency modeling：a survey of U. S. and international research[R]. Idaho National Laboratory，2006.

[22] Xiao S，Zhang J H. Assessment of power grid vulnerability based on small-world topological model[J]. Power System Technology，2010，34（8）：64-68.

[23] Kocarev L，Zlatanov N，Trajanov D. Vulnerability of networks of interacting Markov chains[J]. Philosophical Transactions Mathematical Physical & Engineering Sciences，2010，368（1918）：2205-2219.

[24] Bush B B，Dauelsberg L R，Le Claire R J，et al. Critical infrastructure protection decision support system（CIP/DSS）project overview[R]. Los Alamos，Los Alamos National Laboratory，2005.

[25] Albertreka J H，Barabasialbert L. Correction：error and attack tolerance of complex networks[J]. Nature，2001，409（6819）：542.

[26] Dudenhoeffer D D，Permann M R，Manic M. CIMS：a framework for infrastructure interdependency modeling and analysis[C]. 2006 Winter Simulation Conference. USA：IEEE，2006：478-485.

[27] Rinaldi S M. Modeling and simulating critical infrastructures and their interdependencies[C]. Proceedings of the 37th Hawaii International Conference on System Sciences. USA：IEEE，2004，37：54-61.

[28] Sanford B K，Mcneil S. Agent-based modeling：approach for improving infrastructure management[J]. Journal of Infrastructure Systems（S1076-0342），2008，14（3）：253-261.

第6章　安全保障型城市评价模型

6.1　安全保障型城市评价指标体系建模

安全保障型城市评价涉及自然灾害、事故灾难、公共卫生事件、社会安全事件等多种类型的突发事件，又涉及对城市公共安全历史状况的回顾评价、公共安全现状评价以及对未来应对突发事件的能力评价等时间因素，同时还体现了系统对城市公共安全状况所做出的反应。因此，在构建安全保障型城市评价指标体系时，需要从领域范畴、影响范围、时间跨度三个维度分别进行研究。如图6.1所示。

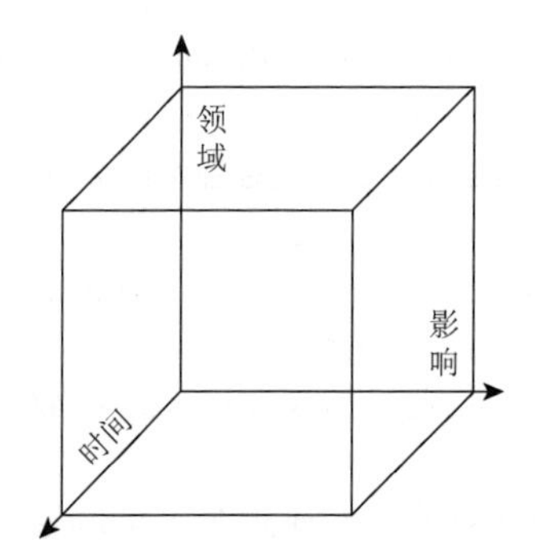

图6.1　三个维度评价指标体系模型

6.1.1　领域维度

不同国家根据突发事件原因、人的参与程度等采用了不同的划分方法，下面对美国、韩国、中国等国家的突发事件划分进行分析，为领域维度的划分提供依据。

美国根据突发事件发生的诱因和涉及的行业类别把其分成七大类：①生物事件，如外来物种入侵，病毒或细菌的外泄等；②巨大灾害，如重大自然灾害；③网络事件，如黑客的入侵，计算机病毒的扩散造成的危害等；④仪器与农业事件，如农业绝收等事件；⑤核与放射性事件，如没有保存好放射性物质造成对人员和物质资源的伤害等事件；⑥石油等危险品事件，如由于石油等危险品造成的爆炸事件等；⑦恐怖袭击与刑事案件，如最典型的“9·11”事件，性质恶劣的抢劫杀人事件等。

韩国主要按照人在突发事件中的参与程度的不同，把其分为自然灾害、人为灾难、关键性基础设施灾难（有时称为社会灾难，如金融危机、水的供应系统危机、传染性疾病等）。

中国在2006年发布的《国家突发公共事件总体应急预案》及2007年开始实施的《中华人民共和国突发事件应对法》中，将突发事件分为了四大类：自然灾害、事故灾难、公共卫生事件、社会安全事件。

从我国实际城市运行环境出发，在领域维度上，按照公共安全突发事件分类方法分为自然灾害、事故灾难、公共卫生事件、社会安全事件四个方面。

6.1.2 影响维度

影响维度是为了确定哪些因素是“因”，哪些因素是“果”，明确各种因素之间的关系，为评价指标的选择提供依据。

范维澄等[1]根据突发事件从发生、发展到造成灾害直至采取应急措施的全过程，认为突发事件及其应对中存在三个主体：突发事件、承灾载体和应急管理，三个主体构成了一个三角形的闭环框架。突发事件指可能对人、物或社会系统带来灾害性破坏的事件。承灾载体是突发事件的作用对象，一般包括人、物、系统（人与物及其功能共同组成的社会经济运行系统）三个方面。应急管理是可以预防或减少突发事件及其后果的各种人为干预手段。公共安全研究的核心是灾害要素的演化行为与规律，即灾害要素如何从常态转化为突发事件，突发事件产生、释放或携带的灾害要素的类型和强度及其随时间和空间的变化；灾害要素如何作用于承灾载体，承灾载体的破坏模式及其所伴生的灾害要素是否会导致链生新的突发事件（次生事件）；如何实施优化的人为干预（应急管理），弱化灾害和要素及其可能带来的损害。

倪鹏飞[2]将“弓弦箭模型”评价体系应用于评价城市竞争力，他将评价指标界定为两大类：一类是从城市的产出表现上表达城市竞争力的显性指标；另一类是从城市竞争力的投入构成上来表达城市竞争力解释性指标。

陈秋玲和黄舒婷[3]基于“弓弦箭模型”，将公共卫生风险评价指标划分为功能性指标和标志性指标，其中功能性指标包括社会经济、物力资源、财力资源、人力资源等方面的指标，而标志性指标包括死亡率、期望寿命、孕产妇死亡率、围产儿死亡率等指标。

根据公共安全体系的三角形框架，结合“弓弦箭模型”的具体分析方法，以安全保障型城市管理的实际特点为基础，在影响维度上，建立包括致灾因子、承受能力、防控管理、后果状态四个方面评价指标体系。

6.1.3 时间维度

安全保障型城市主要是针对现状的评价，但由于突发事件发生、发展的特点，突发事件并非“现在”发生，需要根据城市历史的自然灾害、事故灾难、公共卫生事件、社会安全事件等方面的历史数据来推断未来会发生什么样的突发事件，多长时间可能发生，突发事件的强度如何等，并评价现有的安全保障水平是否能够应对未来可能发生的各类突发事件。因此，安全保障型城市评价需要充分考虑城市的历史、现状与未来，从不同的时间维度上选择指标，从而不仅体现城市的历史业绩、运行现状的优劣，也体现了各个城市发展潜力的大小，从而使安全保障型城市评价结果更具有实际意义和导向作用。

在时间维度方面，按照时间顺序分为过去、现状、将来三个时间段。

6.2 安全保障型城市评价指标体系总体框架

根据对安全保障型城市评价指标体系建模中领域范畴、影响范围、时间跨度三个维度的具体分析。在领域维度方面按照公共安全突发事件分类方法分为自然灾害、事故灾难、公共卫生事件、社会安全事件四个方面。在影响维度方面借鉴公共安全体系三角形模型，分为致灾因子、承受能力、防控管理、后果状态四个方面。在时间维度方面，按照时间顺序分为过去、现状、将来三个时间段。

通过对领域范畴、影响范围、时间跨度三个维度的研究，可以得出安全保障型城市评价指标体系的总体框架，如图 6.2 所示。

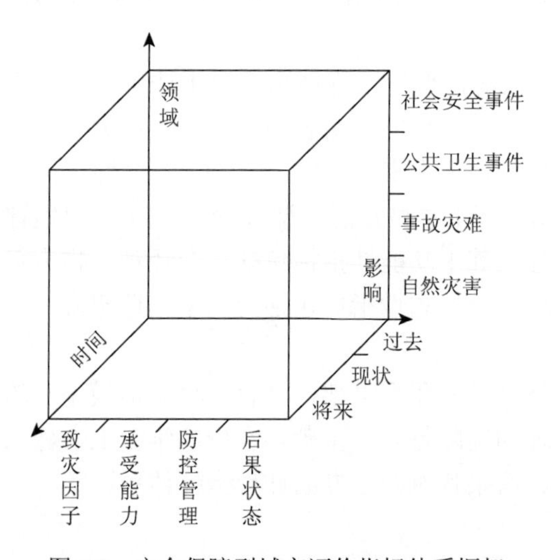

图 6.2 安全保障型城市评价指标体系框架

6.2.1 领域维度的内容

借鉴公共安全突发事件的分类方法，从自然灾害、事故灾难、公共卫生事件、社会安全事件四大方面对安全保障型城市领域维度进行研究。

1. 自然灾害

从灾害风险系统理论定义出发，将自然灾害部分划分为致灾因子、承灾体脆弱性、应灾能力和灾害后果四个方面。考虑到城市主要自然灾害的类型，致灾因子划分为大气圈/水灾害和地质灾害两个方面；承载体脆弱性涉及人口和经济两个方面；应灾能力从基础应灾能力和专项应灾能力两个方面表征；灾害后果则包括人口和经济两个角度的指标。

2. 事故灾难

事故灾难对应的城市安全生产系统，一方面是由于生产、生活需要而存在的各种危险源和进行的危险活动；另一方面是为了避免或减少事故发生而采取的安全生产防控措施，包括安全管理、安全科技、安全文化等方面的措施，在两者相互作用下城市安全生产系统表现为城市安全生产事故灾难。

3. 公共卫生事件

城市公共卫生的直接影响因素比较复杂，而孕育公共卫生事件的环境相对明确，因此，这里从公共卫生的基本概念出发，将城市公共卫生划分为城市公共卫生环境系统、城市公共卫生预防与控制系统、人群脆弱性、公共卫生后果状态四个方面，并在此基础上建立城市公共卫生评价指标体系。

4. 社会安全事件

社会安全的孕育环境异常复杂，受到自然、经济、社会三大方面因素影响，可以将社会安全事件指标划分为外部环境系统、经济支撑系统、分配保障系统、社会控制系统、社会心态系统。

6.2.2　影响维度的内容

基于公共安全体系的三角形框架，从致灾因子、承受能力、防控管理、后果状态四大方面对安全保障型城市影响维度进行研究。

1. 致灾因子

致灾因子包括自然灾害致灾因子、事故灾难中物质和环境危险源、公共卫生中的致病因子和社会安全中的不稳定因素等，源于城市面临的自然、经济、社会、人口等方方面面的压力。

根据致灾因子的孕育环境种类不同可以划分为自然环境、生产环境、生态卫生环境、社会经济环境，其中自然环境反映了自然异动，生产环境反映了城市生产过程中技术异动、人为异动等，生态卫生环境反映了人对自然的影响并反馈到社会之中，影响人的健康，引发传染病等公共卫生安全问题；社会经济环境则反映了社会经济异动，从而引发刑事犯罪等社会安全事件，这四大环境与四大类突发事件形成对应关系，反映城市的直观的和潜在的危险因素。

2. 承受能力

承受能力包括承载自然灾害、事故灾难、公共卫生事件和社会安全事件的人、物或系统的脆弱性、物理暴露性、易损性。承受能力是承受各类灾害和扰动的人、物或系统自身固有的属性，在一定程度上能够阻抗各类灾害和扰动，另外由于自身不足，也会加大各类灾害和扰动的强度。

承受能力主要内容包括公共安全体系三角形模型承灾载体的自身固有的脆弱性、物理暴露性、易损性。

3. 防控管理

防控管理是通过常态预防、临灾预警等手段减少灾害损失，包括常态和应急情况下对承受各类灾害和扰动的人、物或系统的管理控制、预防措施、事故处理等内容。公共安全体系三角形模型中人、物或系统应急管理主要关注突发事件前后的应对措施，较少研究常态下城市中人、物或系统的管理和控制。

从防控管理的角度不同可以分为预防保障、安全管理、应急处置、安全投入四个方面，其中安全投入是防控管理的资金保障，而预防保障、安全管理、应急处置分别从突发事件应对的不同阶段选择指标。

4. 后果状态

后果状态是致灾因子、承受能力、防控管理三方面因素相互作用下，各种危险因素导致的后果。结合历史数据，明确人、物或系统所处于的历史状态，为防控管理提供信息数据，以便在未来更好地优化防控管理措施，提供人、物或系统的承受灾害能力，分析致灾因子的发生规律，降低各种突发事件和常态灾害的发生次数和损失。

后果现状是城市公共安全历史状况的直接反映，而历史状况的好坏也在一定程度上反映了城市公共安全的现状。城市公共安全的后果按照其类型不同可以分为人口、财产、城市运行三个方面，其中人口主要反映人员的伤亡情况、财产主要反映城市中突发事件情况下的直接损失，而城市运行则反映间接损失，即通过选择灾害对城市运行影响的指标来表征间接损失。

6.2.3 时间维度

安全保障型城市评价指标体系中时间维度研究，需要根据城市历史的自然灾害、事故灾难、公共卫生事件等方面的历史数据来推断未来会发生什么样的突发事件、多长时间可能发生、突发事件的强度等，并评价现有的安全保障水平是否能够应对未来可能发生的各类突发事件。

因此，安全保障型城市评价需要充分考虑城市的历史、现状与未来，从不同的时间维度上选择指标。而安全保障型城市评价指标体系中时间维度特性，将在构建领域维度和影响维度的具体指标的计算中加以体现。

6.3 安全保障型城市评价指标评判标准分析

指标评判标准是进行安全保障型城市评价的基础。指标评判标准是判断指标好坏的依据，通过指标数据与评判标准的比较，可以确定指标的好坏等级及程度。指标评判标准研究需要依据相关理论、方法和经验，确定指标评价等级、临界值等内容。

1. 评判标准确定的依据

安全可以泛指没有危险、不出事故的状态。现代系统安全理论认为，不存在绝对安全的事物，安全是一个相对的概念。安全保障型城市涉及的各项指标涉及众多复杂要素，因此主要采用横向比较、纵向比较、经验总结、理论分析等方法确定各项指标相对标准，指标评判标准也是一个相对的概念，只能表明该项指标对于安全性的隶属度，当评价该项指标好坏时，只表明该项指标状况低于某种程度，可以认为是相对安全或不安全的。依据安全的基本概念和安全保障型城市评价的实际需求，从以下几个方面确定指标评判标准。

1）标准规范

通过人类对城市安全问题认识的不断深入，对城市中许多关键指标对城市安全的影响进行了总结，并在一些指标方面达成了共识，通过对已有经验的总结和凝练，形成了相应的国际、国家或行业标准和规范，因此，城市安全涉及的相关标准、规范文件等可以作为安全保障型城市指标评判标准确定的重要依据。

2）横向比较

安全是一个相对的概念，城市作为一个复杂巨系统，其安全问题更是一个异常复杂的问题，因此，安全保障型城市涉及的许多指标可以通过横向比较确定其优劣。

由于安全保障型城市的复杂性，横向比较需要从多个角度进行。一是，通过产业结构类似城市之间的比较，如工业类城市、旅游类城市、交通枢纽城市等；二是，城市规模和发展阶段类似城市指标的比较，如经济发达国家中心城市、发展中国家中等城市等；三是，当样本量足够的情况下，直接进行各项指标的排序，确定各个城市指标所处的位置；四是，由于城市安全涉及内容繁多，可以采用因子分析、聚类分析等数据分析方法，对多个指标进行评价。

3）纵向比较

纵向比较是一个城市不同发展阶段或不同时间之间的对比分析，可以通过指标的变化情况确定指标的好坏。城市安全需要持续不断进行改进，安全保障型城市建设是一个持续改进的过程。通过纵向比较一方面可以确定城市安全现状，另一方面可以明确城市安全相关工作的效果。

2. 指标评价标准类型分析

安全保障型城市指标涉及多个种类，一是客观指标，包括人口、产业比例等；二是主观指标，通过对定性要素的定量化处理来解决；三是管理类指标，国家法律法规、规范性文件等对相关指标有相应的规定与要求。

根据指标数据、类型等方面的不同，综合考虑各个因素，在深入研究国内外安全保障型城市存在的主要问题的基础上，尝试建立安全保障型城市评价标准，分为是非型、分级型（包括已有分级型、自有分级型）、连续型等类型的指标。

1）是非型

是非型存在明确的是非关系，有着清晰的划分界限，或法律、法规、行业标准、规划等有明确要求。这类指标达到要求则为满分，否则为 0 分。安全保障型城市评价中涉及的管理类指标通常属于这种类型，如《安全生产“十二五”规划》明确规定，到 2015 年各级安全监管监察执法人员执法资格培训及持证上岗率达到 100%，则持证上岗率达到 100%的城市为 1 分，否则为 0 分。

2）分级型

分级型按照对应规范、标准有无，可以分为已有分级型、自有分级型两类。

已有分级型指国家或国际标准、规划有分级的指标，按照相关要求进行分级，在相关的专业领域公认或应用广泛的指标分级方法。

自有分级型指现行规范、标准无明确要求的，但仍然需要分级处理的指标，按照国际先进城市现状值、国内先进城市现状值、全国城市平均值和最低值，结合当前城市的建设目标，确定理想安全、较安全、临界安全、不安全的标准值。

其中，理想安全为接近或超过国际先进城市现状值，达到国内先进城市现状值；较安全为以国内先进城市现状值和全国城市平均值的中间值为参照，大于该中间值；临界安全为以国内先进城市现状值和全国城市平均值的中间值为参照，小于该中间值，但大于全国城市平均值；不安全为以全国城市平均值和最低值的中间值为参照，小于该中间值。

3）连续型

连续型指标主要通过横向比较确定指标状态的好坏。

（1）对于正向指标（越大越好），计算公式为

$$\text{评价分值}=[(X_i-\min)/(\max-\min)]\times 100 \tag{6.1}$$

（2）对于负向指标（越小越好），计算公式为

$$\text{评价分值}=[(\max-X_i)/(\max-\min)]\times 100 \tag{6.2}$$

（3）对于适度指标（存在临界阈值），计算公式为

$$\text{评价分值}=[|X_l-X_k|/(\max-\min)]\times 100 \tag{6.3}$$

3. 安全保障型城市指标分级标准

针对指标评价标准对各种具体指标的评价结果，采取统一的分级标准，将指标分为四级，分别为一级、二级、三级、四级。其中等级越低，对应的安全性越好。每个级别与各种具体指标评价结果的对应关系，如表 6.1 所示。

表 6.1　指标分级标准

等级	是非型	已有分级型	自有分级型	连续型
一级	1	理想安全	最优等级	[90，100]
二级	—	较安全	良好等级	[75，90）
三级	—	临界安全	中等等级	[60，75）
四级	0	不安全	较差等级	[0，60）

综上，本章从领域维度、影响维度、时间维度三个方面建立了安全保障型城市评价指标体系模型，建立了指标体系总体框架，并给出指标评判的基本方法，为安全保障型城市评价指标体系的建立提供了基本思路与依据。

参 考 文 献

[1] 范维澄，刘奕，翁文国. 公共安全科技的“三角形”框架与“4+1”方法学[J]. 科技导报，2009，27（6）：3.

[2] 倪鹏飞. 中国城市竞争力报告[M]. 北京：社会科学文献出版社，2003.

[3] 陈秋玲，黄舒婷. 基于“弓弦箭模型”的地区公共卫生风险测度与评价[J]. 中国安全科学学报，2010，20（10）：141-146.

第 7 章　基于领域维度的评价指标体系模型

城市公共安全问题从空间角度来看覆盖了很大的面积，从时间坐标来看，它是一个速度非常快的过程。在城市当中，各种复杂多样的危险源和风险因素增加的也很多，这个也导致城市突发事件的复杂化和多样化。

由第 6 章可知公共安全突发事件分为四个大类。第一类是自然灾害，指给人类生产、生活带来危害或损坏的自然现象，包括水旱、地震、气象灾害、森林草原火灾、海洋灾害、滑坡泥石流等。第二类是事故灾难，包括工矿商贸等企业的各类安全事故，从严重程度看，可以认为指具有灾难性后果的事故，具体包括交通运输事故、环境污染和生态破坏事件、公共设施和设备事故等。第三类是公共卫生事件，是指突然发生，并造成或可能造成社会公众健康严重损害的疫情、疾病、食物和职业中毒以及其他严重影响公众健康的事件，包括传染病疫情、群体性不明原因疾病、动物疫情、食品安全和职业危害以及其他严重影响公众健康和生命安全的事件，如大家熟知的禽流感、疯牛病等。第四类是社会安全事件，包括重大刑事案件、恐怖袭击事件、大规模群体事件、涉外突发事件、金融类安全事件、经济类安全事件等。

由于公共安全涉及范围甚广，在我国现行体制下，有将近 20 个国家部委负有公共安全突发事件的管理职责。因此，建立安全保障型城市评价指标体系，需要明确自然灾害、事故灾难、公共卫生事件、社会安全事件这四大类事件评价指标的构成，研究其建模方法和指标体系。同时也要借鉴其他体系模型，如公共安全体系三角形模型等，对整理出的评价指标体系进行丰富和补充。

7.1　评价指标构成分析

对安全保障型城市评价指标体系进行研究，可以借鉴公共安全突发事件的分类方法，从安全保障型城市评价指标体系框架中领域维度角度出发，整理和提出安全保障型城市评价指标体系。从自然灾害、事故灾难、公共卫生事件、社会安全事件四大方面分别结合其各自特点进行建模，如图 7.1 所示。

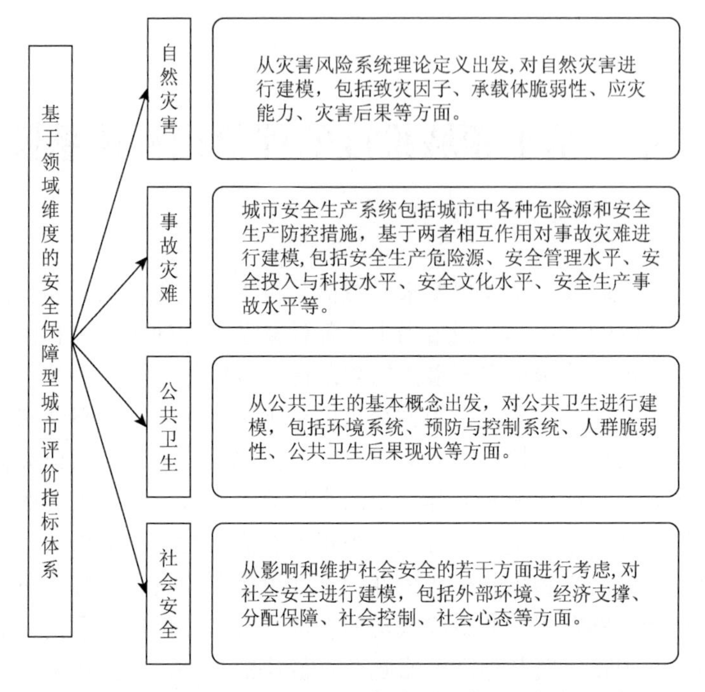

图 7.1　基于领域维度的安全保障型城市评价指标体系

7.2　自然灾害评价指标建模

7.2.1　理论模型

近年来，全球气候变暖的加剧，海平面上升，导致极端气候和气象灾害事件更趋频繁，事件危害更加严重；同时，城市化进程加快，人口与财富更加集中，呈现高度聚集状态，进一步增加了自然灾害对城市的危害。而与城市快速发展相比，自然灾害风险管理依然薄弱，其速度不能适应城市的快速发展，这就导致风险不断增大，在自然因子和人文因子的共同作用下，城市更加显著地暴露在灾害风险下，灾害损失风险将不断增加，如图 7.2 所示。

自然灾害发生是在孕灾环境下，致灾因子、承灾体脆弱性和风险管理等因素共同作用的结果，如图 7.3 所示。根据对自然灾害主导因素认识的不同，对自然灾害的量化存在不同角度：一是强调致灾因子的危险性，认为自然灾害风险是致灾因子出现的概率和强度；二是强调灾害造成的损失，认为自然灾害风险是一定概率条件下的损失；三是综合灾害风险各个方面，即基于灾害风险系统理论，认为自然灾害风险是致灾因子、承灾体脆弱性和风险管理因素共同作用的结果，强调社会经济脆弱性在灾害形成中的作用。因此，安全保障型城市评价中需要综合

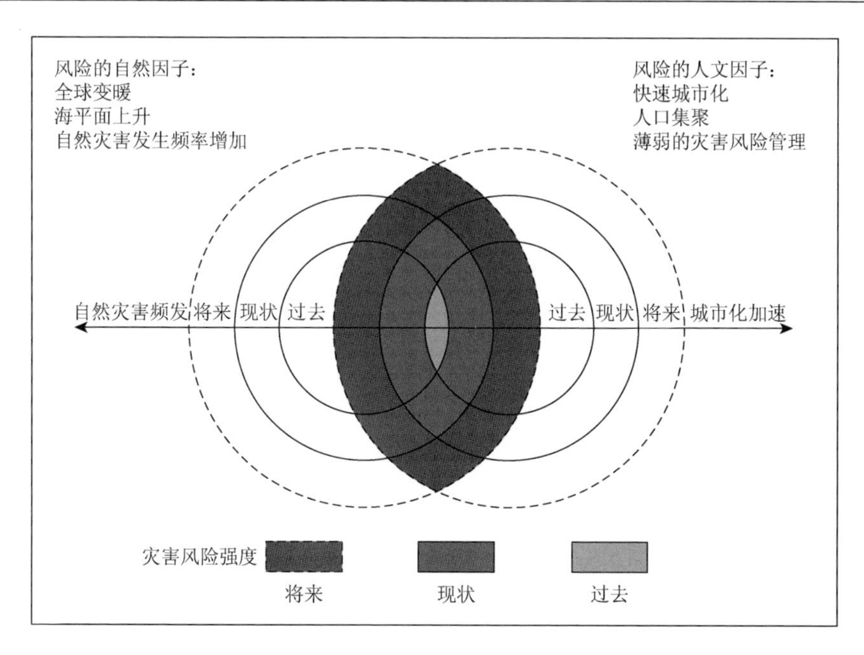

图 7.2　过去、现在和未来城市自然灾害风险[1]

考虑自然灾害的多种要素，选择致灾因子、承灾体脆弱性、应灾能力、灾害后果四个方面的指标，形成自然灾害评价指标体系。

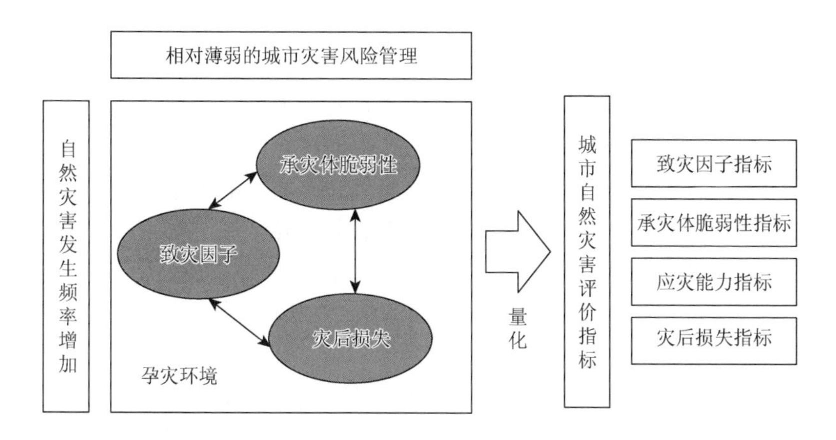

图 7.3　自然灾害评价指标模型

7.2.2　评价指标分析

基于自然灾害评价指标模型构建自然灾害评价指标体系，指标体系层次结构如图 7.4 所示。

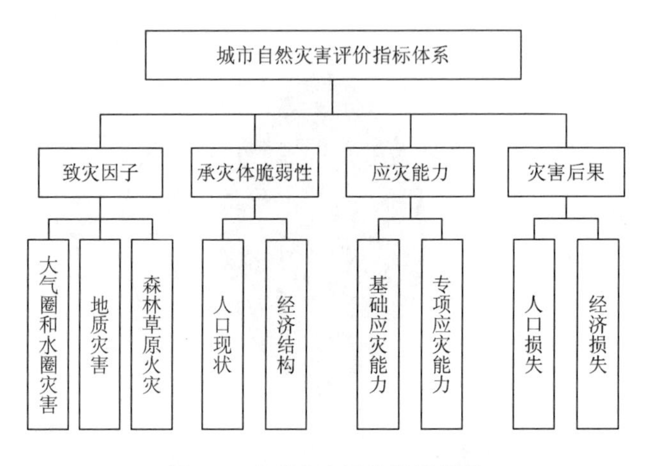

图 7.4　自然灾害评价指标体系

1. 致灾因子

中国的自然灾害主要包括气象灾害、地质灾害、生物灾害和森林草原火灾四大类，各类自然灾害都有许多具体的表现形式。采取合适的方法，对这些灾害的致险程度进行评估，是自然灾害风险评估的重要组成部分，有利于因地制宜、因时制宜地制定防灾规划。

在评估各灾种致险程度时，首先需要明确的就是各灾种的具体表征参数；然后，在灾害历史数据基础上，考量历次灾害的灾变强度（或自然灾害对承灾体的影响程度）及不同强度灾害的发生频次。

致灾因子的评价指标体系非常复杂，不同的评估目的和量化要求不同，安全保障型城市评价一般针对整个城区或城区的某个重要区域进行评价，其评价空间尺度属于中观尺度，既要考虑区域灾害的整体水平，又要考虑城市灾害的特殊性，城市自然灾害评价指标主要集中在大气圈和水圈灾害、地质灾害、森林草原火灾等，因此主要对这几类灾害进行细分。

大气圈和水圈的灾害分为干旱、水灾、极端气温、海洋灾害、沙尘、风灾和浓雾等七类。城市干旱缺水率可以用来表征干旱；洪水重现期可以用作洪水灾害的指标；过程日降雨量可用来评价城市渍涝；24 小时降雪量和积雪深度可用来评价雪灾的严重程度；冰雹直径、降雹累计时间和积雹厚度可用来表征冰雹灾害；过程日降雨量和过程日平均日照时数综合起来考虑可评价连阴雨灾害，一定时间内降温幅度可用来评价低温冻害的强度；热浪指数可用来表征高温热浪；底层大风指标可表征热带气旋带来的灾害强度；海啸波高和海啸能量可用来表征海啸灾难；风级和能见度指标可用来评价沙尘灾害；风级指标还可以作为风灾指数；能见度指标还可以当作浓雾灾害的指数。

地质灾害考虑了地震、滑坡、泥石流等三类。地震灾害用震级和烈度两个指标来评价；滑坡规模和滑移距离两个指标用来表征滑坡灾害的强度；泥石流用泥石流最大流量和平均单位面积物质冲出量来评价。

受害森林面积、受害草原面积分别作为森林草原火灾的评价指标，如表 7.1 所示。

表 7.1　致灾因子评价指标体系

一级指标	二级指标	三级指标	数据来源及计算方法	分级标准
致灾因子	大气圈和水圈灾害	城市干旱缺水率	水文部门	已有分级
		洪水重现期	水文部门	已有分级
		过程日降雨量	气象部门	已有分级
		24 小时降雪量	气象部门	已有分级
		积雪深度	气象部门	已有分级
		冰雹直径	气象部门	已有分级
		降雹累计时间	气象部门	已有分级
		积雹厚度	气象部门	已有分级
		过程日降雨量	气象部门	已有分级
		过程日平均日照时数	气象部门	已有分级
		一定时间内降温幅度	气象部门	已有分级
		热浪指数	气象部门	已有分级
		底层大风指标	气象部门	已有分级
		海啸波高	海洋部门	已有分级
		海啸能量	海洋部门	已有分级
		风级	气象部门	已有分级
		能见度	气象部门	已有分级
	地质灾害	地震震级	地震部门	已有分级
		地震烈度	地震部门	已有分级
		滑坡规模	国土部门	已有分级
		滑移距离	国土部门	已有分级
		泥石流最大量	国土部门	已有分级
		平均单位面积冲出量	国土部门	已有分级
	森林草原火灾	受害森林面积	林业部门	已有分级
		受害草原面积	农牧部门	已有分级

2. 承灾体脆弱性

承灾体脆弱性评价体系均不涉及具体自然灾害灾种，对多灾种复合条件下的脆弱性评价依然适用。脆弱性评价指标体系一般需要具备以下四个功能：第一，评价功能，能够合理地评价不同灾害发生时区域社会、经济体系受灾害影响的程度；第二，监测预测功能，应用承灾体脆弱性评价定量地分析城市基础设施建设、经济社会发展、政策体制实施等活动对灾害损失的影响，及时发现问题，实现预测预警；第三，辅助决策功能，可用于指导决策部门适当对区域规划进行宏观调整，以达到降低可能灾损的目的；第四，比较功能，在横向比较中确定不同城市或城市不同区域的脆弱程度，为有关部门合理、公正地进行城市灾害治理提供依据。

从承灾体物理暴露性和区域应灾能力两个方面开展承灾体的脆弱性评估。承灾体的物理暴露是指暴露在致灾要素影响范围内的承灾体的数目或价值量，是自然灾害及自然灾害风险存在的必要条件。承灾体一般涉及人口、房屋、道路等多个方面，承灾体脆弱性评价指标体系的详细内容如表 7.2 所示。

表 7.2 承灾体脆弱性评价指标体系

一级指标	二级指标	三级指标	数据来源	分级标准
承灾体脆弱性	人口	人口密度	2015 中国统计年鉴	连续型
		人口年龄结构①	2015 中国统计年鉴	连续型
	经济	经济密度	2015 中国统计年鉴	连续型
		建筑物密度	2015 中国统计年鉴	连续型
		公路敏感性②	2015 中国统计年鉴	连续型
		生命线工程密度	市政部门	连续型
		区域疏散脆弱性③	市政部门	连续型
		精细化土地类型易损性④	现场调查	连续型
		建筑物结构易损性⑤	建设部门	连续型
		建筑物使用时间⑥	建设部门	连续型

①人口年龄结构[2]

计算公式为

$$P_{vul(age)} = \frac{POP_{elder} + POP_{child}}{POP}$$

式中，$P_{vul(age)}$ 为区域人口体能指数；POP_{elder} 为区域内老年（≥65 岁）人口数；POP_{child} 为区域内儿童（≤14 岁）人口数；POP 为区域人口总人数。人口年龄结构指标越高，说明该区域人口中老年人和儿童所占比例越高，承灾能力就越差。

②公路敏感性[3]

针对城市整体安全评价，城市内部建设有多种等级的公路，三级及三级以下的低等级公路在地震、洪涝等灾害情况下更容易遭到破坏，因此采用三级及以下公路长度占公路总长度的比例作为公路的敏感性指数，数值越大表示公路敏感性越高，越容易受到损失，其计算方法如下：

$$R_{\mathrm{vul}}=\frac{K_{\mathrm{low}}}{K}\times 100\%$$

式中，K_{low} 和 K 分别代表被评估区域的低等级公路（三级以下）长度和各等级公路的总长度。

③区域疏散脆弱性[2]

由城市区域路网、人口密度计算得到区域疏散脆弱性指数，城市内路网越发达，人口密度越低，则疏散能力强，计算公式如下：

$$E_{\mathrm{v}}=\frac{i\cdot L_{\mathrm{length}}}{\mathrm{POP_d}\cdot S}$$

式中，i 为区域内道路的等级；L_{length} 为区域内某等级道路的长度；$\mathrm{POP_d}$ 为区域内人口密度；S 为区域总面积。

④精细化土地类型易损性[2]

地物作为灾害的主要承灾对象，其不同的类型针对不同的灾害具有不同程度的易损性。其易损性指数计算公式如下：

$$K_{\mathrm{land}}=\frac{k_1S_1+k_2S_2+\cdots+k_nS_n}{S}$$

式中，某区域内存在 n 种地物类型；k_n 为第 n 种地物针对某一灾害类型易损性系数；S_n 表示第 n 种地物在区域内的面积；S 表示区域总面积。

⑤建筑结构易损性[4]

一般采用多所房屋的统计参数来表示区域内房屋的敏感性，即房屋结构指数（H_{vul}），其计算方法为

$$H_{\mathrm{vul}}=\sum_{i=1}^{4}\left(\frac{S_i}{S}\right)\cdot \mathrm{VID}_i$$

式中，i 为房屋结构类别，1～4 依次代表土木结构、砖木结构、砖混结构、钢混结构；S_i 为相应结构的房屋面积（间数）；S 为区域内房屋总面积（总间数）；VID_i 代表第 i 类房屋相对于某一种灾害的平均损失率（易损性指数）。

⑥建筑物使用时间[5]

一般采用区域内所有房屋折旧率的统计特征来表示，即区域房屋折旧率，其计算方法如下：

$$H_{\mathrm{vul}(T)}=\left(\sum_{i=1}^{n}\frac{T_{\mathrm{use}}}{T_{\mathrm{design}}}\right)\Bigg/ n$$

式中，n 为建筑物的数量，可用抽样调查的建筑物数目来计算；T_{use} 和 T_{design} 分别代表建筑物的已使用年数和设计使用年限；当建筑物使用年数 T_{use} 超过设计使用年限 T_{design} 时，设定其陈旧率为 1。

3. 应灾能力

城市灾害应急能力的评价涉及多个因素的综合，供选取的指标也较多，选取基础应灾能力和专项应灾能力作为二级评价指标能够综合反映城市灾害应灾能力，符合实际情况和需要。这里所说的基础应灾能力，指的是有助于降低多种自然灾害风险的人力资源、财力资源和物资资源的统称；而专项应灾能力指的是为特定自然灾

害的防治所提供的各种工程和非工程的抗灾措施力度，具体指标如表 7.3 所示。

表 7.3　应灾能力评价指标体系

一级指标	二级指标	三级指标	数据来源	分级标准
应灾能力	基础应灾能力	每万人医生数	2015 中国统计年鉴	连续型
		每万人消防人员数	地方统计年鉴	连续型
		应灾财政投入	地方统计年鉴	连续型
		每万人病床数	2015 中国统计年鉴	连续型
		每千人消防车辆数	地方统计年鉴	连续型
		火警调度专用线达标率	地方统计年鉴	连续型
		应急避难场所密度	地方统计年鉴	连续型
		预报准确率	地方统计年鉴	连续型
		观测站点的密集度	地方统计年鉴	连续型
	专项应灾能力	抗旱工程评估①	地方统计年鉴	连续型
		防洪抗涝工程评估②	地方统计年鉴	连续型
		台风抵御工程评估③	地方统计年鉴	连续型
		风雹抗击工程评估④	地方气象灾害防御指挥部办公室	连续型
		牧区雪灾抗击工程评估⑤	地方气象灾害防御指挥部办公室	连续型
		滑坡防治工程评估⑥	地方气象灾害防御指挥部办公室	连续型
		泥石流防治工程评估⑦	地方气象灾害防御指挥部办公室	连续型

①抗旱工程评估[3]

为了抵御旱灾，增加水资源可利用量，各地区多因地制宜修建减灾工程，如拦河筑坝，打井取水，修建塘坝、水窖，使用各种提水输水设备等。

指标名称	备注
单位面积耕地配给的水库容量/（立方米/公顷）	多用于山地丘陵地区
户（人）均水窖容量或个数/（立方米/户（人），个/户（人））	多用于西北干旱地区
单位面积耕地配备的机井数/（眼/公顷）	多用于平原地区
单位面积耕地的灌溉机械总动力/（千瓦/公顷）	—
有效灌溉面积占区域总耕地面积的比重/%	专用于表示农业抗旱能力
有水草地面积占草地总面积的比重/%	专用于表示牧业抗旱能力

②防洪抗涝工程评估[3]

社会群体所进行的抵御洪水工程建设主要表现为修筑防洪大堤、准备各种防洪物资以及防洪避难场所。

指标名称	备注
防洪大堤的建筑标准（多少年一遇）	应该按照实际的建筑标准
单位长度大堤砂石备用量/（立方米/千米）	—
避难场所容纳人口占区域总人口的比重/%	—
排涝工程建设标准（多少年一遇）	此三个指标的本质是一致的，使用时选择其中的一个即可
单位时间内的排涝能力/（立方米/秒）	
总的排涝装机容量/千瓦	

③台风抵御工程评估[3]

抗击台风的工程措施一般表现为抗击洪涝、狂风和风暴潮的工程性措施。

指标名称
单位面积耕地配给的水库容量/（立方米/公顷）
户（人）均水窖容量或个数/（立方米/户（人），个/户（人））
单位面积耕地配备的机井数/（眼/公顷）
单位面积耕地的灌溉机械总动力/（千瓦/公顷）
有效灌溉面积占区域总耕地面积的比重/%
有水草地面积占草地总面积的比重/%

④风雹抗击工程评估[3]

为避免风雹灾害所引起的承灾体机械损伤及沙尘污染，各地多以构筑防护林带、退耕还草、火箭消雹等形式来防治风雹灾害。

指标名称
达标防护林带长度/千米
退耕还林面积/公顷
退耕还草面积/公顷
治沙资金占地方财政收入比重/%
单位国土面积的消雹火箭门数/（门/万公顷）

⑤牧区雪灾抗击工程评估[3]

牧区对雪灾的防范与抵御主要体现在修建各种保暖设施及储备食草方面。

指标名称	备注
畜均储草量/（千克/头）	—
过冬圈舍保暖性能	分级定性描述。敞圈分值为 1，敞棚分值为 3，暖棚分值为 5

⑥滑坡防治工程评估[6]

滑坡的防治一般采用建筑排水工程、打抗滑桩、构筑挡墙、注浆加固、刷方减载、植物防护等形式。

工程级别	暴雨强度重现期/年		地震荷载（年超越概率 10%）/年		投资/万元	危害人数/人
	设计	校核	设计	校核		
Ⅰ	50	100	50	100	＞1000	＞1000
Ⅱ	20	50	—	50	1000～500	1000～500
Ⅲ	10	20	—	—	＜500	＜500

⑦泥石流防治工程评估[7]

泥石流的防治一般视泥石流类型而异。在以坡面侵蚀及沟谷侵蚀为主的泥石流地区，多采用恢复植被和合理耕牧等的生物措施，并辅以蓄水、引水工程，拦挡、支护等工程措施；在崩塌、滑坡强烈活动的泥石流发生（形成）区，则以工程措施为主，兼用生物措施；而在坡面侵蚀和重力侵蚀兼有的泥石流地区，综合治理效果最佳。鉴于措施内容众多，对单沟泥石流防治工程一般也按设计标准来进行评估。

地质灾害	防治工程安全等级			
	省会级城市	地市级城市	县级城市	乡镇及重要居民点
受灾对象	铁道、国道、航道主干线及大型桥梁隧道	铁道、国道、航道及中型桥梁隧道	铁道、省道及小型桥梁隧道	乡镇间的道路桥梁
	大型的能源、水利、通信、邮电、矿山、国防工程等专项设施	中型的能源、水利、通信、邮电、矿山、国防工程等专项设施	小型的能源、水利、通信、邮电、矿山、国防工程等专项设施	乡镇级的能源、水利、通信、邮电、矿山等专项设施
	一级建筑物	二级建筑物	三级建筑物	四级建筑物
死亡人数/人	＞1000	1000～100	100～10	＜10
直接经济损失/万元	＞1000	1000～500	500～100	＜100
期望经济损失/（万元/年）	＞1000	1000～500	500～100	＜100
防治工程投资/万元	＞1000	1000～500	500～100	＜100
降雨强度	100 年一遇	50 年一遇	30 年一遇	10 年一遇

4. 灾害后果

城市自然灾害损失一般认为包括自然变异事件所造成的人员伤亡和社会财产损失、灾变对生产和生活造成的破坏以及为帮助被破坏的灾区恢复正常社会秩序的投入等方面[8]。

人员伤亡损失中，人员的死亡仅仅是自然灾害损失中统计指标的一项，而伤员的损失还要考虑到受伤者的医疗费及失去工作和生活自理能力所造成终生残疾的人员的社会福利事业支出的费用。

灾害的经济损失由直接经济损失和间接经济损失两部分组成，直接经济损失是在同一灾害形成过程中，包括原生灾害和紧密伴随的次生灾害所造成的经济损失的总和，主要表现为实物形态的财产、资产、资源等损失。

由于损失对象相对比较容易确定和评估，目前对不同灾害类型直接经济损失的评估程序和方法研究相对成熟。与直接经济损失不同，灾害的间接经济损失很难评估，包括由灾害事件所造成的工矿企业生产和流程，商业金融往来中的合同的履约，社会公益事业及社会服务和管理等方面的缩减、失调、减缓和停顿所造成的经济损失。这种损失可以一直延续到救灾和灾后恢复期大量重建资金投入后，灾区生产逐步恢复到灾害事件发生前的社会生产水平，故其评估方法需要根据特定的损失对象和相关因素具体确定。

采用定性与定量相结合方法，根据自然灾害的社会影响和造成的损失，将城市自然灾害后果的评价指标分为人口和经济损失两个二级指标，具体指标如表 7.4 所示。

表 7.4　灾害后果评价指标体系

一级指标	二级指标	三级指标	数据来源	分级标准
灾害后果	人口	受灾人口	民政部门	连续型
		死亡人口	民政部门	连续型
		失踪人口	民政部门	连续型
	经济	经济损失总量	民政部门	连续型
		倒塌房屋数量	民政部门	连续型
		损坏房屋数量	民政部门	连续型

7.3　事故灾难评价指标建模

安全生产事故的发生受到经济、社会、文化等多种因素的影响。从微观角度可以将安全生产事故的形成原因划分为“人-机-环-管”四个方面，从宏观角度看，影响安全生产事故发生的宏观因素涉及经济发展、社会结构、劳动就业、人口素质等方方面面。

7.3.1 理论模型

从安全生产与经济社会关系的研究现状来看，经济社会发展水平和产业结构对安全生产具有直接影响，这是由于安全生产事故主要来源于各个行业生产过程中，不同行业的危险性差别较大，如采矿、建筑等第二产业易产生事故，而服务业等第三产业危险性相对较小，各个城市由于其生产结构、经济发展水平不同而具备不同的安全生产危险性，因此，可以将此类指标称为“城市安全生产危险性等级”。现有研究也表明安全生产状况与安全监管体系、安全法制建设、科技投入、安全文化等因素密切相关，原国家安全生产监督管理局李毅中将其归纳为安全生产“五要素”，即安全文化、安全法制、安全责任、安全科技、安全投入，可以将安全法制和安全责任合并为安全管理、安全科技和安全投入合并为安全投入与科技，而归为三要素，在这三个要素的共同作用下形成城市安全生产防控能力，实现对城市安全生产危险源的防控。城市安全生产系统在内部危险源和自身防控管理作用下仍然会发生安全生产事故，安全生产事故是安全生产状况的最直接的反映，事故情况可以认为是城市安全生产系统的外在表现或输出，如图 7.5 所示。

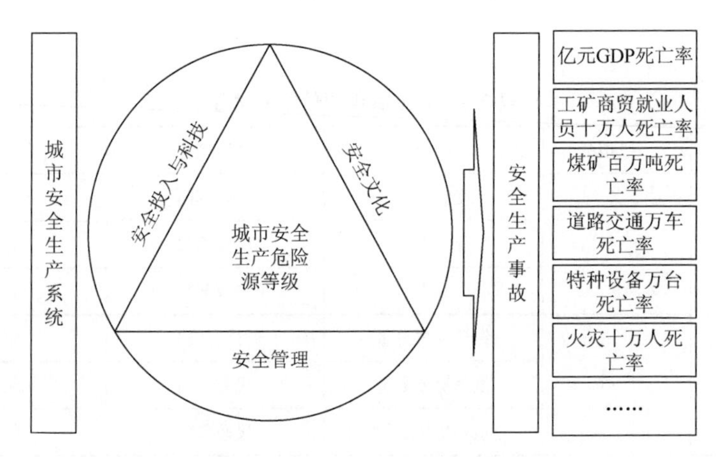

图 7.5　城市安全生产评价模型

1. 城市安全生产危险源等级

城市生产结构在一定程度上决定了城市固有的危险程度，如危险化学品生产、运输、经营企业多或产量大决定了城市自身的危险性较高，而以第三产业为主的城市危险性较低。

2. 城市安全生产管理水平

安全生产管理是劳动保护的主要内容，其是指在生产过程中，为了防止和消除事故以及减轻工人繁重体力劳动，保证生产安全而采取的各种组织管理工作的总称。城市安全生产管理包括建立健全安全管理机构，制定和执行安全法规，落实安全生产责任制等方面的内容。

3. 城市安全投入与科技水平

随着社会经济的发展和科技的进步，科技和创新作为解决当前和未来安全生产重大问题的根本手段，其在安全生产中的重要性和紧迫性日益凸显，安全生产科技的基本和保障作用也越发显现。重视技术和创新，依靠科技进步，创造、推广本质安全作业条件和生产环境，是保障城市安全生产的必然选择。

4. 城市安全文化水平

城市安全文化是城市发展到一定时期，为创造安全环境，在内外环境作用下所形成的精神、观念、态度及行为的综合，也是安全价值观和安全行为标准的综合，以保护人的身心健康、尊重人的生命、实现人的价值为目的，与城市的类型、特点、历史传承及发展阶段等诸多因素相关。按照国内安全学界的主流观点，从文化形态的角度，安全文化可以分为安全观念文化、安全行为文化、安全制度文化、安全物态文化。

5. 安全生产事故

安全生产事故是可能造成人员伤害和（或）经济损失的，非预谋性的意外事件，是城市安全生产状况的最直接反映。

7.3.2 评价指标分析

从城市安全生产危险源等级、安全管理水平、安全投入与科技水平、安全文化水平、安全生产事故五个方面分析现有的安全生产指标，如图 7.6 所示。

1. 城市安全生产危险源

根据城市事故灾难与城市行业结构、生产结构等方面的研究成果，一般认

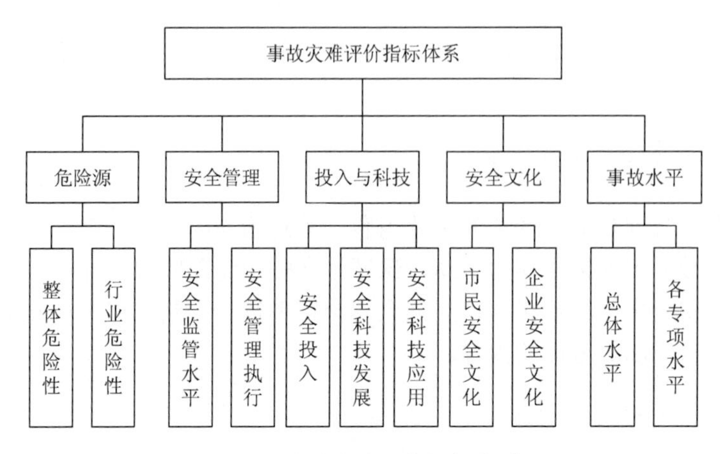

图 7.6 事故灾难评价指标体系

为事故灾难的发生与第二产业比率具有很强的相关性，而工矿商贸生产总值与就业人数是最能反映城市行业危险性的指标，因此采用这三个指标来描述城市的整体危险性；另外，城市危化品、煤矿、交通等行业事故发生率较高，而重大污染源和危险源等一旦发生事故极易引起重大损失，因此在行业危险性方面重点考虑这几个方面的指标，经筛选形成如表 7.5 所示的城市安全生产危险性指标体系。

表 7.5 城市安全生产危险源指标体系

一级指标	二级指标	三级指标	数据来源	分级标准
城市安全生产危险源	整体危险性	第二产业比率	2015 中国工业经济年鉴	连续型
		工矿商贸生产总值	2015 中国工业经济年鉴	连续型
		工矿商贸就业人数	2015 中国工业经济年鉴	连续型
	行业危险性	煤矿总产量	相关行业年鉴	连续型
		非煤矿山总产量	相关行业年鉴	连续型
		万人汽车保有量	相关行业年鉴	连续型
		特种设备数量①	质量监管部门	连续型
		重大危险源数量②	安监部门	连续型
		万元 GDP 主要工业污染物排放强度③	环保部门	连续型

①特种设备数量：根据国家质量监督检验检疫总局文件国质检锅[2004]31 号《特种设备目录》进行统计。

②重大危险源：根据 GB18218—2009《危险化学品重大危险源辨识》进行统计。

③万元 GDP 主要工业污染物排放强度根据环境保护部发布《“十一五”城市环境综合整治定量考核指标实施细则》进行统计。

2. 城市安全管理水平

安全管理水平重点选择影响城市整体安全性的管理性指标，因此重点从城市安全监管方面选择指标，包括安全监管人员、法制建设等方面的指标，另外考虑城市安全管理执行过程中形成的数据，即安全管理执行状况指标，包括职业危害申报率、标识设置率、体检率等，具体指标如表 7.6 所示。

表 7.6　城市安全管理指标体系

一级指标	二级指标	三级指标	数据来源	分级标准
城市安全管理水平	安全监管水平	安全监管人员配备率①	安监部门	连续型，正向
		安全监管监察执法人员执法资格培训及持证上岗率②	安监部门	是非型，100%
		监察执法人员大学学历覆盖率	安监部门	连续型，正向
		安全生产相关法规数量③	安监部门	连续型，正向
	安全管理执行状况	职业危害申报率④	安监部门	连续型，正向
		工作场所职业危害告知率和警示标识设置率④	安监部门	连续型，正向
		接触职业危害作业人员职业健康体检率④	安监部门	连续型，正向

①安全监管人员配备率：根据 2008 年以来国家安全生产监督管理总局开展的“安全生产监管系统队伍建设”统计结果。

②安全监管监察执法人员执法资格培训及持证上岗率：根据国家《安全生产“十二五”规划》要求：安全监管监察执法人员执法资格培训及持证上岗率在 2015 年应达到 100%，达到 100%则为满分，否则为零分。

③安全生产相关法规数量：统计与安全相关的地方性法规、规章等。

④职业危害申报率、工作场所职业危害告知率和警示标识设置率、接触职业危害作业人员职业健康体检率：根据国家《安全生产“十二五”规划》提出的评价指标，规划要求到 2015 年全国职业危害申报率达 80%以上，工作场所职业危害因素监测率达到 70%以上，工作场所职业危害告知率和警示标识设置率达到 90%以上。

3. 城市安全投入与科技

安全投入是为了提高企业的系统安全性，防范各类事故发生，保障生产经营持续顺利进行的一种经济行为。生产经营单位必须投入适当的资金，用于改善安全生产设施，更新升级安全技术装备、器材、仪器、仪表等来满足安全生产所需，以确保生产经营单位达到法律、法规、标准规定的安全生产条件。此外，生产经营单位还要对安全生产资金投入不足而导致的后果承担相应责任。

科技兴安，需要全面落实科学技术是第一生产力的思想。安全生产科技工作需要以基础科研为先导，推动安全生产科技创新的指导思想，增强安全生产的科技实力及向生产力转化的能力。企业安全科技水平一方面反映在科技创新方面即安全相关的发明专利数，另一方面反映在科技应用方面，主要是各种监测手段的应用，具体指标如表 7.7 所示。

表 7.7　城市安全投入与科技指标体系

一级指标	二级指标	三级指标	数据来源	分级标准
城市安全投入与科技水平	安全投入	安全生产投入比重	安监部门	连续型，正向
		普通消防队（站）执勤车辆器材配备达标率[①]	消防队	连续型，正向
		消防队到达现场的平均时间	消防队	连续型，负向
		生命线巡检频率[②]	市政部门	连续型，正向
	安全科技发展	与安全相关的发明专利数	专利局	连续型，正向
	安全科技应用	城市道路干线客运、危险化学品和集装箱运输车辆动态监控比例[③]	安监部门	连续型，正向
		工作场所职业危害因素监测率[③]	安监部门	是非型，70%
		粉尘、高毒物品等主要危害因素监测合格率[③]	安监部门	是非型，80%
		“三高”（高压、高含硫、高危）油气田采用硫化氢气体防护监测技术装备比率[③]	安监部门	达到 100%为满分，否则零分
		重大危险源监控率[③]	安监部门	达到 100%为满分，否则零分

①普通消防队（站）执勤车辆器材配备达标率：根据 2006 年《普通消防队（站）执勤车辆器材配备标准》进行计算。

②生命线巡检频率：生命线巡检频率为水、电、气、热、通信等管线巡检频率的平均值，设水、电、气、热、通信的管线长度分别为 a_1、a_2、a_3、a_4、a_5，巡检频率（单位：次/月）分别为 p_1、p_2、p_3、p_4、p_5，则生命线巡检频率= $\sum_{i=1}^{5} a_i p_i \Big/ \sum_{i=1}^{5} a_i$ 。

③城市道路干线客运、危险化学品和集装箱运输车辆动态监控比例，工作场所职业危害因素监测率，粉尘、高毒物品等主要危害因素监测合格率，“三高”（高压、高含硫、高危）油气田采用硫化氢气体防护监测技术装备比率，重大危险源监控率：根据国家《安全生产“十二五”规划》中规定的指标，按规划要求进行统计，根据规划要求工作场所职业危害因素监测率达到 70%以上，粉尘、高毒物品等主要危害因素监测合格率达到 80%以上；《安全生产“十二五”规划》提出：推动“三高”（高压、高含硫、高危）油气田采用硫化氢气体防护监测技术装备、加强重大危险源监控。因此这两项指标评判标准为达到 100%为满分，否则为零分。

4. 城市安全文化水平

文化影响态度，态度主导行动，行为决定结果，结果反映文明。安全文化是个人和集体的价值观、态度、能力和行为方式的综合产物，包括文化修养、风险意识、安全技能、行为规范等，其核心是安全素质。城市安全文化指标体系主要由市民和企业两个部分构成，具体指标如表 7.8 所示。

表 7.8　城市安全文化指标体系

一级指标	二级指标	三级指标	数据来源及计算方法	分级标准
城市安全文化水平	市民安全文化水平	人均教育经费支出	2015 中国统计年鉴	连续型，正向
		公共图书馆覆盖率	教育部门	连续型，正向
		安全宣传活动参与率	安监部门	连续型，正向
	企业安全文化建设	安全文化建设示范企业比例①	安监部门	连续型，正向
		安全生产培训合格率②	安监部门	连续型，正向
		特种作业人员复训率②	安监部门	是非型，100%
		安全专职人员配备率③	安监部门	连续型，正向

①安全文化建设示范企业比例：根据国家安全生产监督管理总局《安全文化建设示范企业评价标准》进行统计。

②安全生产培训合格率、特种作业人员复训率：根据《安全生产培训管理办法》要求进行统计。

③安全专职人员配备率：按照《建筑施工企业安全生产管理机构设置及专职安全生产管理人员配备办法》（建质[2004]213 号）、国家安全生产监督管理总局工业和信息化部关于危险化学品企业贯彻落实《国务院关于进一步加强企业安全生产工作的通知》的实施意见（安监总管三〔2010〕186 号）等要求进行计算。

5. 城市安全生产事故水平

安全生产事故是城市安全生产状况的最直接反映，按照国家安全生产规划、安全生产事故统计等方面采用的指标，这里选择两个方面的指标：一是反映城市安全事故总体水平的指标；二是反映安全事故各专项水平的统计指标，具体指标如表 7.9 所示。

表 7.9　城市安全生产事故水平指标体系

一级指标	二级指标	三级指标	数据来源及计算方法	分级标准
安全生产事故水平	总体水平	亿元 GDP 生产安全事故死亡率	安监部门	连续型，负向
		工矿商贸就业人员十万人生产安全事故死亡率	安监部门	连续型，负向
	各专项水平	煤矿百万吨死亡率	安监部门	连续型，负向
		道路交通万车死亡率	安监部门	连续型，负向
		特种设备万台死亡率①	安监部门	连续型，负向
		火灾十万人口死亡率①	安监部门	连续型，负向
		水上交通百万吨吞吐量死亡率①	安监部门	连续型，负向
		铁路交通十亿吨公里死亡率①	安监部门	连续型，负向
		民航运输亿客公里死亡率①	安监部门	连续型，负向

①所有指标：根据国家安全生产监督管理总局和国家统计局批准的《生产安全事故统计报表制度（2010 年）》进行统计，这里采用的都是相对指标，可以直接进行城市之间横向比较。

7.4 公共卫生评价指标建模

7.4.1 理论模型

美国公共卫生领袖人物、耶鲁大学公共卫生教授温思络认为公共卫生工作包括：改善环境卫生、控制传染病、教育人们注意个人卫生、组织医护人员提供疾病早期诊断和预防性治疗的服务，以及建立社会机制来保证每个人都达到足以维持健康的生活标准。2003 年美国医学会在《21 世纪公共卫生的未来》中强调人的健康受基因和多种复杂环境（包括社会和自然环境）条件的影响。2003 年我国对“公共安全”的定义主要包括：改善环境卫生条件、培养良好卫生习惯和文明生活方式，预防控制传染病和其他疾病流行、提供医疗服务等方面的内容。显然，现有的公共卫生定义和研究都着重强调公共卫生环境的改善、疾病的预防和控制，最终达到预防疾病和促进人民身体健康的目的。基于上述分析，可以将城市公共卫生系统分为四个方面：城市公共卫生环境系统、城市公共卫生预防与控制系统、人群脆弱性和城市公共卫生后果状态。

城市公共卫生环境系统是公共卫生中各类疾病、中毒等的孕育与发展存在的客观条件，城市公共卫生环境好则对各类疾病、中毒等事件的发生具有抑制作用，从而减少城市各种公共卫生事件的发生，而当城市公共卫生环境比较差时，则易孕育、促进、导致各类公共卫生事件的发生，根据公共卫生环境各个方面的特征不同，可以分为气象环境、生态环境、市容环境、食品环境、生产环境、人文环境等方面。

城市公共卫生预防与控制系统是人类达到预防疾病和促进人民身体健康的目的，而采取的各种应对手段，包括城市医疗条件和预防控制过程中所采取的具体措施，因此，城市公共卫生预防与控制系统的评价，一方面考虑城市医疗条件包括资金、人员、医疗设施等方面的客观物质基础；另一方面对传染病预防、健康管理、突发公共卫生事件应对过程中产生的数据进行评价。

无论哪种公共卫生事件最终都是作用于人才会表现出相应的结果，而人群中儿童、孕妇、老人等易于感染多种疾病，这几类人的数量、比例在很大程度上反映了城市公共卫生人群的脆弱性。

在城市公共卫生环境、预防与控制条件的共同作用下，城市人群会表现出一定的公共卫生后果状态，这可以用两个方面指标进行描述：一是人群健康状况，其常用指标包括城市人口平均寿命和无伤残期望寿命；二是通过对发病与死亡率的测量来描述城市公共卫生的状态。

在对城市公共卫生系统内涵、要素和各要素之间关系分析的基础上，可以建立如图 7.7 的城市公共卫生评价的理论模型。

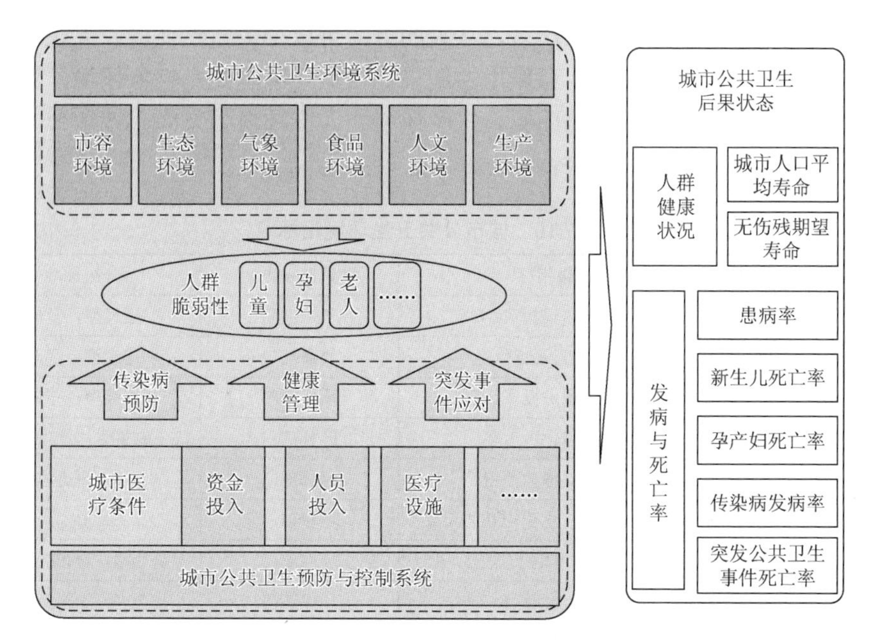

图 7.7　城市公共卫生评价的理论模型

7.4.2　评价指标体系分析

根据上面分析，从环境系统、预防与控制、人群脆弱性、后果状态各个方面选择指标，指标体系框架如图 7.8 所示。

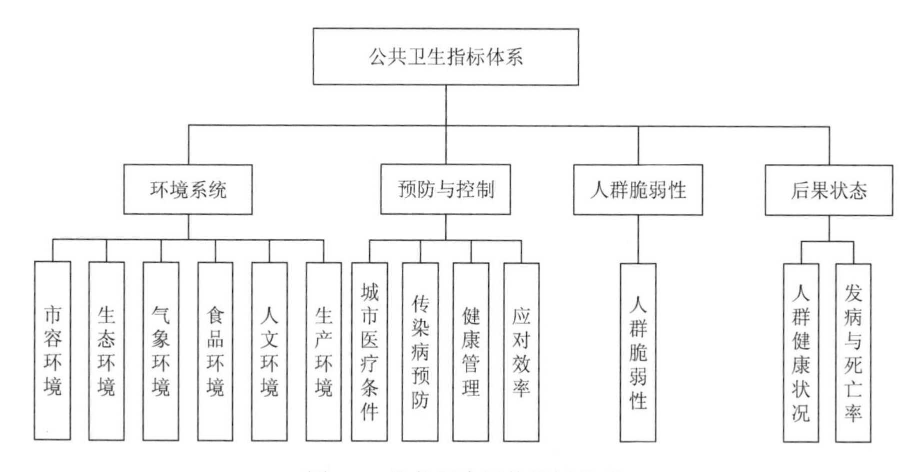

图 7.8　公共卫生评价指标体系

1. 环境系统

影响城市公共卫生的因素众多，从大的方面可以分为自然环境、人工环境，而生态环境是自然环境与人相互作用的结果。自然环境主要是气象环境，城市中人工环境包括市容环境、食品环境、生产环境和人文环境等方面。城市公共卫生环境指标如表 7.10 所示。

表 7.10　城市公共卫生环境指标

一级指标	二级指标	三级指标	数据来源	分级标准
城市公共卫生环境	气象环境	高温热浪指数①	气象部门	连续型，负向
		冬季平均日最低气温②	气象部门	连续型，正向
	生态环境	城市环境保护投资比例③	环保部门	连续型，正向
		建成区绿化覆盖率④	园林部门	是非型，≥36%⑤
		人均公共绿地面积④	园林部门	≥8.5 平方米⑤
		空气污染指数⑥小于 100 的天数	环保部门	≥70%⑤
		集中式饮用水源地水质达标率⑦	环保部门	是非型，≥III类标准
		城市地面水质达标率⑦	环保部门	是非型，≥V类标准
		城市环境噪声平均值	环保部门	是非型，≤60 分贝⑤
	市容环境	城市生活垃圾及粪便无害化处理率	市政市容部门	是非型，省会和东部地区城市≥90%，其他≥80%⑤
		生活污水集中处理率	市政市容部门	是非型，省会和东部地区城市≥85%，其他≥80%⑤
		道路保洁时间	环保部门	是非型，主要街道保洁时间不低于 12 小时，一般街道保洁时间不低于 8 小时⑤
		道路机械化清扫或高压冲水比例	市政市容部门	是非型，≥20%⑤
		鼠、蚊、蝇、蟑螂等病媒生物控制达标率⑧	市政市容部门	是非型
	食品环境	食品从业人员健康体检率	食品监管部门	连续型，正向
		餐饮单位量化分级管理覆盖率	食品监管部门	是非型，≥95%⑤
		达到《标准化菜市场设置与服务管理规范》要求的农副产品市场比率	食品监管部门	是非型，≥70%⑤
		生活饮用水水质达标率	食品监管部门	是非型，100%
		食品、药品质量抽检合格率	食品监管部门	连续型，正向
	生产环境	公共场所卫生管理达标率	卫生部门	是非型，依据《公共场所卫生管理条例》
		工业废气排放达标率	环保部门	是非型，100%
		重大危险源数量	安监部门	连续型，负向
		工业危险废物处置利用率	安监部门	连续型，正向

续表

一级指标	二级指标	三级指标	数据来源	分级标准
城市公共卫生环境	生产环境	废旧放射源安全送贮率	安监部门	是非型，100%
		医疗废物集中处理率	卫生部门	是非型，100%
	人文环境	居民健康基本知识知晓率	卫生部门	是非型，≥80%⑤
		健康生活方式与行为形成率	卫生部门	是非型，≥70%⑤
		职工相关卫生知识知晓率	卫生部门	是非型，≥80%⑤
		人均教育经费支出	教育部门	连续型，正向
		区级以上（含区级）大型广场文化活动次数	文化部门	连续型，正向
		全国文化信息资源共享工程乡镇、街道基层服务点覆盖率	文化部门	是非型，达到 100%⑨
		人均体育场地面积	体育部门	是非型，>1.08 平方米⑨

①高温热浪指数：高温热浪具有气温异常偏高（或为高温闷热）和通常要持续一段时间两个特征，以综合表征炎热程度和过程累积效应的热浪指数作为热浪的判别指标，热浪指数（HI）的计算公式如下：

$$\mathrm{HI}=1.2\times(\mathrm{TI}-\mathrm{TI}')+0.35\sum_{i=1}^{N-1}[1/nd_i(\mathrm{TI}_i-\mathrm{TI}')]+0.15\sum_{i=1}^{N-1}1/\mathrm{nd}_i+1$$

式中，TI 为当日的炎热指数；TI′ 为炎热临界值；TI_i 为当日之前第 i 日电炎热指数；nd_i 为当日之前第 i 日据当日的日期数；N 为炎热天气过程的持续时间。

②冬季平均日最低气温：冬季每日最低气温的平均值。

③城市环境保护投资比例：根据财政投入金额与财政总投资金额进行计算。

④建成区绿化覆盖率：是指在城市建成区的绿化覆盖面积占建成区面积的百分比；人均公共绿地面积：城市公共绿地面积除以城市非农业人口，以平方米/人表示。

⑤根据全国爱国卫生运动委员会编著的《国家卫生城市标准》（2010 年）得到。

⑥空气污染指数：根据 2012 年国务院发布的《环境空气质量标准》（GB3095—2012）进行测算，根据《国家卫生城市标准》（2010 年）要求空气污染指数 API≤100 的天数大于等于全年天数的 70%。

⑦集中式饮用水源地水质达标率：根据《地表水环境质量标准》和《地下水质量标准》进行测算；城市地面水质达标率：根据《地表水环境质量标准》进行测算，达到Ⅴ类标准。

⑧鼠、蚊、蝇、蟑螂等病媒生物控制达标率：按照《病媒生物预防控制管理规定》的要求，切实做好病媒生物的预防控制工作。通过综合防治，鼠、蚊、蝇、蟑螂等病媒生物要得到有效控制，有三项达到国家规定的标准，另一项不得超过国家标准的三倍。

⑨全国文化信息资源共享工程乡镇、街道基层服务点覆盖率要求：根据中央精神文明建设指导委员办公室颁发的《全国文明城市测评体系》（2011 年）。

2. 预防与控制系统

城市医院数量、医疗人数、设施设备等客观因素构成了城市医疗条件，并针对传染性疾病和慢性疾病采用不同的管理策略，则从传染病预防和健康管理两个角度选择指标，另外在突发公共卫生事件情况下，应对效率也是城市公共卫生控制的重要体现，如表 7.11 所示。

表 7.11 城市公共卫生预防与控制指标

一级指标	二级指标	三级指标	数据来源	分级标准
城市公共卫生预防与控制系统	城市医疗条件	万人拥有病床数	2015 中国统计年鉴	连续型，正向
		万人医生数	2015 中国统计年鉴	连续型，正向
		每3万～10万居民或每个街道办事处辖区内至少拥有 1 个社区卫生服务机构	2015 中国统计年鉴	是非型，达标①
		医疗投入占 GDP 的比率	2015 中国统计年鉴	连续型，正向
		食品药品合格率	食品药品检验检疫机构	连续型，正向
	传染病预防	儿童疫苗接种率	2015 中国统计年鉴	是非型，100%
	健康管理	健康档案建档率	2015 中国统计年鉴	连续型，正向
		健康档案合格率	2015 中国统计年鉴	连续型，正向
		新生儿访视率	2015 中国统计年鉴	连续型，正向
		孕产妇健康管理率	2015 中国统计年鉴	连续型，正向
		慢性病患者规范管理率	2015 中国统计年鉴	连续型，正向
	应对效率	法定传染病漏报率	2015 中国统计年鉴	连续型，正向
		突发公共卫生事件报告及时率	2015 中国统计年鉴	连续型，正向
		急救车（120、999）到达现场的平均时间	215 中国统计年鉴	连续型，负向

①每 3 万～10 万居民或每个街道办事处辖区内至少拥有 1 个社区卫生服务机构：中央文明办，《全国文明城市测评体系》（2011 年）。

3. 城市人群脆弱性

新生儿比率、0～5 岁儿童比率、孕产妇比率、老年人比率是公共卫生领域通用的反映人群脆弱性的指标，如表 7.12 所示。

表 7.12 人群脆弱性指标

一级指标	二级指标	三级指标	数据来源	分级标准
人群脆弱性	人群脆弱性	新生儿比率	2015 中国统计年鉴	连续型，负向
		0～5 岁儿童比率	2015 中国统计年鉴	连续型，负向
		孕产妇比率	2015 中国统计年鉴	连续型，负向
		老年人比率	2015 中国统计年鉴	连续型，负向

4. 城市公共卫生后果现状

可以用两个方面指标描述城市公共卫生后果现状：一是人群健康状况，其常用指标包括城市人口平均寿命和无伤残期望寿命；二是通过对发病死亡率的测量来描述城市公共卫生的状态，如表 7.13 所示。

表 7.13 城市公共卫生后果现状

一级指标	二级指标	三级指标	数据来源及计算方法	分级标准
公共卫生后果状态	人群健康状况	人口平均寿命	2015 中国统计年鉴	连续型，正向
		无伤残期望寿命	2015 中国统计年鉴	连续型，正向
	发病与死亡率	疾病患病率	2015 中国统计年鉴	连续型，负向
		食品药品中毒人数	食品药品检验检疫机构	连续型，负向
		新生儿死亡率	2015 中国统计年鉴	连续型，负向
		孕产妇死亡率	2015 中国统计年鉴	连续型，负向
		传染病发病率	2015 中国统计年鉴	连续型，负向
		突发公共卫生事件死亡率	2015 中国统计年鉴	连续型，负向

7.5 社会安全评价指标建模

社会安全评价指标体系构建是以社会安全理论为基础，通过对已有指标进行总结与归纳，构建适合于安全保障型城市评价的社会安全评价指标体系。因此，一方面，需要通过对社会安全理论进行分析与总结，形成社会安全评价指标模型，社会安全是“自然-经济-社会”复杂巨系统中多种因素共同作用的结果，需要综合、集成、借鉴多个不同学科的理论与方法；另一方面，需要对社会安全领域已有的指标体系进行总结，选取具有代表性的指标，包括社会稳定、社会预警、恐怖袭击、违法行为等多个方面的指标。

中国科学院科技政策与管理研究所[9]设计了社会稳定与安全预警系统，提出社会稳定与安全五大系统：自然系统、经济系统、社会系统、管理决策系统和民主法制系统，并基于社会预警理论，提出从警情指标和警兆指标构建预警系统指标体系。

宋林飞早在 1995 年就提出了社会风险预警综合指数，将指标体系分为经济、政治、社会、自然环境、国际环境五个方面，并提出警源、警兆、警情三个层次[10]；1999 年宋林飞建立了“社会风险检测与报警指标系统”，涵盖了收入稳定性、贫富分化、失业、通货膨胀、腐败、社会治安、突发事件七大类[11]。

在社会治安评价指标体系[12]和中国城市竞争力研究会“中国安全城市评价指标体系”中，都将评价指标体系分为破坏力指标、控制力指标及公众安全感三大块。其中，公众安全感属于主观指标，其与破坏力和控制力指标群的具体区别主要体现在具体指标构成上。

7.5.1 理论模型

从上述社会预警预测系统可以总结出，构建社会安全评价指标体系模型，需要基于“自然-经济-社会”三大系统，即自然环境、经济、社会三大方面。考虑到社会安全除了受到自然环境、事故灾难、公共卫生事件影响外，还需要考虑国际和国内社会环境变化的影响，因此提出外部环境系统；经济作为社会的基础支持，其稳定繁荣和发展对社会安全尤为重要，因此提出经济支撑系统；由于社会安全评价指标体系是针对社会安全领域的一种评价标准，所以对于社会方面还要进一步分为社会内部的分配保障系统、社会控制系统、社会心态系统。因此，社会安全评价指标体系模型可以概括为以下五个系统，在充分研究和分析这五个系统的内涵和关系的基础上，总结出社会安全评价指标体系。社会安全评价指标体系的理论模型，如图 7.9 所示。

1. 外部环境系统

社会是一个抽象概念，城市社会是以城市区域为载体，同时具有高度的开发性，社会稳定性与安全性受到城市区域外自然系统、社会系统、国际环境等其他社会系统和非社会系统的影响[13]。公共安全领域的自然环境、事故灾难、公共卫生等事件，与国际国内社会因素共同构成了城市社会稳定与安全的“外部环境系统”。尽管全球环境、国际关系等对城市社会安全均有重要影响，但在安全保障型城市评价过程中重点考虑与城市密切相关，且能够反映城市特点的社会安全外部环境因素，即依据城市的经济、社会及地理位置等特点，确定其社会安全外部环境指标。

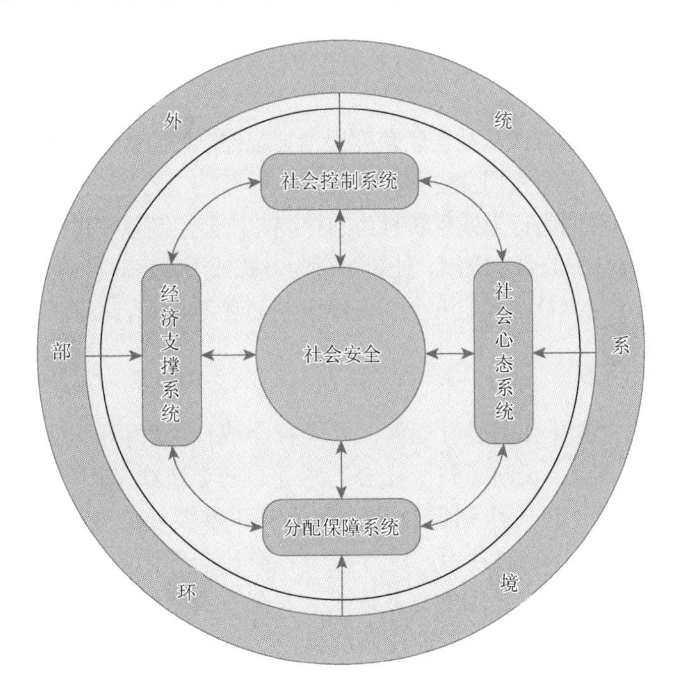

图 7.9　社会安全评价指标体系的理论模型

2. 经济支撑系统

经济系统为城市居民生产、生活提供必需的物质支撑，是一切城市活动的重要基础，在城市社会安全系统中处于基础性地位。城市经济平稳、有序、协调发展是保障城市社会安全的重要基础，需要充分考虑经济与社会及环境的相互协调，单纯追求经济发展或经济发展停滞都可能引发社会矛盾和动荡，协调和可持续的经济增长，可以为社会安全提供物质基础。

3. 分配保障系统

合理的分配制度对于促进城市经济发展、维护社会公平、保障社会安全具有重要的保障作用。我国经济经过多年的快速发展，政府、企业和居民之间的分配关系发生了重大变化，全国居民收入分配差距不断扩大，城乡居民收入差距大，急需加快收入分配调节力度。在分配保障系统中劳动者报酬在初次分配中比重、居民财产性收入、公共服务体系、收入分配秩序等诸多因素都对社会安全有着显著影响。建立合理的分配保障系统，使得城市中各个层次的居民，包括外来务工人员、流动人口等，都得到合理的分配保障，有效保障人的基础生存问题，从而保障城市社会的稳定与安全。

4. 社会控制系统

美国社会学家罗斯首次从社会学角度提出社会控制，他认为社会控制是社会对人的动物本性的控制，限制人们发生不利于社会的行为。广义上是指对一切社会行为的控制，狭义上是指对偏离行为或越轨行为的控制。社会控制系统也指政府及政府职能部门采用引导、宣传、监督、限制、处罚等行为方式或手段，对社会安全问题的控制。通过社会控制系统建立社会稳定安全的保障机制，避免城市陷入无序状态。

5. 社会心态系统

社会心态是一定社会发展时期内，整个社会或社会群体的心境状态。王俊秀等[14]认为社会心态综合反映了整个社会的感受、社会情绪基调、社会共识和社会价值观等。马广海[15]进一步强调社会运行状况和重大社会变迁对社会心态的影响，认为社会心态是一定时期内广泛存在于各类社会群体内的情绪、情感、社会认知以及价值取向的总和。社会心态是社会安全的重要影响因素，社会安全是社会心态驱动下社会行为造成的一种社会后果。

7.5.2 社会安全子系统关系辨析

社会安全理论模型中各子系统存在着复杂的相互作用关系，需要对各个子系统的功能及与其他系统的关系进行辨析。

1. 外部环境系统

外部环境系统存在导致内部系统发生变化的外部扰动因素，它对社会稳定影响显著，外部因素可对内部系统的诸变量起到“叠加共振”的放大作用。

2. 经济支撑系统

经济支撑系统是社会运行的物质基础，经济发展满足了人们的生活需求，才能实现社会安全，当经济系统不能满足人们需求时，可能导致社会安全问题。一方面，经济支撑系统为分配保障系统提供物质基础，同时也是社会控制系统的重要依托；另一方面，经济发展也受到分配保障系统的制约，并与社会心态系统存在着复杂的相互影响。经济系统需要与分配保障、社会心态、社会控制系统形成有机整体，才能更好地发挥作用。

3. 分配保障系统

收入分配与经济增长的关系十分复杂。马克思最早对经济增长和收入分配关

系进行探究；库兹涅茨提出了“倒 U 形曲线”的假说；现在普遍认为，收入分配差距不会随着经济增长而自动改善，从社会安全角度看，合理的收入分配格局是社会公正的应有之义，也是经济增长可持续的必要条件，收入差距过大不利于社会安全，也不利于经济的持续增长。分配保障系统直接影响社会心态，分配不合理会导致部分城市人员心态失衡，公平合理的社会分配是社会心态稳定的重要保障。

4. 社会控制系统

社会控制系统是保障社会安全运行的重要保障。社会控制系统通过采取各种调控措施和手段实现社会安全中各系统之间的有序运转。同时，社会调控系统运行需要经济系统提供物质能量，需要有效的社会分配和保障手段，需要社会心态系统的契合。

5. 社会心态系统

社会心态系统的状况是其他各系统状况的映射，和其他诸系统之间的关系属于存在和意识之间的作用和反作用关系。一方面，所有系统的运行状况都会从本系统得到不同程度的反映；另一方面，已经内化为人们心理层面的东西，会通过动机、情绪、意志等心理活动对其他系统的运行产生潜移默化的巨大影响[13]。

7.5.3　评价指标分析

对应于社会安全评价指标体系理论模型的五个逻辑系统，综合考虑影响社会安全的各个方面因素，采用分级方式将社会安全评价指标体系归纳为五个一级指标：外部环境、经济支撑、分配保障、社会控制、社会心态。

借鉴社会稳定与安全预警系统的具体指标，将其中的自然系统和经济系统的指标分别归类到外部环境、经济支撑中；管理决策系统和民主法制系统的指标归类到社会控制；社会系统的指标划分到分配保障、社会控制中。借鉴社会风险预警系统综合指标体系，将经济、自然环境相关指标分别归类到外部环境、经济支撑中；政治相关指标归类到社会心态中；社会相关指标划分到分配保障、社会控制中。借鉴社会治安评价指标体系和中国安全城市评价指标体系，将破坏力指标、控制力指标归类到外部环境、社会控制中；将公众安全感归类到社会心态中。

基于上述的指标归类，社会安全评价指标体系的五个一级指标，可以完全涵盖当前社会稳定、社会预控、社会风险、社会治安、安全城市等各方面评价指标体系，是一个较为全面的社会安全方面综合评价指标体系。社会安全指标体系的框架如图 7.10 所示。

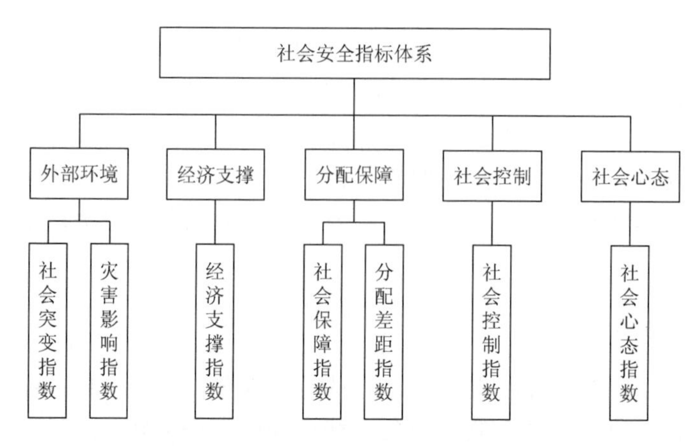

图 7.10 社会安全评价指标体系的框架图

上述框架共分为三个层次。外部环境、经济支撑、分配保障、社会控制、社会心态五个方面构成社会安全的一级指标，反映社会安全的不同侧面。第二级指标是第一级指标内部构造的分解，每个一级指标由若干个二级指标构成。第三级指标是具体指标参数。

1. 外部环境

外部环境主要反映内外部环境对社会内部整体安全的影响和扰动作用，可分为国内外社会环境和自然环境两大部分。在国内外社会环境方面，受到经济全球化的影响，特别是处于国际交流中心或前沿的大城市、旅游城市等受国内外社会环境的影响更加显著。在自然环境方面，虽然人类应对自然环境灾变、事故灾难事件、公共卫生事件等突发事件时的防灾抗灾随着科技的发展进步而大大增强，但是工业的发展却使人类与自然界的关系越来越紧张，所受到的自然界的“报复”也日益增多。因此，在理论模型中我们将社会稳定的外部环境系统，划分为表示国内外社会安全状况对我国社会稳定影响的“社会突变指数”和表示公共安全领域中除社会安全外自然灾害、事故灾难、公共卫生等对社会稳定具有较大影响的“灾害影响指数”两个二级指标。具体指标如表 7.14 所示。

表 7.14 环境扰动指标

一级指标	二级指标	三级指标	数据来源	分级标准
外部环境	社会突变指数	刑事案件发案率	2015 中国统计年鉴	连续型
		治安案件发案率	2015 中国统计年鉴	连续型
		八类暴力型案件发案率①	2015 中国统计年鉴	连续型
		重大贪污腐败案件发案率	2015 中国统计年鉴	连续型

续表

一级指标	二级指标	三级指标	数据来源	分级标准
外部环境	社会突变指数	各类群体性突发事件总数	2015 中国统计年鉴	连续型
		各类国外干涉事件总数	2015 中国统计年鉴	连续型
		各类对立事件总数	2015 中国统计年鉴	连续型
	灾害影响指数	灾害成灾人口比重②	2015 中国统计年鉴	连续型
		灾害造成的死亡人数比重③	2015 中国统计年鉴	连续型
		灾害直接经济损失比重④	2015 中国统计年鉴	连续型

①八类暴力型案件：杀人、抢劫、伤害、强奸、放火、爆炸、劫持、绑架。

②灾害成灾人口比重=灾害成灾人口数量/总人口数量。

③灾害造成的死亡人数比重=灾害造成的死亡人数量/总人口数量。

④灾害直接经济损失比重=灾害直接经济损失/总 GDP，http：//www.stats.gov.cn/tjsj/ ndsj/2010/indexch.htm。

2. 经济支撑

经济支撑是对社会安全相关的经济基础方面运行状况的反映。根据经济社会协调发展的理论，经济增长可分为两种不同的模式：一种是不考虑产业结构，不考虑经济与社会以及环境协调的单纯经济增长，在这种模式下，经济虽然增长了，但是社会问题也随之日益突出，社会矛盾逐渐激化，人类生活质量不但不会改善反而有所下降，很容易引发社会矛盾和动荡。另一种经济增长模式则是协调的和可持续的经济增长。我们在经济支撑下面设立一个二级指标“经济支撑指数”用以表示经济增长和协调发展对社会安全的支撑作用。具体指标如表 7.15 所示。

表 7.15　经济支撑指标

一级指标	二级指标	三级指标	数据来源及计算方法	分级标准
经济支撑	经济支撑指数	城镇登记失业率	2015 中国统计年鉴	连续型
		人均 GDP 增长率	2015 中国统计年鉴	连续型
		消费者物价指数增长率	2015 中国统计年鉴	连续型
		第三产业增加值占 GDP 比重①	2015 中国统计年鉴	连续型
		城镇居民恩格尔系数	2015 中国统计年鉴	连续型
		基尼系数	2015 中国统计年鉴	连续型

①第三产业增加值占 GDP 比重=第三产业增加值/总 GDP 增加值。

3. 分配保障

分配保障主要反映作为社会安全运行根本方面的民众生存状况及社会分配结构的合理性。在民生保障方面，社会生存保障系统是由国家和社会提供物质帮助的一整套以社会化为标志的生活安全系统，它通过建立社会化的生活安全网，来消除市场经济竞争中产生的不安定因素和由此引起的社会动荡。在社会分配领域，由于我国现阶段的贫富差距和分配不公问题主要表现在城乡收入差距等方面，“社会保障指数”和“分配差距指数”因此便成为分配保障方面需要考量的两个二级指标。指标体系如表 7.16 所示。

表 7.16　分配保障指标

一级指标	二级指标	三级指标	数据来源及计算方法	分级标准
分配保障	社会保障指数	医疗保险覆盖率①	2005 中国统计年鉴	连续型
		失业保障覆盖率②	2005 中国统计年鉴	连续型
		养老保险覆盖率③	2005 中国统计年鉴	连续型
		居民最低生活保障率④	2005 中国统计年鉴	连续型
		九年义务教育普及率	2005 中国统计年鉴	连续型
		人均住房面积	2005 中国统计年鉴	连续型
		万人医护人员数⑤	2005 中国统计年鉴	连续型
		万人医院床位数⑥	2005 中国统计年鉴	连续型
		万人卫生机构数量⑦	2005 中国统计年鉴	连续型
		社会保障总支出占 GDP 比重⑧	2005 中国统计年鉴	连续型
	分配差距指数	城乡居民收入差距⑨	2005 中国统计年鉴	连续型
		10%最富有家庭与 10%最贫困家庭收入比值⑩	2005 中国统计年鉴	连续型

①医疗保险覆盖率=城镇居民医疗保险人数/人口总数。

②失业保障覆盖率=1–未参加失业保险人数/人口总数。

③养老保险覆盖率=城镇居民参加养老保险人数/人口总数。

④居民最低生活保障率=城市居民最低生活保障人数/人口总数。

⑤万人医护人员数=10000×医护人员总数量/人口总数。

⑥万人医院床位数=10000×医院床位数总数量/人口总数。

⑦万人卫生机构数量=10000×卫生机构数量/人口总数。

⑧社会保障总支出占 GDP 比重=社会保障总额（包括养老保险、医疗保险、失业保险、工伤保险、生育保险）/GDP 总数。

⑨城乡居民收入差距=城镇居民家庭人均可支配收入–农村居民家庭人均纯收入。

⑩10%最富有家庭与 10%最贫困家庭收入比值=最高收入户（10%）数量/最低收入户（10%）数量。

4. 社会控制

社会控制主要反映社会稳定运行的调控机制和调控能力。社会的控制机制主要包括体现国家权力的军队、警察、法庭、监狱和各级政府在社会控制方面的投入等，具有强制性，以某种暴力的或有形的物质手段为基础。我们在指标体系中设立“社会控制指数”为社会控制下的二级指标来衡量社会控制能力对社会安全的全面管理和控制作用。具体指标如表 7.17 所示。

表 7.17　社会控制指标

一级指标	二级指标	三级指标	数据来源	分级标准
社会控制	社会控制指数	刑事案件破案率	2015 中国统计年鉴	连续型
		治安案件破案率	2015 中国统计年鉴	连续型
		八类暴力型案件①破案率	2015 中国统计年鉴	连续型
		重大贪污腐败案件破案率	2015 中国统计年鉴	连续型
		各类群体性突发事件及时处置率	2015 中国统计年鉴	连续型
		各类国外干涉事件及时处置率	2015 中国统计年鉴	连续型
		各类对立事件及时处置率	2015 中国统计年鉴	连续型
		信访处理率	公安部门	连续型
		万人警力配备人数②	2015 中国统计年鉴	连续型
		万人警用装配数③	2015 中国统计年鉴	连续型
		公共安全总支出占 GDP 比重④	2015 中国统计年鉴	连续型

①八类暴力型案件包括杀人、抢劫、伤害、强奸、放火、爆炸、劫持、绑架。

②万人警力配备人数=10000×各类警察总数量（包括公安、消防、司法、监狱）/人口总数。

③万人警用装配数=10000×各类警用装备数量/警察总数量（包括公安、消防、司法、监狱）。

④公共安全总支出占 GDP 比重=公共安全总支出总数/GDP 总数。

5. 社会心态

社会心态主要反映社会稳定的社会心态层面。人的内心世界是一个矛盾的对立统一体，既可以对社会稳定起到积极的正面作用，也可以产生消极的负面影响。为此，我们在社会心态下面设立一个二级指标“社会心态指数”，用以表示民众对党和政府领导的信任度和对当前社会不良的社会心态反应情况。指标如表 7.18 所示。

表 7.18　社会心态指标

一级指标	二级指标	三级指标	数据来源	分级标准
社会心态	社会心态指数	干部腐败人数[①]	2015 中国统计年鉴	连续型
		干部腐败案件数量	2015 中国统计年鉴	连续型
		干部渎职案件数量	2015 中国统计年鉴	连续型
		司法不公申述案件数量	2015 中国统计年鉴	连续型
		纠正违法案件数量	2015 中国统计年鉴	连续型

①干部腐败比重=贪污贿赂案件人数/公务人员总数。

参 考 文 献

[1] 许世远，王军，石纯，等. 沿海城市自然灾害风险研究[J]. 地理学报，2006，61（2）：127-138.

[2] 张斌，赵前胜，姜瑜君. 区域承灾体脆弱性指标体系与精细量化模型研究[J]. 灾害学，2010，25（2）：36-40.

[3] 葛全胜，邹铭，郑景云. 中国自然灾害风险综合评估初步研究[M]. 北京：科学出版社，2008.

[4] 尹之潜. 地震灾害及损失预测方法[M]. 北京：地震出版社，1995.

[5] 罗元华，张梁. 地质灾害风险评估方法[M]. 北京：地质出版社，1998.

[6] 中华人民共和国国土资源部. 滑坡防治工程设计与施工技术规范[S]. 北京：中国标准出版社，2006.

[7] 中华人民共和国国土资源部. 泥石流灾害防治工程勘查规范[S]. 北京：中国标准出版社，2006.

[8] 孙艳萍. 城市自然灾害损失评估方法应用研究[D]. 大连：大连理工大学，2010.

[9] 杨多贵，周志田，陈劭锋，等. 中国社会稳定与安全预警系统的理论设计[J]. 系统辩证学学报，2003，11（4）：82-87.

[10] 宋林飞. 社会风险指标体系与社会波动机制[J]. 社会学研究，1995，(6)：90-95.

[11] 宋林飞. 中国社会风险预警系统的设计与运行[J]. 东南大学学报（社会科学版），1999，(1)：69-76.

[12] 郑阅春，杨倩斓. 社会治安评价指标体系研究[J]. 统计与咨询，2006，(6)：74-75.

[13] 阎耀军. 社会稳定的系统动态分析及其定量化研究[J]. 天津行政学院学报，2004，(2)：72-77.

[14] 王俊秀，杨宜音，陈午晴. 中国社会心态调查报告[J]. 民主与科学，2007，(2)：40-41.

[15] 马广海. 社会心态的概念辨析[N]. 光明日报，2014-04-02（16）.

第 8 章　面向城市管理部门的评价指标体系模型

8.1　评价指标体系建模

8.1.1　公共安全体系三角形模型

范维澄等[1]根据突发事件从发生、发展到造成灾害直至采取应急措施的全过程，提出了公共安全体系三角形模型。三个边分别代表了突发事件、承灾载体和应急管理，如图 8.1 所示。三角形模型的灾害要素的表现形式是三种形式：物质形式、能量形式、信息形式。

1. 突发事件

突发事件是这个“三角形”的一条边，研究突发事件从孕育、发生、发展到突变成灾的演化规律及其产生的风险作用，即突发事件携带或产生哪些作用，而这些作用又如何随着时间和地域的空间发生变化。突发事件包括自然灾害、事故灾难、公共卫生事件和社会安全事件，并各有其自身规律。突发事件产生的作用有三种类型：能量、物质与信息。能量作用如火灾，火灾通过燃烧释放热能，原则上是热能的作用，因此可能发生各种各样的破坏。物质作用如病毒、细菌，这些都属于物质，有可能造成伤害。另外就是信息，有时人群中出现一些传言、谣传，由此可能引发一部分社会人员的恐慌与群体事件的产生，造成危害。

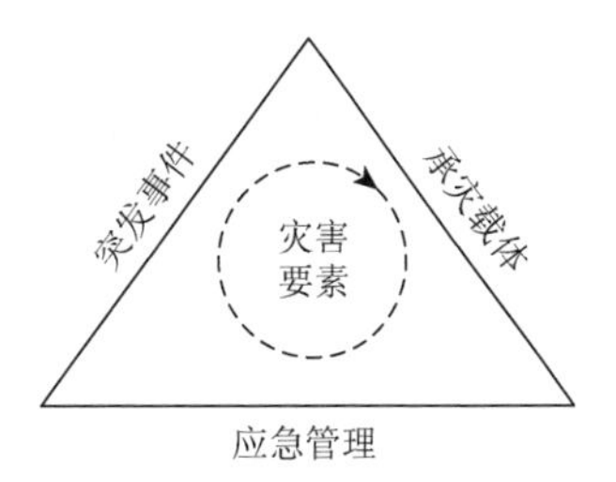

图 8.1　公共安全体系的三角形

2. 承灾载体

“三角形”第二条边是承灾载体。在突发事件作用下产生的破坏，其实是对承灾载体的损坏。承灾载体是指各种人、物和经济社会运行系统。承灾载体在突发事件的作用下可能产生本体的破坏，也可能产生功能的缺失。而在同样的突发事件作用下，产生的破坏大小也不尽相同。如东南沿海设计的大桥，在最开始设计时就考虑到台风的因素，具备抗击强大台风的能力，所以有台风时基本不需再考虑大桥坍塌的可能性，只需考虑桥上车和人的安全。所谓的次生和衍生灾害，实际上是承灾载体在突发事件作用下发生损坏之后带来的，承灾载体是中间的媒介。例如，汶川地震造成了严重的大环境损害，是自然的承灾载体引起破坏，使得发生次生的滑坡泥石流、堰塞湖等一些灾害。所谓事件链的发生或者说突发事件的多米诺效应和承灾载体自身损毁的程度是密切相关的。

3. 应急管理

第三条边是应急管理。应急管理是指，由突发事件和承灾载体所构成的灾害体系中，我们如何施加人为干预作用。人为干预可以用于突发事件，减少突发事件的发生，如通过早期的探测、报警、自动灭火等，以减少火灾发生；也可以作用在承灾载体上，如加固桥梁、建设消防安全建筑等，减轻或避免承灾载体的损坏。

8.1.2　基于影响维度的评价指标体系建模

为了建立安全保障型城市评价指标体系，建模应基于公共安全体系的三角形框架，从建模中影响维度的角度出发，这包括防控管理、承受能力、致灾因子、后果状态四个方面。如图 8.2 所示。三角形的三个边分别代表致灾因子、承受能力、防控管理三个方面，而在三角形内部，这些因素相互作用形成了公共安全后果状态。

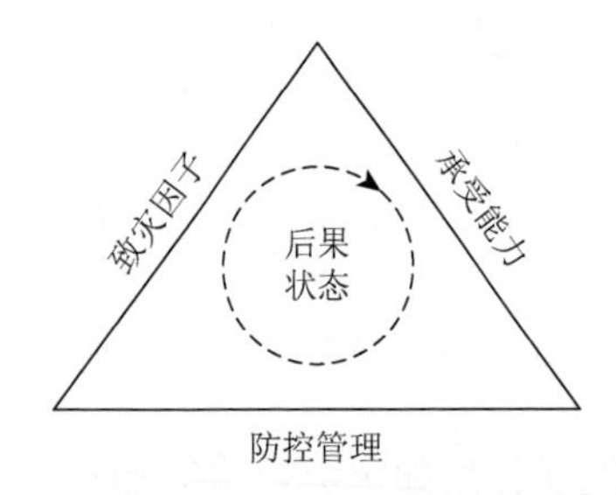

图 8.2　影响维度模型

根据基于影响维度的安全保障型城市评价指标体系模型，从致灾因子、承受能力、防控管理、后果状态四大方面分别构建具体的评价指标，如图 8.3 所示。

1. 致灾因子

许多研究者认为由于致灾因子对承灾体作用而形成了灾害以及安全问题。对于致灾因子的分类，一般的体系是首先划分成自然致灾因子与人为致灾因子[2]。根据安全保障型城市评价的特点，本书致灾因子既包括公共安全体系三角形模型中的突发事件部分，如能量作用（地震）、物质作用（危险化学品泄漏和大规模传染病）、信息作用（社会恐慌），同时也包括公共卫生、社会安全、自然环境以及事故灾难中一些隐性、常态的问题，通过一定程度的长期积累，这些问题同样会影响城市的稳定和安全。

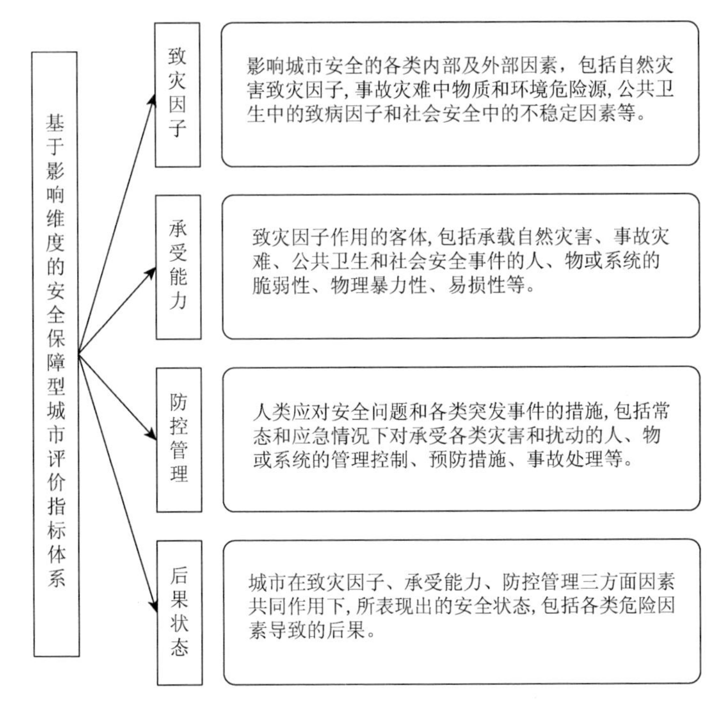

图 8.3　基于影响维度的安全保障型城市评价指标体系

对致灾因子的研究应该结合公共安全体系三角形模型中对突发事件的研究方法，重点在于了解其孕育、发生、发展和突变的演化规律，认识其作用的类型、强度和时空分布特性。研究的结果能为预防灾害事件的发生、阻断灾害事件多极突变成灾的过程、减弱灾害事件作用，提供科学支撑；并能为灾害事件的监测监控和预测预警、掌握实施应急处置的正确方法和恰当时机，提供直接的科学基础。

2. 承受能力

承受能力是承受各类灾害和扰动的人、物或系统自身固有的属性，其包括了承载事故灾难、公共卫生、社会安全事件和自然灾害的人、物或系统的脆弱性、易损性和物理暴露性，其一方面能够一定程度地阻抗各类扰动和灾害，但另一方面对各类扰动和灾害的强度也会有所加大。

承受能力主要内容包括公共安全体系三角形模型承灾载体的自身固有的易损性、脆弱性以及物理暴露性，因此对承受能力的研究应该结合公共安全体系三角形模型中对突发事件的研究方法，首先，研究承灾载体的破坏机理与脆弱性等，从而在事前采取适当的防范措施，在事中采取适当的救援措施，在事后实施合理的恢复重建；其次，研究承灾载体对灾害事件作用的承受能力与极限、损毁形式和程度，从而实现对突发事件作用后果的科学预测和预警；最后，研究承灾载体损毁与社会、自然系统的耦合作用，承灾载体蕴含的灾害要素在灾害事件下被激活或触发的规律，从而实现对突发事件链的预测预警，采取适当的方法阻断事件链的发生发展。在关注承灾载体自身固有的脆弱性、物理暴露性、易损性的同时，还需要通过历史数据，研究人、物或系统对各类突发事件和常态扰动的自我恢复能力。

3. 防控管理

防控管理是对承受各类灾害和扰动的人、物或系统的预防措施、事故处理、管理控制等，包括应急情况下的防控管理以及常态下的防控管理。

对防控管理的研究可以借鉴公共安全体系三角形模型中对应急管理的研究方法，其研究重点在于掌握对突发事件和承灾载体施加人为干预的适当方式、力度和时机，从而最大限度地阻止或控制突发事件的发生、发展，减弱突发事件的作用，减少承灾载体的破坏。对应急管理的科技支撑，体现在获知应急管理的重点目标、应急管理的科学方法和关键技术、应急措施实施的恰当时机和力度等方面。

同时，对防控管理的研究还需要结合其他城市常态下的管理方法研究。例如，结合城市运行管理，分析出城市运行中各类管网的物理和逻辑管理关系，应用合理的管理措施；分析温度等自然环境因素对城市运行各类系统的影响，提出有效的预警预测管理措施等。

4. 后果状态

后果状态是三角形模型三边的危险因素相互作用而导致的后果。为了在未来能够更好地优化防控管理措施，分析致灾因子的发生规律，提供人、物或系统的承受灾害能力以克服和降低各种突发事件和常态灾害的灾难和损失。需要结合历史数据，明确人、物或系统所处于的历史状态，为防控管理提供信息数据。

8.2　基于影响维度的评价指标体系

在自然灾害、事故灾难、公共卫生事件、社会安全事件分领域指标体系的基础上，以城市公共安全的核心指标为基础，通过指标的海选和筛选构建了基于影响维度的安全保障型城市评价指标体系。

基于影响维度的评价指标体系从致灾因子、承受能力、防控管理、后果状态四个方面，构建安全保障型城市评价指标体系。其中致灾因子包括自然环境、生产环境、生态卫生环境、社会经济环境等二级指标；承受能力包括人口脆弱性、结构脆弱性、经济脆弱性等二级指标；防控管理包括预防保障、安全管理、应急处置、安全投入等二级指标；后果状态包括人口、财产、城市运行等二级指标。下面分别对致灾因子、承受能力、防控管理、后果状态四个方面的具体指标进行分析。

8.2.1　致灾因子

致灾因子是由孕灾环境产生的各种异动因子，其是由各种自然异动（暴雨、雷电、台风、地震等）、人为异动（操作管理失误、人为破坏等）、技术异动（机械故障、技术失误等）、政治经济异动（能源危机、金融危机等）等产生的。

根据致灾因子的孕育环境种类不同可以划分为自然环境、生产环境、生态卫生环境、社会经济环境。

自然环境方面首先考虑对城市整体影响显著且不同城市之间具有普遍性的指标，其中大气圈、水圈指标包括极端气温天数、台风（风暴潮）、洪涝、干旱、沙尘暴（风灾），以及短时降水量六项指标，地质灾害包括地震、滑坡泥石流等灾害。极端气温发生频率相对较高，采用前一年发生天数来描述，而其他灾害发生频率相对较低，采用风险等级进行描述。

生产环境方面，主要考虑生产过程中危险性较大的第二产业及重大危险源，第二产业比重一定程度上反映了城市产业结构的危险性，而重大危险源自身危险性较高，一旦发生事故很容易造成巨大伤亡甚至对整个城市造成影响，采用特重大事故起数描述，还有高危行业企业数占全部企业数的百分比、单位面积重大危险源数量、特种设备数量等造成城市事故的指标。另外，我国城市道路交通事故死亡率相对较大，其占整个安全生产事故的较大比例，因此选择“万人汽车保留量”指标。

生态卫生环境对城市公共卫生与居民健康影响显著，从居民日常接触的空气、水、固体废物、有害生物等角度分别选择了空气污染指数优良率、城镇生活污水处理率、工业废气排放达标率、城市生活垃圾无害化处理率、病媒生物控制水平等相关指标，另外食品和药品安全直接关系人的健康，也是我国目前公共安全方面的重要领域，选择食品、药品质量抽检合格率作为评价指标。

社会环境对社会稳定、居民安居乐业影响显著，是导致社会安全事件发生的根本原因。从就业、居民收入与支出两个角度选择相关指标，就业方面用城镇登记失业率指标来描述，居民收入方面从 GDP 增长率与 CPI 增长率差值、城乡居民收入差距比值、恩格尔系数、基尼系数四个方面选择指标。具体指标如表 8.1 所示。

表 8.1　致灾因子具体指标

一级指标	二级指标	三级指标	备注
致灾因子	自然环境	极端气温天数	气象部门
		短时降水量	气象部门
		台风（风暴潮）风险等级	气象部门
		洪涝灾害风险等级	水利部门
		城市干旱风险等级	气象部门
		城市沙尘暴（风灾）风险等级	气象部门
		地震风险等级	地震部门
		滑坡泥石流风险等级	国土部门
	生产环境	第二产业比重	2015 中国统计年鉴
		重特大事故起数	安全监管部门
		高危行业企业数占全部企业数的百分比	安全监管部门
		单位面积重大危险源数量	安全监管部门
		特种设备数量	安全监管部门
		万人汽车保有量	2015 中国统计年鉴
	生态卫生环境	空气污染指数优良率	环保部门
		城镇生活污水处理率	计算方法①
		工业废气排放达标率	环保部门
		食品、药品质量抽检合格率	食品药品部门
		城市生活垃圾无害化处理率	市政市容部门
		鼠、蚊、蝇、蟑螂等病媒生物控制水平	市政市容部门
	社会经济环境	城镇登记失业率	2015 中国统计年鉴
		GDP 增长率与 CPI 增长率差值	2015 中国统计年鉴
致灾因子	社会经济环境	恩格尔系数	2015 中国统计年鉴
		城乡居民收入差距比值	2015 中国统计年鉴
		基尼系数	2015 中国统计年鉴

①生活饮用水水质达标率：《生活饮用水卫生标准》（GB5749—2006）。

8.2.2　承受能力

根据承受体的种类不同，可以分为人口、结构、经济三个方面。

人口脆弱性方面，人口密度、人员年龄结构等能够反映自然灾害、公共卫生对城市人口的影响，即单位面积人口越多，老年人、儿童、孕产妇等脆弱人口比例越大，一旦发生自然灾害，公共卫生事件造成的人员伤亡越大，而第二产业就业人口比重主要反映事故灾难对人员伤亡的影响。另外出入城市人口密度、第二产业就业人口比重也反映了城市人口脆弱程度。

结构脆弱性分为三个大的方面：建筑物、生命线（水、电、气、热等狭义的生命线）、道路交通。建筑物脆弱性主要反映在建筑物的密度；而生命线的脆弱性方面，单位面积地下管线总长度反映灾害发生后地下管线受到影响的数量；道路交通方面三级以上公路的抗灾能力较强，而桥梁属于道路交通中的薄弱环节，因此可以采用三级以下公路占公路总长度的比率、危桥数量来反映道路交通的脆弱性。区域疏散脆弱性反映了区域路网结构的合理性。

经济脆弱性反映城市受到公共安全事件影响后的经济损失情况，包括直接经济损失和间接经济损失，单位面积 GDP 反映了城市的财产密度，而灾害对第一、二、三产业的影响程度不同，第一、二产业所占的比重反映了城市经济受灾害影响的程度。具体指标如表 8.2 所示。

表 8.2　承受能力具体指标

一级指标	二级指标	三级指标	数据来源
承受能力	人口脆弱性	人口密度	人口总数/城市面积
		人口年龄结构[①]	2015 中国统计年鉴
		出入城市人口密度	2015 中国城市统计年鉴
		第二产业就业人口比重	2015 中国统计年鉴
	结构脆弱性	建筑物密度	国家统计数据库
		单位面积地下管线总长度	国家统计数据库
		三级以下公路占公路总长度的比率	国家统计数据库
		危桥数量	城市道路交通管理部门
		区域疏散脆弱性	应急管理部门
	经济脆弱性	单位面积 GDP	城市 GDP/城市面积
		第一、二产业指数[②]	2015 中国统计年鉴

①人口年龄结构=（0～5 岁儿童数量+65 岁以上老人数量）/人口总数。

②第一、二产业指数：由于第一产业最易受到灾害影响，第二产业次之，第三产业受灾害影响较弱，第一、二产业指数=（2×第一产业比重+第二产业比重）。

8.2.3　防控管理

防控管理通过常态预防、临灾预警等手段减少灾害损失，包括常态和应急情况下对承受各类灾害和扰动的人、物或系统的管理控制、预防措施、事故处理等内容。公共安全体系三角形模型中人、物或系统应急管理主要关注突发事件前后的应急对应措施，较少研究常态下城市中人、物或系统的安全管理和控制。

从防控管理的角度不同可以分为预防保障、安全管理、应急处置、安全投入四个方面，其中安全投入从资金保障选择指标，而预防保障、安全管理、应急处置分别从突发事件应对的不同阶段选择指标。

预防保障是避免或减少灾害发生的重要手段，从自然灾害、事故灾难、公共卫生、社会安全四个方面的预防保障措施入手选择指标，自然灾害方面针对干旱、防洪抗涝、台风等灾害选择预防控制指标，分别为工程性抗旱工程、防洪抗涝工程、台风抵御工程、风雹（雪灾、沙尘暴）抗击工程、泥石流滑坡防治工程五项指标；事故灾难方面主要针对重大危险源和生命线两个重要方面提取指标，即重大危险源监控率和生命线巡检频率；建筑物抗震方面选择建筑物抗震设防等级指标，公共卫生方面用医疗保险覆盖率反映常规疾病的预防与控制能力，突发公共卫生事件报告及时率反映紧急情况下城市对疾病的防范能力；养老保险覆盖率反映老年人医疗条件，而失业保障覆盖率、居民最低生活保障率反映城市降低社会安全的能力；职业卫生方面涉及指标为工作场所职业危害因素监测率；社会安全方面涉及指标较多，刑事案件破案率和城区公共区域监控覆盖率反映城市应对社会安全事件的能力，信访处理率反映了信访工作能力。

安全管理从人员配备、法治建设、宣传教育等角度选择指标，工矿商贸企业安全专职人员占总从业人员比率反映人员配备情况；出台、修订公共安全法律法规、规章制度数量反映城市安全方面的法制建设情况，而宣传教育包括应急演练、教育培训、公共安全宣传三个方面指标。另外职业危害申报率和接触职业危害作业人员职业健康体检率也作为安全管理相关指标。

应急处置从两个角度选择指标：一是城市应急处置的人员、物资的配备情况；二是应急处置的效率。人员方面包括医护、消防、警察三个方面，物资包括消防装备和避难场所的情况，而处置效率采用 119、110、120（999）达到现场的时间来描述。

安全投入是城市公共安全的重要资金保障，城市安全投入包括企业投入和政府投入，由于企业安全投入缺少统计数据，这里选择公共安全、社会保障、医疗、教育四个方面的财政投入作为评估指标。

具体指标如表 8.3 所示。

表 8.3　防控管理具体指标

一级指标	二级指标	三级指标
防控管理	预防保障	工程性抗旱工程
		防洪抗涝工程
		台风抵御工程

续表

一级指标	二级指标	三级指标
防控管理	预防保障	风雹（雪灾、沙尘暴）抗击工程
		建筑物抗震设防等级
		泥石流滑坡防治工程
		重大危险源监控率
		生命线巡检频率①
		突发公共卫生事件报告及时率
		刑事案件破案率
		医疗保险覆盖率
		失业保障覆盖率
		养老保险覆盖率
		居民最低生活保障率
	预防保障	信访处理率
		城区公共区域监控覆盖率
		工作场所职业危害因素监测率
	安全管理	公共安全应急演练指数
		安全生产教育培训指数
		工矿商贸企业安全专职人员占总从业人员比率
		出台、修订公共安全法律法规、规章制度数量
		公共安全宣传指数
		职业危害申报率
		接触职业危害作业人员职业健康体检率
	应急处置	119 到达现场的平均时间
		110 到达现场的平均时间
		120（999）到达现场的平均时间
		万人卫生技术人员数
		万人消防人员数
		万人人民警察数
		人均避难场所面积
		居民人均消防装备投入量
	安全投入	公共安全财政支出占 GDP 比重
		社会保障财政支出占 GDP 比重
		医疗财政支出占 GDP 比重
		教育财政支出占 GDP 比重

①生命线巡检频率：水、电、气、热、通信等管线巡检频率的平均值。设水、电、气、热、通信的管线长度分别为 a_1,a_2,a_3,a_4,a_5，巡检频率（单位：次/月）分别为 p_1,p_2,p_3,p_4,p_5，则生命线巡检频率= $\sum_{i=1}^{5}a_i p_i \Big/ \sum_{i=1}^{5}a_i$ 。

8.2.4 后果现状

人口方面，从自然灾害、事故灾难、公共卫生事件、社会安全事件四大方面选择相关的人员伤亡指标，自然灾害方面采用受灾人口和死亡人口比重描述，安全生产方面采用亿元 GDP 生产安全事故死亡率和工矿商贸就业人员十万人生产安全事故死亡率进行整体描述，并选择火灾十万人死亡率、道路交通万车死亡率两个重要的专项指标，公共卫生事件方面选择甲乙类法定传染病十万人死亡率来反映突发公共卫生事件造成的后果，而用人口平均预期寿命反映城市整体的公共卫生状况，社会安全事件方面选择刑事案件伤亡情况的指标，即万人刑事案件伤亡人数和万人杀人案件起数。

财产方面主要是直接经济损失即灾害直接经济损失占 GDP 比重和万人因受损、倒塌房屋数量。

对城市运行的影响从两个角度选择指标：一是与城市运行相关的基础设施损失情况，即生命线受损比率、道路（桥梁）受损比率两个指标；二是停工、停课情况，即人均停工时间、人均停课时间。具体指标如表 8.4 所示。

表 8.4　后果现状具体指标

一级指标	二级指标	三级指标
后果现状	人口伤亡	自然灾害受灾人口比重
		自然灾害死亡人口比重
		亿元 GDP 生产安全事故伤亡率
		工矿商贸就业人员十万人生产安全事故死亡率
		火灾十万人口死亡率
		道路交通万车死亡率
		甲乙类法定传染病十万人死亡率
		万人刑事案件伤亡人数
		万人杀人案件起数
		人口平均预期寿命
	财产损失	灾害直接经济损失占 GDP 比重
		万人因受损、倒塌房屋数量
	城市运行	生命线系统受损比率
		道路（桥梁）受损比率
		人均停工时间
		人均停课时间

通过上述分析，基于影响维度对安全保障型城市评价指标体系进行综合研究，最终形成包括 94 项指标的《面向城市管理部门的安全保障型城市评价指标体系》（征求意见稿），用于对城市管理部门的问卷调查，以全面掌握数据的可获得性和城市管理部门对各项指标的认可程度。

8.3　面向城市管理部门的安全保障型城市评价指标体系

根据第 7 章建立的基于领域维度的安全保障型城市评价指标体系和本章建立的基于影响维度的安全保障型城市评价指标体系，以问卷调查等形式，通过征求城市管理部门、社会公众、公共安全专家等不同人员的意见，在对相关意见汇总分析的基础上，删除一些多数人认为不重要、不适合的指标，减少缺少数据的指标，并适当增加一些专家、城市管理部门建议增加的指标，最终形成《面向城市管理部门的安全保障型城市评价指标体系》。

从领域和影响两个维度上进行指标选择，在领域维度上分为自然灾害、事故灾难、公共卫生和社会安全，在影响维度上分为致灾因子、承受能力、防控管理和后果现状，即图 8.4 所示的面向城市管理部门的安全保障型城市评价指标选择的维度，选择各个交叉空间的典型指标，并进行分解、合并等处理。

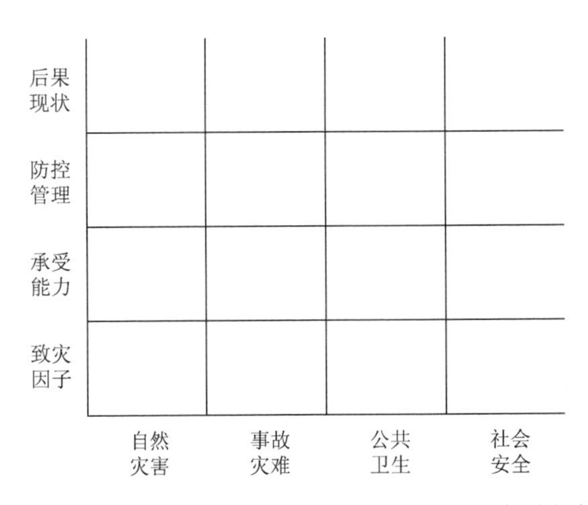

图 8.4　面向城市管理部门的安全保障型城市评价指标选择的维度

1. 征求城市管理部门意见

2012 年 12 月，建立的《面向城市管理部门的安全保障型城市评价指标体系》分别征求了 10 个示范城市的意见，相关示范城市管理部门分别印发了《安全保障型城市评价指标体系征求意见和数据填报的通知》。在 10 个示范城市中安全保障型城市评价指标体系征求了各城市气象、国土、人防、地震、民政、建设、安监、水利、消防、卫生、环保、公安等 20 多个部门，对安全保障型城市评价指标体系中每项指标的重要性进行调查，并让示范城市的相关部门填报了安全保障型城市评价指标体系各项指标 2009 年、2010 年、2011 年三年的相关数据。

对 10 个示范城市的各项指标的意见进行了统计分析，其中有的城市认为非常重要的指标有 11 项，如极端气温天数、短时降水量、洪涝灾害风险等级、地震风险等指标；有的城市认为重要的指标达到 73 项，也有城市认为非常重要和重要的指标占到了所有指标的 89%。

2. 安全保障型城市评价指标的增加和删除

基于领域维度和影响维度的安全保障型城市评价指标体系，根据城市管理部门、专家等意见以及数据可获得性进行具体指标增减。

（1）根据专家、城市管理部门意见进行指标删减和增加。一些专家认为万人汽车保有量，GDP 增长率与 CPI 增长率差值，第二产业就业人口比重，第一、二产业指数，出入城市人口密度，人口平均预期寿命六项指标不能用来反映城市公共安全保障情况，删除该六项指标。

（2）尽管在指标选择过程中，考虑了指标数据的可获得性，包括建筑物抗震设防等级、人均停工时间、人均停课时间等指标，但长治市、吉林市、重庆市等城市建设部门和教育部门都没有相关数据，考虑删除这些指标。

（3）缺少明确计算方法或数据统计相对复杂。鼠、蚊、蝇、蟑螂等病媒生物控制水平难以定量描述；基尼系数在我国尚未纳入统计；工程性抗旱工程、防洪抗涝工程、台风抵御工程、风雹（雪灾、沙尘暴）抗击工程等指标也难以找到普遍认可的统计数据来描述；出台、修订公共安全法律法规、规章制度数量尽管有统计数据，但不同年份差别明显，难以代表城市中公共安全法律制度建设方面的水平；工矿商贸企业安全专职人员占总从业人员比率在不同行业之间差别较大，不同城市的行业结构差别大，因此缺少可比性；生命线巡检频率各个城市缺少统计，并且不同种类的地下管线要求差别较大。基于以上考虑删除上述九项指标。

（4）根据数据收集情况发现，部分指标缺乏可比性，考虑删除。我国要求各个城市居民最低生活保障率达到 100%，因此该项指标缺乏可比性；危桥数量方面，由于各个城市桥梁数量差别大，而危桥数量的影响难以评估。

（5）部分指标与其他指标存在较强的相关性，考虑删除或进行指标合并。火灾十万人口死亡率、道路交通万车死亡率两项指标已经在亿元 GDP 生产安全事故死亡率中有所体现，这里不再考虑生产安全事故中的分类型指标；医疗保险覆盖率、失业保险覆盖率、养老保险覆盖率三项指标具有较强的相关性，考虑将三项指标合并，形成“基本社会保险覆盖率”指标。另外还对一些指标考虑删除，此处不再一一列出。

在删除部分指标的同时，根据专家、城市管理部门意见，适当增加评价指标。在自然环境方面，考虑到雪灾对城市交通的影响比较显著，特别是对高速公路和机场的影响显著，增加“雪灾风险等级”指标；在社会经济环境方面，原有指标重点考虑了引发社会安全问题的根本原因，但调研发现尽管社会经济环境中许多经济指标是引发城市社会安全的根本因素，但社会公众、城市管理部门人员认可度较多，虽然是城市社会安全的根本原因但属于间接影响，考虑改为更直接的指标，删除了基尼系数、GDP 增长率与 CPI 增长率的差值，增加万人刑事案件立案数、万人贪污腐败案件数、网络舆情事件数、城市流动人口比例四项指标；在预防保障方面，由于许多防灾工程指标缺少统计数据，增加气象观测站密度，并将泥石流滑坡防治工程改为滑坡泥石流隐患点监控率；在应急处置方面，考虑到应急救援过程中快速达到的重要性，而人均道路面积是影响交通运行的重要指标，增加“人均道路面积”指标；根据数据分析发现，万人医疗卫生机构病床数与万人卫生技术人员数相关性较低，因此，增加“万人医疗卫生机构病床数”指标；灾害直接经济损失占 GDP 比重指标包括了自然灾害、生产安全两大主要内容，尽管两者都是直接经济损失，但由于经济损失的数量差别很大，将两者表述为一个指标会导致生产安全对指标数据的影响极小，因此将该项指标分解成两个指标：自然灾害直接经济损失占 GDP 比重、生产安全事故直接经济损失占 GDP 比重。

经过对基于领域维度和影响维度的安全保障型城市评价指标体系的调研分析，在原有的安全保障型城市评价指标体系基础上进行修改，形成了包括四大方面 14 项二级指标 61 项三级指标的《面向城市管理部门的安全保障型城市评价指标体系》（完整版），如表 8.5 所示。

表 8.5 面向城市管理部门的安全保障型城市评价指标体系（完整版）

一级指标	二级指标	三级指标	备注
致灾因子	自然环境	极端气温天数	
		台风（风暴潮）风险等级	
		洪涝灾害风险等级	
		城市干旱风险等级	
		城市沙尘暴（风灾）风险等级	
		雪灾风险等级	
		地震风险等级	
		滑坡泥石流灾害风险等级	

续表

一级指标	二级指标	三级指标	备注
致灾因子	生产环境	第二产业比重	
		单位面积重大危险源数量	
	生态卫生环境	空气污染指数优良率	
		城镇生活污水处理率	
		城市生活垃圾无害化处理率	
		食品、药品质量抽检合格率	统计口径较多
	社会经济环境	恩格尔系数	
		城乡居民收入差距比值	
		城镇登记失业率	
		城市流动人员比例	
		万人刑事案件立案数	
		万人贪污腐败案件数	重要，少数据
		网络舆情事件数	重要，无数据
承受能力	人口脆弱性	人口密度	
		人口年龄结构	
	结构脆弱性	建筑物密度	
		单位面积地下管线总长度	
		三级及以下公路占公路总长度的比率	
	经济脆弱性	单位面积 GDP	
防控管理	预防保障	气象观测站密度	
		建筑物抗震设防等级	
		滑坡泥石流隐患点监控率	重要，少数据
		重大危险源监控率	
		突发公共卫生事件报告及时率	
		刑事案件破案率	
		基本社会保险覆盖率	
		信访处理率	重要，无数据
		城区公共区域监控覆盖率	重要，无数据
	安全管理	公共安全宣传指数	重要，无数据
		公共安全应急演练指数	重要，无数据
		安全生产教育培训指数	重要，无数据
	应急处置	人均避难场所面积	
		人均道路面积	

续表

一级指标	二级指标	三级指标	备注
防控管理	应急处置	万人消防人员数	
		119 到达现场的平均时间	重要，无数据
		万人卫生技术人员数	
		万人医疗卫生机构病床数	
		120（999）到达现场的平均时间	重要，无数据
		万人人民警察数	
		110 到达现场的平均时间	重要，无数据
	安全投入	公共安全财政支出占 GDP 比重	
		社会保障财政支出占 GDP 比重	
		医疗财政支出占 GDP 比重	
		教育财政支出占 GDP 比重	
后果现状	人口伤亡	自然灾害受灾人口比重	
		亿元 GDP 生产安全事故死亡率	
		甲乙类法定传染病十万人死亡率	
		万人刑事案件死亡人数	
	财产损失	自然灾害直接经济损失占 GDP 比重	
		万人因灾受损、倒塌房屋数量	
		生产安全事故直接经济损失占 GDP 比重	
	城市运行	生命线系统受损比率	重要，无数据
		道路（桥梁）受损比率	重要，无数据

尽管《面向城市管理部门的安全保障型城市评价指标体系》（完整版）已经考虑了各项指标数据的可获得性，但为了体现指标体系的完整性，仍然将 14 项暂时难以获得数据的指标列入指标体系。在对具体典型城市的时间评价中，暂时不考虑这 14 项指标，从而形成了《面向城市管理部门的安全保障型城市评价指标体系》（评价版），如表 8.6 所示。

表 8.6　面向城市管理部门的安全保障型城市评价指标体系（评价版）

一级指标	二级指标	三级指标
（A）致灾因子	（A1）自然环境	（A11）极端气温天数
		（A12）台风（风暴潮）风险等级
		（A13）洪涝灾害风险等级
		（A14）城市干旱风险等级

续表

一级指标	二级指标	三级指标
（A）致灾因子	（A1）自然环境	（A15）城市沙尘暴（风灾）风险等级
		（A16）雪灾风险等级
		（A17）地震风险等级
		（A18）滑坡泥石流灾害风险等级
	（A2）生产环境	（A21）第二产业比重
		（A22）单位面积重大危险源数量
	（A3）生态卫生环境	（A31）空气污染指数优良率
		（A32）城镇生活污水处理率
		（A33）城市生活垃圾无害化处理率
	（A4）社会经济环境	（A41）恩格尔系数
		（A42）城乡居民收入差距比值
		（A43）城镇登记失业率
		（A44）城市流动人员比例
		（A45）万人刑事案件立案数
（B）承受能力	（B1）人口脆弱性	（B11）人口密度
		（B12）人口年龄结构
	（B2）结构脆弱性	（B21）建筑物密度
		（B22）单位面积地下管线总长度
		（B23）三级及以下公路占公路总长度的比率
	（B3）经济脆弱性	（B31）单位面积 GDP
（C）防控管理	（C1）预防保障	（C11）气象观测站密度
		（C12）建筑物抗震设防等级
		（C13）重大危险源监控率
		（C14）突发公共卫生事件报告及时率
		（C15）刑事案件破案率
		（C16）基本社会保险覆盖率
	（C3）应急处置	（C31）人均避难场所面积
		（C32）人均道路面积
		（C33）万人消防人员数
		（C34）万人卫生技术人员数
		（C35）万人医疗卫生机构病床数
		（C36）万人人民警察数

续表

一级指标	二级指标	三级指标
（C）防控管理	（C4）安全投入	（C41）公共安全财政支出占 GDP 比重
		（C42）社会保障财政支出占 GDP 比重
		（C43）医疗财政支出占 GDP 比重
		（C44）教育财政支出占 GDP 比重
（D）后果现状	（D1）人口伤亡	（D11）自然灾害受灾人口比重
		（D12）亿元 GDP 生产安全事故死亡率
		（D13）甲乙类法定传染病十万人死亡率
		（D14）万人刑事案件死亡人数
	（D2）财产损失	（D21）自然灾害直接经济损失占 GDP 比重
		（D22）万人因灾受损、倒塌房屋数量
		（D23）生产安全事故直接经济损失占 GDP 比重

8.4　面向城市管理部门的评价指标体系评价方法

8.4.1　各项指标评判标准

分级标准制定的整体原则：绝大多数指标分为四级，其中各项指标达到一级的城市在 30%～40%，而达到二级及二级以上的城市占 60%左右（40%～80%），达到三级的城市占 80%～90%，而达到四级的城市占 10%～20%。在全国范围内绝大多数城市都做得较好方面的指标达到一级的城市可以在 40%左右，我国城市部分指标明显低于国外发达国家水平的，适当降低分级标准，使得该项指标有少数城市能够达到一级。

1. 致灾因子（18 项指标）

A1 自然环境（8 项指标）

A11 极端气温天数

极端气温天数根据低温天数与热浪天数之和来表征。数据来源于各城市气象部门气象监测结果，重庆市、长治市、吉林市上报了相关数据，但缺少其他典型城市数据。

中华人民共和国国家标准《冷空气等级》（GB/T 20484—2006）和中华人民共和国国家标准《高温热浪等级》（GB/T29457—2012）分别对寒潮和热浪做出了定义，通过分析气象部门统计资料，气候适宜居住的城市，寒潮和热浪出现频率很低，但考虑到极端气温只有在非常极端时才对城市安全影响显著，该项指标一级为寒潮和热浪天数每年不多于 24 天；而气候较适宜的城市为二级，即寒潮和热浪天数每年不多于 36 天；三级为不多于 48 天；四级为大于 48 天，评价过程中以城市前一年气象部门统计数据为准，如表 8.7 所示。

表 8.7　寒潮和热浪评判标准

等级	评判标准/天	寒潮和热浪标准
一级	极端气温天数≤24	寒潮：日最低气温≤4℃，24 小时内连续降温≥8℃，或 48 小时内连续降温≥10℃，或 72 小时内连续降温≥12℃； 热浪：热浪指数≥10.5℃或气温高于 35℃
二级	24＜极端气温天数≤36	
三级	36＜极端气温天数≤48	
四级	极端气温天数＞48	

A12 台风（风暴潮）风险等级

台风是热带气旋的一个类别，在气象学上，按世界气象组织定义，热带气旋中心持续风速在 12～13 级（即每秒 32.7～41.4 米）称为台风。风暴潮发生在沿海地区，与台风风险发生区域一致性较强，该项指标综合考虑台风、风暴潮的影响，但具体数据采用《中国自然灾害风险地图集》[3]中台风风险等级进行评价，台风灾害期望直接经济损失小于 10 万元为一级，大于 10 万元而小于 100 万元为二级，大于 100 万元而小于 1000 万元为三级，1000 万元以上为四级。

A13 洪涝灾害风险等级

洪涝灾害的评价采用《中国自然灾害风险地图集》中中国综合水灾相对风险等级数据，相对风险等级为 8 级、9 级、10 级，则该项指标为一级，相对风险等级为 5 级、6 级、7 级，则该项指标为二级，相对风险等级为 3 级、4 级，则该项指标为三级，相对风险等级为 1 级、2 级，则该项指标为四级。

A14 城市干旱风险等级

城市干旱风险等级的评价采用《中国自然灾害风险地图集》中中国综合干旱风险等级数据，相对风险等级为 8 级、9 级、10 级，则该项指标为一级，相对风险等级为 5 级、6 级、7 级，则该项指标为二级，相对风险等级为 3 级、4 级，则该项指标为三级，相对风险等级为 1 级、2 级，则该项指标为四级。

A15 城市沙尘暴（风灾）风险等级

城市沙尘暴（风灾）风险等级综合考虑沙尘暴、风灾的综合影响，其评价采用《中国自然灾害风险地图集》中中国综合沙尘暴灾害风险等级数据，相对风险等级为 8 级、9 级、10 级，则该项指标为一级，相对风险等级为 5 级、6 级、7 级，则该项指标为二级，相对风险等级为 3 级、4 级，则该项指标为三级，相对风险等级为 1 级、2 级，则该项指标为四级。

A16 雪灾风险等级

雪灾对城市的影响主要体现在对交通，特别是高速公路和机场的影响，因此采用《中国自然灾害风险地图集》中中国高速公路与机场雪灾风险等级数据进行评价，风险等级为 8 级、9 级、10 级，则该项指标为一级，风险等级为 5 级、6 级、7 级，则该项指标为二级，风险等级为 3 级、4 级，则该项指标为三级，风险等级为 1 级、2 级，则该项指标为四级。

A17 地震风险等级

地震灾害发生频率低，一旦发生影响极大，因此城市地震灾害的影响采用地震灾害年期望损失进行评价，具体数据来源于《中国自然灾害风险地图集》中地震灾害年期望损失，相对损失小于 300 万元，则该指标为一级，大于 300 万元而小于 1700 万元，则该项指标为二级，大于 1700 万元而小于 4300 万元，则该指标为三级，大于 4300 万元，则该项指标为四级。

A18 滑坡泥石流灾害风险等级

滑坡泥石流灾害评价根据《中国自然灾害风险地图集》中中国综合滑坡与泥石流灾害相对风险等级进行评价，相对风险等级为 8 级、9 级、10 级，则该项指标为一级，相对风险等级为 5 级、6 级、7 级，则该项指标为二级，相对风险等级为 3 级、4 级，则该项指标为三级，相对风险等级为 1 级、2 级，则该项指标为四级。

A2 生产环境（2 项指标）

A21 第二产业比重

2015 年我国第二产业比重为 40.5%，北京第二产业仅占 19.6%，根据《2015 中国城市统计年鉴》[4]中数据，第二产业比重低于全国平均水平的城市为一级，第二产业比重略高于全国平均水平的城市为二级，第二产业比重明显高于全国平均水平的城市为三级，第二产业比重特别大的城市安全性相对较低，则为四级，具体评判标准见表 8.8。

表 8.8　第二产业比重评判标准

等级	评判标准
一级	第二产业比重≤40%
二级	40%＜第二产业比重≤55%
三级	55%＜第二产业比重≤65%
四级	第二产业比重＞65%

A22 单位面积重大危险源数量

依据《危险化学品重大危险源辨识》（GB18218—2009）进行重大危险源辨识，

“重大危险源数量（个）”除以“市辖区面积（平方公里）”得到“单位面积重大危险源数量（个/平方公里）”。

根据北京、上海、天津、长治、重庆、吉林等十多个城市市辖区内重大危险源数据，确定市辖区内单位面积重大危险源数量评判指标等级见表 8.9。

表 8.9　单位面积重大危险源数量评判标准

等级	评判标准/（个/平方公里）
一级	数量＜0.04
二级	0.04＜数量≤0.08
三级	0.08＜数量≤0.12
四级	数量＞0.12

A3 生态卫生环境（3 项指标）

A31 空气污染指数优良率

空气污染是造成疾病的重要环境因素，根据《2015 中国环境统计年鉴》全国 338 个地级及以上城市空气质量平均达标天数比例为 76.7%，73 个城市空气质量达标天数，占 21.6%。江苏省 13 个省辖城市空气质量优良天数占 79%～94%。《2011 全国文明城市测评体系》将空气质量优良天数大于 85%确定为 A 级（最好），大于 80%为 B 级，小于 80%为 C 级（最差等级）。采用空气污染指数优良天数来界定空气污染情况，从城市安全保障角度，可以确定评判标准，如表 8.10 所示。

表 8.10　空气污染指数优良率评判标准

等级	评判标准
一级	优良率≥90%
二级	90%≥优良率＞85%
三级	85%≥优良率＞78%
四级	优良率＞78%

A32 城镇生活污水处理率

城镇生活污水不经过处理会污染环境，滋生病菌，影响城市居民健康。城市生活污水处理率越高越不易导致公共安全问题，根据《2015 中国城市统计年鉴》城市生活污水处理率≥90%的城市约占 20%，约 40%的城市处理率在 80%以上，而全国城市生活污水处理率平均值约 70%，依据统计数据确定分级标准如表 8.11 所示。

表 8.11　城镇生活污水处理率评判标准

等级	评判标准
一级	处理率≥90%
二级	80%≤处理率＜90%
三级	70%≤处理率＜80%
四级	处理率≤70%

A33 城市生活垃圾无害化处理率

对《2015 中国城市统计年鉴》全市城市生活垃圾无害化处理率进行统计，超过 20%的城市生活垃圾无害化处理率达到 100%，约 40%的城市处理率在 90%以上，大部分城市生活垃圾无害化处理率大于 50%，具体标准如表 8.12 所示。

表 8.12　城市生活垃圾无害化处理率评判标准

等级	评判标准
一级	处理率达到 100%
二级	90%≤处理率＜100%
三级	50%≤处理率＜90%
四级	处理率＜50%

A4 社会经济环境（5 项指标）

A41 恩格尔系数

恩格尔系数分为城镇居民家庭恩格尔系数和农村居民家庭恩格尔系数两个，由于该指标体系针对城市进行评价，这里取城镇居民家庭恩格尔系数进行评价。

根据国家统计局公布，2015 年我国城镇居民家庭恩格尔系数已经下降到34.8%。《2011 全国文明城市测评体系》根据对近两年恩格尔系数及其平均值进行统计，将恩格尔系数分为三级：A＜38%，B＜40%，C≥40%（西部：A＜40%，B＜42%，C≥42%）。恩格尔系数对安全的影响是间接的，适当放宽评价标准。安全城市评价与文明城市评价不完全相同，评判标准做了适当调整，评判标准见表 8.13。

表 8.13　恩格尔系数评判标准

等级	评判标准
一级	系数≤40%
二级	42%≥系数＞40%
三级	44%≥系数＞42%
四级	系数＞44%

A42 城乡居民收入差距比值

缩小城乡居民收入差距比值是保持社会稳定，减少不安定因素的重要环节。城乡居民收入差距比值=城镇居民家庭人均可支配收入/农村居民人均存收入。

2010～2014 年城乡居民收入差距比值呈逐年下降趋势，由 2010 年 3.23 下降到 2014 年 2.97，考虑到城市居民收入差距对城市安全的影响是间接的，适当放宽评判标准，明显好于全国平均水平的城市即小于等于 2.5 为一级，略高于全国平均水平即小于等于 3.0 大于 2.5 为二级，明显高于全国平均水平即大于 3.0 而小于等于 3.5 为三级，显著高于全国平均水平即大于 3.5 为四级，评判标准见表 8.14。

表 8.14　城乡居民收入差距比值评判标准

等级	评判标准
一级	系数≤2.5
二级	2.5＜系数≤3.0
三级	3.0＜系数≤3.5
四级	系数＞3.5

A43 城镇登记失业率

失业是造成社会安全事件的重要影响因素，2015 年，全年城镇新增就业 1312 万人，城镇失业人员再就业 567 万人，就业困难人员就业 173 万人，年末城镇登记失业率 4.05%，中国失业率处于较低水平，欧洲发达国家失业率甚至超过 30%，结合世界失业率情况和我国登记失业率现状，确定失业率指标的评判标准如表 8.15 所示。

表 8.15　城镇登记失业率评判标准

等级	评判标准
一级	失业率≤3.0%
二级	3.0%＜失业率≤5.0%
三级	5.0%＜失业率≤10.0%
四级	失业率＞10.0%

A44 城市流动人员比例

城市流动人员的增加会在一定程度上影响城市的安定，导致社会安全问题较多，根据《2011 中国城市建设统计年鉴》得到“市区人口”和“市区暂住人口”两个指标数据，则城市流动人口比例=市区暂住人口/（市区人口+

市区暂住人口）。

城市流动人口情况是由城市产业结构、生产状况等决定的，较难改变，因此，适当放宽该项指标的评判标准，根据 35 个典型城市的数据，确定城市流动人口比例小于等于 20%为一级，比例大于 20%但小于等于 50%为二级，大于 50%但小于等于 80%为三级，大于 80%为四级。

A45 万人刑事案件立案数

部分城市统计年鉴给出了刑事案件起数（个），则万人刑事案件立案数=刑事案件起数（个）/常住人口（万人）。

刑事案件是导致社会不安定的重要因素。根据收集到的典型城市数据，确定该项指标评判标准，万人刑事案件立案数小于等于 10 为一级，大于 10 但小于等于 20 为二级，大于 20 但小于等于 30 为三级，大于 40 则为四级。

2. 承受能力（6 项指标）

B1 人口脆弱性（2 项指标）

B11 人口密度

《2011 中国城市统计年鉴》给出了各个城市的人口密度，该项指标依据该年鉴进行测算。

按城市市辖区人口密度进行计算，全国地级及以上城市市辖区人口密度平均值为 618 人/平方公里，北京、天津、吉林、上海等典型城市的市辖区人口密度分别为 974 人/平方公里、1091 人/平方公里、505 人/平方公里、2606 人/平方公里，确定城市市辖区人口密度的评判标准如表 8.16 所示。

表 8.16　人口密度评判标准

等级	评判标准/（人/平方公里）
一级	人口密度≤2000
二级	4000≥人口密度＞2000
三级	6000≥人口密度＞4000
四级	人口密度＞6000

B12 人口年龄结构

人口年龄结构主要考虑 0～14 岁青少年、65 岁及以上老人等脆弱人群人数占人口总数的比率，人口年龄结构指数=（65 岁以上老人数量+0～14 岁青少年人口）/常住人口。

2014 年全国 0～14 岁人口占 16.5%、65 岁及以上老人占 10.1%，则脆弱人口比率约为 26.6%，而城市一般青少年人口较少，综合考虑全国整体情况和典型城市情况确定评判标准如表 8.17 所示。

表 8.17 人口年龄结构评判标准

等级	评判标准
一级	年龄结构指数≤24%
二级	26%≥年龄结构指数>24%
三级	30%≥年龄结构指数>26%
四级	年龄结构指数≥30%

B2 结构脆弱性（3 项指标）

B21 建筑物密度

建筑物密度反映了地震等灾害发生后城市人员疏散的难度。由于无法获得该项数据，采用市辖区城市建设用地占市区面积的比重来表征该项指标，即建筑物密度=市辖区城市建设用地面积/市辖区面积。

根据《2011 中国城市统计年鉴》中市辖区的城市建设用地占市区面积比重(%)的统计，北京、天津、长治、吉林、重庆市辖区建筑用地面积分别为 11.37%、9.29%、15.87%、4.35%、3.28%，则评判标准如表 8.18 所示。

表 8.18 建筑物密度评判标准

等级	评判标准
一级	密度≤15%
二级	30%≥密度>15%
三级	45%≥密度>30%
四级	密度>45%

B22 单位面积地下管线总长度

地下管线敷设于地下，一般包括城市供水、排水、供气、热力、电力、输油、通信等种类，地下管线是城市运行的重要保障，也被称为城市生命线。在地震、地下病害等作用下，由于地下管线老化、强度不够等，地下管线易于遭到破坏，并造成连锁反应，引发次生衍生灾害，严重情况下可能导致整个城市运行的瘫痪。

$$\text{单位面积地下管线总长度} = \frac{\text{地下管线总长度}}{\text{城市面积}}$$

根据《2011 中国城乡建设统计年鉴》中建成区供水管道、排水管道、供水管道长度、天然气供气管道长度、人工燃气供气管道长度等地下管线数据确定评价标准，如表 8.19 所示。

表 8.19　单位面积地下管线总长度评判标准

等级	评判标准/（千米/公顷）
一级	单位面积长度≤25
二级	45≥单位面积长度＞25
三级	65≥单位面积长度＞45
四级	单位面积长度＞65

B23 三级及以下公路占公路总长度的比率

针对城市整体安全评价，城市内部建设有多种等级的公路，三级及三级以下的低等级公路在地震、洪涝等灾害情况下更容易遭到破坏，因此采用三级及以下公路长度占公路总长度的比例作为公路的敏感性指数，数值越大表示公路敏感性越高，越容易受到损失，其计算方法如下：

$$R_{\text{vul}} = \frac{K_{\text{low}}}{K} \times 100\%$$

式中，K_{low} 和 K 分别代表被评估区域的低等级公路（三级以下）长度和各等级公路的总长度。目前，全国三级以下公路占通车里程的 86%，评判标准见表 8.20。

表 8.20　三级及以下公路占公路总长度的比率评判标准

等级	评判标准
一级	比率≤76%
二级	76%＜比率≤86%
三级	86%＜比率≤96%
四级	比率＞96%

B3 经济脆弱性（1 项指标）

B31 单位面积 GDP

采用市辖区单位面积 GDP，即单位面积 GDP=市辖区生产总值（万元）/市辖区土地面积（平方公里）。

单位面积 GDP（万元/平方公里）过大会导致同等灾害条件下灾害损失增大。根据典型单位面积 GDP 数据确定评判标准，如表 8.21 所示。

表 8.21 单位面积 GDP 评判标准

等级	评判标准/（万元/平方公里）
一级	单位面积 GDP≤20000
二级	35000≥单位面积 GDP＞20000
三级	50000≥单位面积 GDP＞35000
四级	单位面积 GDP＞50000

3. 防控管理（16 项指标）

C1 预防保障（6 项指标）

C11 气象观测站密度

气象观测是实现城市气象灾害监测、预测、预警的重要手段。这里采用气象观测站密度来描述城市气象的监测能力。目前收集到我国各省的气象观测站数量，但没有各个城市的观测站数量，采用各省市的情况来描述该项指标，即气象观测站密度=气象观测站数量（个）/辖区面积（万平方公里）。

根据各省的情况确定评判标准为：大于等于每万平方公里 100 个为一级，小于 100 个而大于等于 50 个为二级，小于 50 个而大于等于 10 个为三级，小于 10 个为四级。

C12 建筑物抗震设防等级

根据《建筑抗震设计规范》（GB 50011—2001）的要求，城市建筑物设防等级必须在六级以上，根据这个标准对建筑物抗震等级进行分级。根据城市全市建筑物高抗震等级的建筑物进行评判，我国规定全国平均建筑物抗震等级为 7 级，北京地区建筑物抗震设防的标准为 7.2 级，由于目前城市对建筑物抗震等级缺乏统计，采用国家标准中对各个城市的要求进行评价，建筑物抗震设防等级大于等于 7 则为一级，大于等于 6 小于 7 则为二级，大于等于 5 小于 6 为三级，其他为四级，见表 8.22。

表 8.22 建筑物抗震防设等级评判标准

等级	评判标准
一级	抗震等级≥7
二级	6≤抗震等级＜7
三级	5≤抗震等级＜6
四级	抗震等级＜5

C13 重大危险源监控率

重大危险源监控是减少其发生事故可能性及造成后果的重要手段，根据国家

《安全生产“十二五”规划》要求，重大危险源监控率需达到 100%，因此该项指标分级见表 8.23。

表 8.23　重大危险源监控率评判标准

等级	评判标准
一级	监控率达到 100%
二级	95%≤监控率＜100%
三级	90%≤监控率＜95%
四级	监控率＜90%

C14 突发公共卫生事件报告及时率

根据《国家基本公共服务体系“十二五”规划》要求，传染病等突发公共卫生事件报告率和报告及时率达到 100%，因此，该项指标分级如表 8.24 所示。

表 8.24　突发公共卫生事件报告及时率评判标准

等级	评判标准
一级	及时率达到 100%
二级	95%≤及时率＜100%
三级	90%≤及时率＜95%
四级	及时率＜90%

C15 刑事案件破案率

部分城市给出刑事案件破案率则按照给出的破案率计算，部分城市未给出刑事案件破案率的则按照“刑事案件破案率=刑事案件立案数/刑事案件破案数”进行计算。

根据国家统计局的统计数据，2008 年、2009 年、2010 年全国刑事案件破案率分别为 49.14%、43.86%、39.03%，则三年的平均破案率为 44.01%，则按照破案率大于全国平均水平的 110%为一级，大于全国平均水平为二级，小于全国平均水平而高于 30%为三级，其他为四级，可以得到评判标准如表 8.25 所示。

表 8.25　刑事案件破案率评判标准

等级	评判标准
一级	破案率≥48.41%
二级	44.01%≤破案率＜48.41%
三级	30%≤破案率＜44.01%
四级	破案率＜30%

C16 基本社会保险覆盖率

基本社会保险包括医疗保险、失业保险、养老保险三个方面，因此基本社会保险覆盖率需要综合考虑这三个方面保险覆盖率，医疗保险覆盖率=（城镇居民基本医保参保人数+城镇职工基本医保参保人数）/城镇人口数，失业保险覆盖率=失业保险参保人数/（年末单位从业人口数+城镇私营和个体从业人员），养老保险覆盖率=养老保险在职职工参保人数/（年末单位从业人口数+城镇私营和个体从业人员），取三者平均值作为基本社会保险覆盖率。根据对 35 个典型城市的数据确定评价标准，如表 8.26 所示。

表 8.26　基本社会保险覆盖率评判标准

等级	评判标准/（辆/十万人）
一级	覆盖率≥80%
二级	60%≤覆盖率＜80%
三级	30%≤覆盖率＜60%
四级	覆盖率＜30%

C3 应急处置（5 项指标）

C31 人均避难场所面积

由于人均避难场所面积数据难以获得，而现有的避难场所多由公园绿地改建而成，因此暂时采用人均公园绿地面积来表征人均避难场所面积。

根据《北京中心城地震及应急避难场所（室外）规划纲要》要求，紧急避难场所人均面积标准为 1.5～2.0 平方米，长期固定避难场所人均用地（综合）面积标准为 2.0～3.0 平方米；考虑到四个老城区的实际用地情况，紧急避难场所人均面积可以略低些，但最低不应少于 1.0 平方米，而昆明市人均避难场所面积 2 平方米，西安市人均避难场所面积 2.5 平方米，沈阳市人均避难场所面积 1.5 平方米，而 2009 年人均公园绿地面积 10.66 平方米，暂时根据人均公园绿地面积确定评判标准，如表 8.27 所示。

表 8.27　人均避难场所面积评判标准

等级	评判标准/（平方米/人）
一级	人均面积≥12
二级	10≤人均面积＜12
三级	8≤人均面积＜10
四级	人均面积＜8

C32 人均道路面积

道路是保障疏散的重要条件，人均道路面积较少情况下，影响疏散的效率，易造成人员伤亡等。根据《2015 中国城乡建设统计年鉴》中各个城市数据情况，确定人均道路面积的评判标准，如表 8.28 所示。

表 8.28　人均道路面积评判标准

等级	评判标准/（平方米/人）
一级	人均面积≥13
二级	8≤人均面积＜13
三级	3≤人均面积＜8
四级	人均面积＜3

C33 万人消防人员数

万人消防人员数反映城市火灾等多种突发事件的救援能力。消防装备主要包括消火栓、消防车辆、灭火剂储量、防护装备、抢险救援器材、灭火器材等，其中最有代表性的是消防车辆，《2011 中国消防年鉴》只给出了各省市消防车数量，缺少消防人员数据，按照全国消防车辆总数 2.11 万辆和消防人员 32.1 万人，可以估算各省的消防人员数量，即各省消防人员数=各省消防车辆数×32.1/2.11，除以各省相应的常住人口，可以得到各省万人消防人员数据，全国各省市基本在 1.6～3.1，据此以居民人均消防车辆数量（辆/十万人）作为评判依据，可以确定评判标准，见表 8.29。

表 8.29　万人消防人员数评判标准

等级	评判标准/（辆/十万人）
一级	人员数≥3.0
二级	2.0≤人员数＜3.0
三级	1.0≤人员数＜2.0
四级	人员数＜1.0

C34 万人卫生技术人员数

万人卫生技术人员数反映城市医疗能力，万人卫生技术人员数=卫生技术人员总数/常住人口。

根据国家统计局数据，2012 年、2013 年、2014 年全国每万人拥有卫生技术人员数分别为 49.4 人、52.7 人、55.6 人，上海、长治、重庆等典型城市每万人拥有医护人员数分别为 59.24 人、75.62 人、36.09 人，根据数据情况确定指标评判标准，见表 8.30。

表 8.30　万人卫生技术人员数评判标准

等级	评判标准/人
一级	数量≥50
二级	40≤数量<50
三级	30≤数量<40
四级	数量<30

C35 万人医疗卫生机构病床数

万人医疗卫生机构病床数反映城市医疗能力，万人医疗卫生机构病床数=医疗卫生机构病床数/常住人口。

根据国家统计局数据，2014 年、2015 年每万人口医疗卫生机构病床数分别为 48.3 张、51.1 张，并综合考虑 35 个典型城市的数据情况，确定指标评判标准，见表 8.31。

表 8.31　万人医疗卫生机构病床数评判标准

等级	评判标准/张
一级	数量≥50
二级	40≤数量<50
三级	30≤数量<40
四级	数量<30

C36 万人人民警察数

根据 2009 年中国新闻网发布的新闻，中国现有警察 160 万名，则全国每万人有 12 名警察。则按照警察数量大于全国平均值的 120%为一级，达到全国平均值为二级，小于全国平均值但大于平均值的 80%为三级，小于平均值的 80%为四级，得到评判标准，见表 8.32。

表 8.32　万人人民警察数评判标准

等级	评判标准/人
一级	万人公安警员数≥15
二级	12≤万人公安警员数<15
三级	10≤万人公安警员数<12
四级	万人公安警员数<10 人

C4 安全投入（4 项指标）

C41 公共安全财政支出占 GDP 比重

公共安全投入是城市公共安全的重要资金保障，多数城市统计年鉴给出了公共安全财政支出，则公共安全财政支出占 GDP 比重=公共安全财政支出/地区 GDP。

根据各城市年鉴，上海、长治、重庆的公共安全财政支出占 GDP 的比重分别为 1.20%、1.69%、1.13%，可以初步确定公共安全投入占 GDP 的比重评判标准，如表 8.33 所示。

表 8.33　公共安全财政支出占 GDP 评判标准

等级	评判标准
一级	比重≥1.3%
二级	1.0%≤比重<1.3%
三级	0.7%≤比重<1.0%
四级	比重<0.7%

C42 社会保障财政支出占 GDP 比重

社会保障财政支出是城市居民社会的重要资金保障，根据典型城市年鉴，长治、上海、重庆的社会保障支出占 GDP 比重分别为 1.52%、2.17%、3.38%，可以初步确定社会保障财政支出占 GDP 的比重评判标准，如表 8.34 所示。

表 8.34　社会保障财政支出占 GDP 比重评判标准

等级	评判标准
一级	比重≥2.3%
二级	1.6%≤比重<2.3%
三级	0.7%≤比重<1.6%
四级	比重<0.7%

C43 医疗财政支出占 GDP 比重

医疗财政支出是城市医疗水平提升的重要资金保障，2015 年全国医疗财政支出 11916 亿元，占 GDP 比重为 1.73%，可以初步确定医疗财政支出占 GDP 的比重评判标准，如表 8.35 所示。

表 8.35　医疗财政支出占 GDP 比重评判标准

等级	评判标准
一级	比重≥1.8%
二级	1.2%≤比重<1.8%
三级	1.0%≤比重<1.2%
四级	比重<1.0%

C44 教育财政支出占 GDP 比重

教育支出是城市居民整体素质提升的重要资金保障，2015 年全国教育财政支出 25854 亿元，占 GDP 比重为 3.75%，可以初步确定教育财政支出占 GDP 的比重评判标准，见表 8.36。

表 8.36　教育财政支出占 GDP 比重评判标准

等级	评判标准
一级	比重≥3.3%
二级	2.0%≤比重<3.3%
三级	1.0%≤比重<2.0%
四级	比重<1.0%

4. 后果现状（7 项指标）

D1 人口伤亡（4 项指标）

D11 自然灾害受灾人口比重

近十年我国受灾人口都在 3.3 亿～5.0 亿人，2010 年全国受灾人口 42610.2 人次，受灾人口比重为 31.78%。2010 年北京市受灾 11.5 万人次，受灾人口比重 0.586%，天津市受灾 0.6 万人次，受灾人口比重 0.046%，重庆市受灾 1182.7 万人次，受灾人口比重 40.99%，根据典型城市数据确定评判标准如表 8.37 所示。

表 8.37　自然灾害受灾人口比重评判标准

等级	评判标准
一级	比重<5%
二级	25%>比重≥5%
三级	45%>比重≥25%
四级	比重≥45%

D12 亿元 GDP 生产安全事故死亡率

2013 年我国亿元 GDP 生产安全事故死亡率为 0.124，2014 年下降到 0.107，根据《安全生产“十二五”规划》要求，2015 年该项指标需低于 0.149。北京、上海等城市该项指标均小于 0.1，依据以上情况将该项指标分为四个等级：小于 0.10 即达到国内先进水平为一级；0.15＞死亡率≥0.10 即好于全国平均水平，基本达到 2015 年全国预期水平为二级；低于 2015 年全国预期水平但好于全国 2010 年水平（0.20＞死亡率≥0.15）为三级；低于全国 2010 年平均水平（≥0.20）为四级。亿元 GDP 生产安全事故评判标准见表 8.38。

表 8.38　亿元 GDP 生产安全事故评判标准

等级	评判标准
一级	比重＜0.10
二级	0.10≤比重＜0.15
三级	0.15≤比重＜0.20
四级	比重＞0.20

D13 甲乙类法定传染病十万人死亡率

综合考虑全国平均水平和典型城市情况确定评判标准，2015 年全国甲乙类法定传染病十万人死亡率为 1.2，而上海市 2000 年、2010 年、2011 年甲乙类传染病十万人死亡率分别为 1.36、0.92、0.84。甲乙类法定传染病十万人死亡率评判标准见表 8.39。

表 8.39　甲乙类法定传染病十万人死亡率评判标准

等级	评判标准
一级	死亡率≤0.40
二级	1.20≥死亡率＞0.40
三级	2.00≥死亡率＞1.20
四级	死亡率＞2.00

D14 万人刑事案件死亡人数

查询各种统计年鉴，各个城市都没有对万人刑事案件死亡人数进行统计。统计年鉴中公安机关立案的刑事案件中杀人案件数量与人口总数之比，可以在一定程度上反映刑事案件的伤亡情况。万人刑事案件伤亡率=10000×杀人案件数量/人口总数，2010 年全国万人刑事案件伤亡率为 0.1，小于等于全国平均值的 80%

为一级，小于全国平均值为二级，小于等于全国平均值的 120%为三级，大于全国平均值的 120%为四级，如表 8.40 所示。

表 8.40　万人刑事案件死亡率评判标准

等级	评判标准
一级	万人刑事案件伤亡率≤0.08
二级	0.10≥万人刑事案件伤亡率＞0.08
三级	0.12≥万人刑事案件伤亡率＞0.10
四级	万人刑事案件伤亡率＞0.12

D2 财产损失（3 项指标）

D21 自然灾害直接经济损失占 GDP 比重

2015 年全国灾害直接经济损失 2704.1 亿元，占 GDP 的比例为 0.39%，《国家综合防灾减灾“十二五”规划》目标为年均因灾直接经济损失占 GDP 的比例控制在 1.5%以内。据瑞士再保险公司统计，1985～2005 年比重约为 0.19%，1995 年和 2005 年几乎达到 0.5%，2008 年和 2010 年分别超过 0.4%和 0.3%，据此得到该项指标的评判标准如表 8.41 所示。

表 8.41　自然灾害直接经济损失占 GDP 比重评判标准

等级	评判标准
一级	比重≤0.50%
二级	1.50%≥比重＞0.50%
三级	5.00%≥比重＞1.50%
四级	比重＞5.00%

D22 万人因灾倒塌、损坏房屋数量

现有的防灾减灾方面的年鉴给出了各省因灾倒塌、损坏房屋数量，但未找到各省的房屋总数以及各个城市的因灾倒塌、损坏房屋数量，因此该项指标采用各省的万人因灾倒塌、损坏房屋数量来估算相应城市的情况。

2011 年因自然灾害导致的受损、倒塌房屋，北京为 0.1 万间，天津为 0 万间，上海为 0 万间，重庆为 23.8 万间，则万人因灾倒塌、损坏房屋分别为 0.51 间、0 间、0 间、82.51 间。根据我国各省的统计数据，确定万人因灾倒塌、损坏房屋数量的评判标准如表 8.42 所示。

表 8.42　万人因灾倒塌、损坏房屋数量评判标准

等级	评判标准/间
一级	数量≤20
二级	20＜数量≤100
三级	100＜数量≤200
四级	数量＞200

D23 生产安全事故直接经济损失占 GDP 比重

2004 年我国安全事故造成的直接经济损失高达 2500 亿元，约占全国 GDP 的 2 个百分点，但由于缺少近年来我国各个城市生产安全事故直接经济损失的数据，用火灾、交通事故的直接经济损失之和来表征，根据对典型城市数据的分析，确定该项指标的评判标准，如表 8.43 所示。

表 8.43　生产安全事故直接经济损失占 GDP 比重评判标准

等级	评判标准
一级	死亡率≤0.007%
二级	0.014%≥死亡率＞0.007%
三级	0.05%≥死亡率＞0.014%
四级	死亡率＞0.05%

8.4.2　安全保障型城市综合评价

按照 8.4.1 节中给出的各项指标评判标准对每个三级指标进行分级，并按照一级、二级、三级、四级分别对应 0.9、0.8、0.6、0.4，折合为具体数值，然后按照 $f = 0.9n_1 + 0.8n_2 + 0.6n_3 + 0.4n_4$ 计算各个城市的总得分，其中 n_1、n_2、n_3、n_4 分别为一级、二级、三级、四级指标的数量。根据总得分进行安全保障型城市等级划分。本书认为，安全保障型城市的等级为 I 级时，可认为该城市为安全保障型城市。

8.5　典型城市评价实证分析与综合评判标准

为了分析安全保障型城市评价指标体系的合理性、科学性，收集和编制了 35

个城市的 47 项指标的 2011 年的相关数据，根据 8.4 节中的评判标准，可以得到评价结果，见表 8.44。

表 8.44　典型城市三级指标评价等级

数据情况	一级	二级	三级	四级	总得分	等级
北京市	29	14	3	1	39.5	I
天津市	28	17	2	0	40.0	I
上海市	24	16	5	2	38.2	II
重庆市	20	15	10	2	36.8	III
河北省唐山市	22	19	5	1	38.4	II
山西省长治市	22	19	6	0	38.6	I
山西省晋中市	20	18	5	4	37.0	III
内蒙古包头市	17	20	8	2	36.9	III
辽宁省沈阳市	25	15	5	2	38.3	II
辽宁省阜新市	20	18	9	0	37.8	II
吉林省吉林市	26	11	7	3	37.6	II
江苏省徐州市	22	19	5	1	38.4	II
江苏省苏州市	27	17	2	1	39.5	I
江苏省丹阳市	23	15	6	3	37.5	II
浙江省宁波市	26	19	2	0	39.8	I
浙江省台州市	27	17	2	1	39.5	I
安徽省合肥市	18	20	9	0	37.6	II
福建省龙岩市	24	17	5	1	38.6	I
山东省青岛市	23	19	5	0	38.9	I
山东省新泰市	24	15	8	0	38.4	II
河南省洛阳市	20	17	10	0	37.6	II
湖北省武汉市	20	18	8	1	37.6	II
湖北省黄石市	19	17	10	1	37.1	III
广东省佛山市	22	17	6	2	37.8	II
广东省东莞市	24	14	6	3	37.6	II
广西壮族自治区北海市	21	15	7	4	36.7	III
海南省海口市	24	13	8	2	37.6	II
四川省攀枝花市	19	14	10	4	35.9	III
贵州省遵义市	18	10	12	7	34.2	IV

续表

数据情况	一级	二级	三级	四级	总得分	等级
贵州省铜仁市	22	13	7	5	36.4	Ⅲ
云南省昭通市	17	12	9	9	33.9	Ⅳ
陕西省宝鸡市	22	14	9	2	37.2	Ⅲ
甘肃省兰州市	19	13	11	4	35.7	Ⅲ
宁夏回族自治区银川市	26	13	8	0	38.6	Ⅰ
新疆维吾尔族自治区和田市	26	11	5	5	37.2	Ⅲ
平均值	22.46	15.74	6.71	2.09	37.67	
最大值	29.00	20.00	12.00	9.00	40.00	
最小值	17.00	10.00	2.00	0.00	33.90	

根据35个典型城市的评价数据，按照26%左右的城市能够达到Ⅰ级，少数（6%左右）城市为Ⅳ级，40%左右的城市为Ⅱ级，28%左右的城市为Ⅲ级可以确定安全保障型城市等级划分标准，见表 8.45。

表 8.45　安全保障型城市等级划分

等级划分	最终得分
Ⅰ	$f \geqslant 38.6$
Ⅱ	$38.6 > f \geqslant 37.4$
Ⅲ	$37.4 > f \geqslant 35.0$
Ⅳ	$f < 35.0$

根据上述标准，达到Ⅰ级的城市有 9 个，包括北京市、天津市、山西省长治市、江苏省苏州市、浙江省宁波市、浙江省台州市、福建省龙岩市、山东省青岛市、宁夏回族自治区银川市。

参 考 文 献

[1] 范维澄，刘奕，翁文国. 公共安全科技的“三角形”框架与“4+1”方法学[J]. 科技导报，2009，27（6）：3.

[2] 史培军. 再论灾害研究的理论与实践[J]. 自然灾害学报，1996，11（4）：6-17.

[3] 史培军. 中国自然灾害风险地图集[M]. 北京：科学出版社，2011.

[4] 中国统计出版署. 2011 中国城市统计年鉴[M]. 北京：中国统计出版社，2012.

第 9 章　面向社会公众的评价指标体系模型

面向社会公众的安全保障型城市评价指标体系是为了让社会公众能够直观、快速地对城市的公共安全状况进行评价，因此要求评价指标数量少，并且能够反映城市公共安全的整体状况。

9.1　评价指标体系指标精简方法

指标体系精简通过常用系统分析、数据分析等方法。系统分析方法通过分析各项指标之间的逻辑关系，将存在逻辑上重复的指标删除；数据分析方法利用各类数据挖掘与建模方法，找到对整体评价影响较小的指标。葛继科等[1]提出应用 Relief F 和 BP 神经网络方法对安全评价指标体系进行精简的方法，删除对安全评价主导指标影响较小的辅助指标；鄂旭等[2]在水产品安全评价研究中，利用可分辨矩阵和正域概念提出了一种精简水产品安全评价指标的方法。

面向社会公众的安全保障型城市评价指标体系是以第 7 章提出的基于领域维度的评价指标体系模型和第 8 章提出的面向城市管理部门的评价指标体系模型为基础，这里充分考虑上述两种模型中提出的评价指标，在这些指标的基础上进行筛选和组合，因此需要首先确定筛选的原则和方法，主要包括以下几个方面。

（1）选择代表整体性状态的指标，并对分项指标进行合并。如事故灾难中死亡人员的衡量，“亿元 GDP 生产安全事故死亡率”是城市各个行业安全生产事故死亡人数的叠加，因此在选择了该项指标后，则不再选择煤矿、非煤矿山、交通等行业方面的事故统计指标；在指标合并方面，110、119、120 所负责的领域不同，分别针对治安、火灾及其他救援、医疗急救三个方面，但具有相同属性，即都是发生安全事件之后的紧急救援，因此根据其具有相同属性的特点进行指标合并，形成“110、119、120 到达现场的平均时间”这一项指标。

（2）逻辑上具有因果、共因或共果等关系，保留代表性指标。在社会安全孕灾环境方面，城镇登记失业率、恩格尔系数、GDP 增长率与 CPI 增长率差值等都从不同角度反映了城市经济与居民消费之间关系，这是城市社会安全的不稳定因素，恩格尔系数是食品支出综合占个人消费支出综合的比重，而 CPI 反映一定时期内居民所消费商品及服务项目的价格水平变动趋势和变动程度，而食品是居民最重要的消费品之一，两者变化会存在相似或相同的原因，因此在考虑 CPI 之后，不再选择恩格尔系数作为评价指标，根据目前的研究，GDP 增长率与 CPI 增长率差值与社会安全的关系更加密切。

（3）选择敏感性较强的指标，影响城市公共卫生的环境指标众多，从人们密切关注的角度进行指标选择，市容环境、生产环境、人文环境等对城市公共卫生都有较大影响，但人们的关注度相对较低，而食品、药品安全是目前公共卫生领域的关注热点，也是最能反映城市公共卫生治理水平的敏感指标，因此选择公共卫生领域中食品、药品质量抽查合格率作为公共卫生灾害孕育环境的代表性指标。

9.2　评价指标体系

在孕灾环境方面，自然灾害、事故灾难、公共卫生、社会安全存在着密切的联系，例如，在自然灾害得不到有效控制的情况下，灾后应急处置不当易导致公共卫生、社会安全事件等，但整体来看自然灾害的孕灾环境是自然环境，主要是自然的异常变化导致的，而事故灾难是由人生产过程管理不当等因素导致的，四个方面的形成原因各不相同，因此在孕灾环境方面分析选择四个领域的典型指标。

在自然灾害方面，自然灾害的种类繁多，进行指标叠加，形成“典型自然灾害风险等级”；在事故灾难方面，根据事故致因理论，能量意外释放论等重大危险源是导致事故，特别是影响城市运行的特大事故发生的最根本原因，因此选择“单位面积重大危险源数量”来描述事故灾难的致灾因子；在公共卫生方面，自然灾害和危险化学品是导致公共卫生事件发生的重要原因，但已分别在典型自然灾害风险等级、重大危险源数量指标中有反映，另外影响公共卫生的重要因素有空气、水、食品等因素，其中空气污染的影响最为显著，通常用“空气污染指数优良率”表征空气质量状况。空气污染指数优良率将烟尘、总悬浮颗粒物、可吸入悬浮颗粒物、二氧化氮、二氧化硫、一氧化碳、挥发性有机化合物等空气污染物浓度的常规检测值简化为单一的概念性指数值形式，并对空气污染程度和质量状况进行分级表征。由于大部分城市自来水供应普及率很高，供水指标的可比性较差，而食品的流动性较强，例如，2008 年“三鹿奶粉三聚氰胺”事件危害到了全国多个城市，代表一个城市的食品、药品指标是“食品、药品质量抽查合格率”；在社会安全方面，经济与社会的协调发展是社会安全的重要支撑，选择“城乡居民收入差距比值”作为社会安全致灾因子指标。

承受能力和防控管理是防灾减灾的两个部分，两者相互交叉、融合，这里将两者进行组合，选择一些反映两个方面的共性指标。在自然环境、生产活动、社会结构等不断变化的情况下，城市公共安全事件的发生总是难以避免的，安全防控保障是在城市公共安全事件发生前、发生后的重要保障，从公共安全资金投入、人力投入、物质投入等方面提出安全防控保障指标，其中资金投入包括“公共安全财政支出占 GDP 比重”“基本社会保障覆盖率”；人员投入包括“万人卫生技术人员、人员警察和消防队员数量”；物质投入选择“人均避难场所面积”指标。而在各方面投入的情况下，应急救援队伍到达现场的时间是反映城市救援水平的最敏感指标，这里将警察、火灾、医疗等救援队伍到达现场时间进行组合计算，形成“110、119、120（999）到达现场的平均时间”指标。

城市公共安全历史灾害后果是城市公共安全状况的最直接反映，灾害后果主要包括人员伤亡、直接经济损失和对城市运行的影响，因此可以从这三个角度选择指标，人员伤亡和直接经济损失分别用“突发事件人口伤亡率”“灾害直接经济损失占 GDP 比重”指标表示，而对城市运行的影响主要选择保障城市运行的重要“生命线系统受损比率”表征，即生命线系统受损影响（供水、排水、电、气、热、通信、交通）。

表 9.1　核心评价指标体系

评价方面	核心评价指标	数据来源
灾害孕育环境	典型自然灾害风险等级	
	单位面积重大危险源数量	统计年鉴
	空气污染指数优良率	统计年鉴
	食品、药品质量抽检合格率	食品监管部门
	城乡居民收入差距比值	统计年鉴
安全防控保障	公共安全财政支出占 GDP 比重	统计年鉴
	万人卫生技术人员、人民警察和消防队员数量	统计年鉴①
	110、119、120（999）到达现场的平均时间	政府部门
	人均避难场所面积	统计年鉴
	基本社会保险覆盖率	统计年鉴
历史灾害影响	突发事件人口伤亡率	统计年鉴
	灾害直接经济损失占 GDP 比重	民政部门
	生命线系统受损比率	防灾部门

① 万人卫生技术人员、人民警察和消防队员数量：当前城市每万人卫生技术人员数和每万人警力配备人员数，与全国对应平均值的百分数。其中，万人卫生技术人员数=10000×卫生技术人员总数量/人口总数；万人人民警察数=10000×人民警察总数/人口总数；万人消防队员数=10000×消防队员总数/人口总数。

9.3　基于问卷调查的核心指标筛选

建立面向公众的安全保障型城市评价指标体系后，设计了“社会公众公共安全感调查问卷”，调查问卷内容如下。

社会公众公共安全感调查问卷

尊敬的市民：

您好!安全保障型城市研究需要进行一项社会公众公共安全感的调查，感谢您能花费宝贵的几分钟填写这份问卷。您填写的一切信息仅用于调查研究，不会对外公开。

一、背景资料

1. 您的性别（男/女），出生于（　　）年；文化程度是（　　）。
   A. 初中及以下；　B. 高中或中专；　C. 大专；　D. 大学本科及以上。
2. 您的职业是（　　）。
   A. 国家机关、党群组织、企业、事业单位负责人；
   B. 专业技术人员；
   C. 办事人员和有关人员；
   D. 商业、服务业人员；
   E. 农、林、牧、渔、水利业生产人员；
   F. 生产、运输设备操作人员及有关人员；
   G. 军人；
   H. 其他。
3. 您的职业是否与安全工作相关（　　）。A. 是；B. 否。

二、您对城市公共安全状况评价指标的看法

我们再次邀请您为反映城市公共安全状况的指标评分，并对您的支持表达由衷的感谢!

问卷一：如果邀请您对以下反映城市公共安全的指标的重要程度评价，请问您的评价是?

评价指标	重要程度
极端气温天数	1. 很重要　2. 重要　3. 一般　4. 不重要　5. 很不重要
典型自然灾害风险等级	1. 很重要　2. 重要　3. 一般　4. 不重要　5. 很不重要
单位面积重大危险源数量	1. 很重要　2. 重要　3. 一般　4. 不重要　5. 很不重要
第二产业比重	1. 很重要　2. 重要　3. 一般　4. 不重要　5. 很不重要

续表

评价指标	重要程度
空气污染指数优良率	1. 很重要 2. 重要 3. 一般 4. 不重要 5. 很不重要
城镇生活污水处理率	1. 很重要 2. 重要 3. 一般 4. 不重要 5. 很不重要
城市生活垃圾无害化处理率	1. 很重要 2. 重要 3. 一般 4. 不重要 5. 很不重要
食品、药品质量抽检合格率	1. 很重要 2. 重要 3. 一般 4. 不重要 5. 很不重要
城乡居民收入差距比值	1. 很重要 2. 重要 3. 一般 4. 不重要 5. 很不重要
城镇登记失业率	1. 很重要 2. 重要 3. 一般 4. 不重要 5. 很不重要
城市流动人员比例	1. 很重要 2. 重要 3. 一般 4. 不重要 5. 很不重要
万人贪污腐败案件数	1. 很重要 2. 重要 3. 一般 4. 不重要 5. 很不重要
网络舆情事件数	1. 很重要 2. 重要 3. 一般 4. 不重要 5. 很不重要
气象观测站密度	1. 很重要 2. 重要 3. 一般 4. 不重要 5. 很不重要
建筑物抗震设防等级	1. 很重要 2. 重要 3. 一般 4. 不重要 5. 很不重要
滑坡泥石流隐患点监控率	1. 很重要 2. 重要 3. 一般 4. 不重要 5. 很不重要
突发公共卫生事件报告及时率	1. 很重要 2. 重要 3. 一般 4. 不重要 5. 很不重要
刑事案件破案率	1. 很重要 2. 重要 3. 一般 4. 不重要 5. 很不重要
基本社会保险覆盖率	1. 很重要 2. 重要 3. 一般 4. 不重要 5. 很不重要
信访处理率	1. 很重要 2. 重要 3. 一般 4. 不重要 5. 很不重要
城区公共区域监控覆盖率	1. 很重要 2. 重要 3. 一般 4. 不重要 5. 很不重要
公共安全宣传、演练、教育培训	1. 很重要 2. 重要 3. 一般 4. 不重要 5. 很不重要
避难场所面积	1. 很重要 2. 重要 3. 一般 4. 不重要 5. 很不重要
万人卫生技术人员数	1. 很重要 2. 重要 3. 一般 4. 不重要 5. 很不重要
万人人民警察数	1. 很重要 2. 重要 3. 一般 4. 不重要 5. 很不重要
万人消防人员数	1. 很重要 2. 重要 3. 一般 4. 不重要 5. 很不重要
120（999）到达现场的平均时间	1. 很重要 2. 重要 3. 一般 4. 不重要 5. 很不重要
110 到达现场的平均时间	1. 很重要 2. 重要 3. 一般 4. 不重要 5. 很不重要
119 到达现场的平均时间	1. 很重要 2. 重要 3. 一般 4. 不重要 5. 很不重要
公共安全财政支出占 GDP 比重	1. 很重要 2. 重要 3. 一般 4. 不重要 5. 很不重要
社会保障财政支出占 GDP 比重	1. 很重要 2. 重要 3. 一般 4. 不重要 5. 很不重要
医疗财政支出占 GDP 比重	1. 很重要 2. 重要 3. 一般 4. 不重要 5. 很不重要
教育财政支出占 GDP 比重	1. 很重要 2. 重要 3. 一般 4. 不重要 5. 很不重要
人口密度	1. 很重要 2. 重要 3. 一般 4. 不重要 5. 很不重要
单位面积 GDP	1. 很重要 2. 重要 3. 一般 4. 不重要 5. 很不重要
突发事件人口伤亡率	1. 很重要 2. 重要 3. 一般 4. 不重要 5. 很不重要
灾害直接经济损失占 GDP 比重	1. 很重要 2. 重要 3. 一般 4. 不重要 5. 很不重要
生命线系统受损（供水、排水、电、气、热、通信、交通）	1. 很重要 2. 重要 3. 一般 4. 不重要 5. 很不重要

请填写您认为能够反映城市公共安全状况的其他指标：

____

____

____

问卷二：您认为哪些指标适合用于反映城市公共安全状况？请在表格中填写：适合填写（√），不适合填写（×）。

被访者姓名：______________　　联系电话：__________________

评价方面	核心评价指标	是否适合
灾害孕育环境	自然灾害风险	
	单位面积重大危险源数量	
	空气污染指数优良率	
	食品、药品质量抽检合格率	
	城乡居民收入差距比值	
安全防控保障	公共安全财政支出占 GDP 比重	
	万人卫生技术人员、人民警察和消防队员数量	
	110、119、120（999）到达现场的平均时间	
	人均避难场所面积	
	基本社会保险覆盖率	
历史灾害影响	突发事件人口伤亡率	
	灾害直接经济损失占 GDP 比重	
	生命线系统受损比率	

2012 年 12 月，在长治市、吉林市、重庆市发放了调查问卷，长治市、吉林市、重庆市分别收回了 45 份、66 份、50 份调查问卷，其中有效问卷数分别为 29 份、55 份、49 份，共计有效问卷 133 份，调查问卷总体有效率达到 82.61%。同时进行拦截访问和电话访问进行调查，拦截访问在北京、上海、天津、重庆、海口、合肥、兰州、沈阳、武汉、银川 10 个城市开展，电话访问在北京、海口、合肥、兰州、上海、沈阳、天津、武汉、银川、重庆、包头、宝鸡、北海、长治、丹阳、东莞、佛山、阜新、和田、黄石、吉林、晋中、龙岩、洛阳、宁波、攀枝花、青岛、苏州、台州、唐山、铜仁、新泰、徐州、昭通、遵义 35 个城市进行。问卷一部分调查总样本量为 815 份，其中 240 份为拦截访问，575 份为电话访问；问卷二部分最终完成有效样本量 507 份，调查方式为拦截访问。

总体来看，社会公众对指标体系的认可度较高，问卷二 13 项指标中有 12 项指标社会公众中有 78%以上的人认为适合用于描述安全保障型城市，其中只有“城乡居民收入差距比值”的社会公众认可度较低。

从不同人员的角度看，与安全无关人员对面向社会公众的安全保障型城市评价指标的认可度较高，与安全无关人员，他们者认为 13 项指标的平均适合率达到 90.91%，而与安全相关人员认为 13 项指标的平均适合率为 85.07%。

无论是与安全相关人员还是与安全无关人员，他们都认为城乡居民收入差距比值适合率都比较低，与安全相关人员只有 55.22%的人认为“适合”，而与安全无关人员有 68.18%的人认为“适合”，因此，删除该项指标而选择社会公众更容易理解和接受的社会安全方面的指标，选择“万人刑事案件立案数”。

另外，考虑到“万人卫生技术人员、人民警察和消防队员数量”与“110、119、120（999）到达现场的平均时间”具有较强的相关性，当卫生技术人员、警察和消防队员增加时急救车到达现场的时间也会缩短，因此，这里选择到达现场的平均时间作为评价指标。

另外，根据对城市管理部门的调研，“食品、药品质量抽检合格率”具有多种表述方式，并且涉及工商、卫生、食品等多个相关部门的抽检，我国尚没有统一的数据统计要求；目前“生命线系统受损比率”指标各个城市没有相关统计数据，考虑到数据的可获得性极差，删除这两项指标，最终形成“面向社会公众的安全保障型城市评价指标体系”，共计 10 项指标，如表 9.2 所示。

表 9.2 面向社会公众的安全保障型城市评价指标体系

评价方面	评价指标
（A）孕育环境	（A1）典型自然灾害风险等级
	（A2）单位面积重大危险源数
	（A3）空气污染指数优良率
	（A4）万人刑事案件立案数
（B）安全防控保障	（B1）基本社会保险覆盖率
	（B2）110、119、120（999）到达现场的平均时间
	（B3）人均避难场所面积
	（B4）公共安全财政支出占 GDP 比重
（C）历史灾害影响	（C1）突发事件人员伤亡率
	（C2）灾害直接经济损失占 GDP 比重

9.4 评 价 方 法

安全保障型城市核心评价指标体系，包括灾害孕育环境、安全防控保障、历史灾害影响三个评价方面，共 10 项具体评价指标，每种具体指标都代表着安全保障型城市评价的某一个综合方面，或是从某一个角度去审视城市的安全性和保障型。

与面向城市管理部门的评价指标体系模型类似，面向社会公众的评价依然需要对各项指标进行分级处理，对 10 项核心评价指标按照其类型进行分级。

A 孕育环境

A1 典型自然灾害风险等级

本书中属于城市典型的自然灾害主要包括旱灾、洪灾、冰雹、海啸、台风、沙尘天气、地震、滑坡、泥石流、森林火灾和草原火灾 11 种，依据在史培军 2011 年编著的《中国自然灾害风险地图集》中对这些灾害的详细分级和综合分析，灾害综合风险等级分为四级，安全保障型城市评价中一级为典型自然灾害致灾因子最低风险 8～10 级；二级为其次低风险 5～7 级，三级为风险较高 3～4 级，四级为风险等级最高的 1～2 级。

A2 单位面积重大危险源数量

参考本书第 8.4.1 节 A22。

A3 空气污染指数优良率

参考本书第 8.4.1 节 A31。

A4 万人刑事案件立案数

参考本书 8.4.1 节 A45。

B 安全防控保障

B1 基本社会保险覆盖率

参考本书 8.4.1 节 C16。

B2 110、119、120（999）到达现场的时间

由于该项指标各个城市缺少统计数据，采用万人卫生技术人员数、市辖区面积、万人汽车保有量等指标进行估算，即 110、119、120（999）到达现场的时间用“（万人卫生技术人员数×市辖区面积）/万人汽车保有量”来表征。根据计算结果，可以确定该项指标的评判标准，如表 9.3 所示。

表 9.3　110、119、120（999）到达现场的时间评判标准

等级	评判标准
一级	指标≥200
二级	100≤指标＜200
三级	10≤指标＜100
四级	指标＜10

B3 人均避难场所面积

参考本书第 8.4.1 节 C31。

B4 公共安全财政支出占 GDP 比重

参考本书第 8.4.1 节 C41。

C 历史灾害影响

C1 突发事件人口伤亡率

全面考虑自然灾害、事故灾难、公共卫生事件、社会安全事件四个方面的受灾、受伤、死亡指标，将所有受灾人口、受伤人数、死亡人数等相加，然后除以城市人口得到突发事件人口伤亡率。则根据收集数据的情况，确定该项指标的评判标准，见表 9.4。

表 9.4　突发事件人口伤亡率评判标准

等级	评判标准
一级	比重≤12%
二级	12%＜比重≤60%
三级	60%＜比重＜100%
四级	比重≥100%

C2 灾害直接经济损失占 GDP 比重

考虑到自然灾害损失在四个类突发事件中占据绝对多数，这里重点考虑自然灾害损失。2010 年全国灾害直接经济损失 5339.9 亿元，占 GDP 的比例为 1.33%，而《国家综合防灾减灾“十二五”规划》目标为年均因灾直接经济损失占 GDP 的比例控制在 1.5%以内，据瑞士再保险公司统计，1985～2005 年比重约为 0.19%，1995 年和 2005 年几乎达到 0.5%，2008 年和 2010 年分别超过 0.4%和 0.3%，据此得到该项指标的评判标准，见表 9.5。

表 9.5　灾害直接经济损失占 GDP 比重评判标准

等级	评判标准
一级	比重＜0.50%
二级	1.00%＞比重≥0.50%
三级	1.50%＞比重≥1.00%
四级	比重≥1.50%

按照上述指标评判标准对每个指标进行分级，并按照一级、二级、三级、四级分别对应 0.9、0.8、0.6、0.4，折合为具体数值，然后按照 $f = 0.9n_1 + 0.8n_2 + 0.6n_3 + 0.4n_4$

计算各个城市的总得分，其中 n_1、n_2、n_3、n_4 分别为一级、二级、三级、四级指标的数量。根据总得分进行安全保障型城市等级划分，本书认为，安全保障型城市的等级为 I 级时，可认为该城市为安全保障型城市。

9.5　典型城市评价实证分析与综合评判标准

1. 实证分析与综合评判标准

为了分析安全保障型城市评价指标体系的合理性、科学性，收集了 35 个城市的 47 项指标的相关数据，根据 9.4 节中的评判标准，可以得到评价结果如表 9.6 所示。

表 9.6　典型城市指标得分与评价结果

评价指标	一级	二级	三级	四级	核心指标得分	面向城市管理部门的指标计算结果	面向公众的指标计算结果
北京市	7	1	2	0	8.3	I	I
天津市	5	4	1	0	8.3	I	I
上海市	6	3	0	1	8.2	II	II
重庆市	2	6	1	1	7.6	III	III
河北省唐山市	3	4	3	0	7.7	II	II
山西省长治市	3	4	3	0	7.7	I	II
山西省晋中市	3	4	1	2	7.3	III	III
内蒙古自治区包头市	1	6	2	1	7.3	III	III
辽宁省沈阳市	5	4	1	0	8.3	II	I
辽宁省阜新市	2	4	4	0	7.4	II	III
吉林省吉林市	4	5	1	0	8.2	II	II
江苏省徐州市	5	5	0	0	8.5	II	I
江苏省苏州市	6	4	0	0	8.6	I	I
江苏省丹阳市	3	5	1	1	7.7	II	II
浙江省宁波市	7	3	0	0	8.7	I	I
浙江省台州市	7	1	2	0	8.3	I	I
安徽省合肥市	3	4	3	0	7.7	II	II
福建省龙岩市	3	7	0	0	8.3	I	I

续表

评价指标	一级	二级	三级	四级	核心指标得分	面向城市管理部门的指标计算结果	面向公众的指标计算结果
山东省青岛市	7	1	2	0	8.3	I	I
山东省新泰市	5	4	1	0	8.3	II	I
河南省洛阳市	3	6	1	0	8.1	II	II
湖北省武汉市	3	5	1	1	7.7	II	II
湖北省黄石市	3	5	1	1	7.7	III	II
广东省佛山市	5	4	1	0	8.3	II	I
广东省东莞市	6	2	2	0	8.2	II	II
广西壮族自治区北海市	6	1	3	0	8.0	III	II
海南省海口市	4	5	1	0	8.2	II	II
四川省攀枝花市	2	7	1	0	8.0	III	II
贵州省遵义市	2	4	2	2	7.0	IV	IV
贵州省铜仁市	4	3	2	1	7.6	III	III
云南省昭通市	2	5	1	2	7.2	IV	IV
陕西省宝鸡市	3	5	2	0	7.9	III	II
甘肃省兰州市	3	5	1	1	7.7	III	II
宁夏回族自治区银川市	6	3	1	0	8.4	I	I
新疆维吾尔族自治区和田市	4	3	1	2	7.4	III	III

根据第 5 章面向城市管理部门的安全保障型城市评价指标体系评价结果以及对安全保障型城市占所有城市百分比的要求，可以确定分级标准，如表 9.7 所示。

表 9.7　安全保障型城市等级划分

等级	分级标准
I	比重≥8.3
II	8.3＞比重≥7.7
III	7.7＞比重≥7.3
IV	比重＜7.3

根据上述面向社会公众的安全保障型城市等级划分标准，可以初步确定达到 I 级的城市 12 个，除在面向城市管理部门的评价中为 I 级的 8 个城市外，辽宁省沈阳市、江苏省徐州市、山东省新泰市、广东省佛山市四个城市也达到了 I 级。

2. 评价结果对比分析

面向城市管理部门和面向社会公众的安全保障型城市评价结果，在 35 个城市中有 11 个城市存在差别，存在差别的城市占到 31.4%，但整体来看，评价结果的差别都没有跨越等级，即最大差距是一个等级，特别是 11 个城市中有五个城市都处于两个基本的临界值上，这种差距是可以接受的。

尽管两种评价指标体系得到的评价结果存在一定差距，通过分析面向城市管理部门和面向社会公众的安全保障型城市评价指标、评价方法、评价结果，可以发现，一方面评价结果对各项指标数据敏感度较强，而由于收集数据存在困难，部分指标数据为估计值或用其他相关方面的数值代替，显然这种方法会在一定程度上影响评价的准确性，导致评价结果存在差异；另一方面面向社会公众的安全保障型城市评价指标体系在面向城市管理部门的评价指标体系的基础上进行了指标合并、凝练，两者存在一定差距是必然的。

参 考 文 献

[1] 葛继科，李太福，苏盈盈，等. 基于 Relief F 和 BP 神经网络的安全评价指标体系精简化建模[J]. 中国安全科学学报，2013，23（10）：15.

[2] 鄂旭，杨健，李建革，等. 精简水产品安全评价指标算法研究[J]. 计算机技术与发展，2014，（6）：233-225.

第 10 章　安全保障型城市评价系统设计与实现

10.1　系统需求分析

安全保障型城市评价系统建设必须面向城市运行安全管理的客观需求，需求分析是系统设计与开发的基础工作，通过对安全保障型城市系统的需求调查、归纳和整理用户提出的各种问题和要求来确定不同用户对软件功能与性能的初步要求，并澄清系统需求中的一些模糊概念。进行优良系统设计的关键以及系统生命线的保证，必须深入、全面地了解和掌握用户的需求。系统开发者若需明确了解用户对于系统行为以及内容的需求和期望，可以采用需求分析方法[1, 2]。

安全保障型城市需求分析是一个继承与发展的过程。“继承”的过程意味着通过认识和学习，调查城市管理各类数据内容和管理行为，理解城市安全保障的管理业务的关键性步骤，了解城市现有的管理工作情况。发展则是基于对现有的数据、组织机构的理解，用新的计算机技术、地理信息系统技术、管理与设计理念等来更高效地完成城市运行监测、评估、仿真和安全保障等任务。

安全保障型城市评价系统需求分析的内容包括：现状分析、系统目标和建设内容分析、系统组成分析、数据需求分析、功能分析与系统性能需求分析等。

10.1.1　系统需求特点分析

安全保障型城市评价系统涉及城市安全的多个方面，数据分散在各个城市管理部门及公共服务企业，其管理具有复杂性和动态性，充分了解安全保障型城市评价工作的需求，是建立一套功能强大、使用便捷的安全保障型城市评价系统的基础工作。

1. 用户需求的多样性

安全保障型城市评价系统需要满足城市安全研究、城市各政府部门日常管理等多种工作的需求，城市管理涉及部门众多，并且其工作性质与职责差别很大，这就决定了终端用户对系统需求的多样性。网络环境的差异性决定了系统框架结构应满足不同条件下用户的使用，如部分部门处于局域网环境中，而部分部门和单位必须通过广域网连接。针对城市管理部门对城市安全管理和应用的实际需求，需要实现基本的数据采集、数据分析、运行仿真、运行评估、安全评价等功能，同时涉及数据编辑、数据发布、专题分析等基础功能。

2. 体现城市要素的复杂性

城市运行、城市安全涉及要素众多，而各种要素是系统分析、处理和表达的对象，充分体现城市要素是安全保障型城市评价系统的重要特征。整个信息系统涉及的数据主要包括：社会经济统计数据、基础地理信息数据、管理统计数据、日常监测数据等。数据的复杂性不仅表现为数据种类多、类型复杂，同时各种数据之间具有复杂的关联性，如空间关联性、时间关联性等，各种监测数据必将与具体的设施、自然环境、社会环境等形成较强的关联关系。

城市要素的复杂性决定了系统要具有较高的管理多源异构数据的水平，充分利用现有技术协调多类数据关系。为了更大地提高使用的时效性，需要对系统数据进行统一集中化管理，这需要系统标准化、规范化地处理各种数据源的数据，并将其通过统一的数据库系统进行管理和组织。如何有效地组织与管理这个分类明确但又联系紧密的数据是建设系统综合数据库的关键。

3. 具有系统交互性功能

系统功能在与用户的交互性上，应充分考虑城市安全信息特点，同时准确地把握管理决策者所关心的侧重点的不同，设计一个操作简单、提供交互式和可视化的环境，对管理中的各类专业数据实施强有力的分类管理。安全保障型城市评价管理涉及多个领域和部门，其具有复杂性和动态性，并且需要对大量数据进行处理。因此，需要建立一个功能强大且交互性较好、使用方便的信息系统。

10.1.2　系统功能需求

系统依托于安全评价信息数据库、地理信息数据库、基础信息数据库、文档库、预案库、案例库、知识库等数据库，以地理信息系统为支撑，由运行监测系统、运行仿真系统、运行评估系统、安全评价系统、查询统计系统等构成。

1. 运行监测

根据相关示范城市需求，运行监测包括视频监测和数据监测，目的是监测城市的九大系统（水、电、热、气象、交通、空气质量、垃圾无危害化处理、公共卫生、安全生产），把各个职能部门上报的数据通过图表的形式展示，并根据历史数据来预测未来几周的数据变化和走势，从而为风险分析提供依据。

2. 运行仿真

城市运行分为基础设施和能动主体两大系统。基础设施系统包括供水、供电、供气、供热等生命线系统；能动主体系统包括城市居民、工厂企业、控制部门等。

基础设施网络建模可分为单一基础设施网络和基础设施网络耦合关联仿真两个层次。单一基础设施网络的运行仿真，包括网络正常运行时的运行状态对于需求变化的响应，以及网络出现故障时的影响范围及在网络内部的传递规律等。基础设施网络之间的耦合关联仿真用于分析不同网络之间如何相互作用，包括常态时对于需求变化响应的关联作用，及故障状态网络间级联失效等问题。

城市中的居民、工厂企业、管理部门等是城市的主要能动运行主体，这些主体的运行变化规律为城市运行提供了驱动力，影响着城市运行状态。

3. 运行评估

按照各级应急管理工作常态和非常态需要，日常接报各地、各有关单位城市突发事件信息和预测预警预报信息，在此基础上进行风险分析和综合研判，并对各类应急预案进行结构化管理。突发事件发生时，贯穿突发事件应急业务流程，进行风险分析、应急保障等工作，辅助管理人员科学决策。

4. 安全评价

安全保障型城市评价是在现有城市综合评价、公共安全机理与理论基础上开展的城市公共安全的综合性评价，充分考虑各类突发事件的发生与演化机理，借鉴现有的评价方法。安全保障型城市的综合评价可以使用面向城市管理部门的评价指标体系，也可以使用面向社会公众指标体系。根据评价指标体系，完成城市评价具体指标的分级和综合评价，依据相应的评价标准生成对应的评价报告。

5. 查询统计

对城市各子系统、事件、预案、案例、法律法规、应急资源、危险源、防护目标等各类信息进行统计分析。

10.2 系统功能设计

10.2.1 系统总体设计

数据资源是安全保障型城市系统建设的基础。首先，建立数据资源体系，包括基础数据、专项数据等内容，基础数据包括城市市情、水电气热管网及监测、安全防护目标、重大危险源、应急资源等数据，对城市政府各部门、区县、街乡镇、城市公共设施及公共服务相关企业等掌握的数据进行整合，建立数据资源体系。

城市安全保障数据获取与融合方法。以空间地理信息为平台基础，进行数据整合，实现对异构多元数据的集成，根据系统功能需要进行数据抽象，建立数据组织、维护、检索等数据管理功能模块，实现数据收集、分发、集成，通过数据服务接口形式，为安全保障型城市评价系统各项功能提供翔实、全面的数据服务。以城市评价指标体系与安全规划方法研究成果为基础，引入人工智能方法，研发具有扩展性和自学习能力的安全保障型城市评价软件系统，从而实现对各类城市安全保障状态的科学评价，为城市管理人员提供直观的决策支持。

1. 系统总体构成

软件系统采用 J2EE 技术架构及 Web Service 等组件化技术，系统架构如图 10.1 所示。

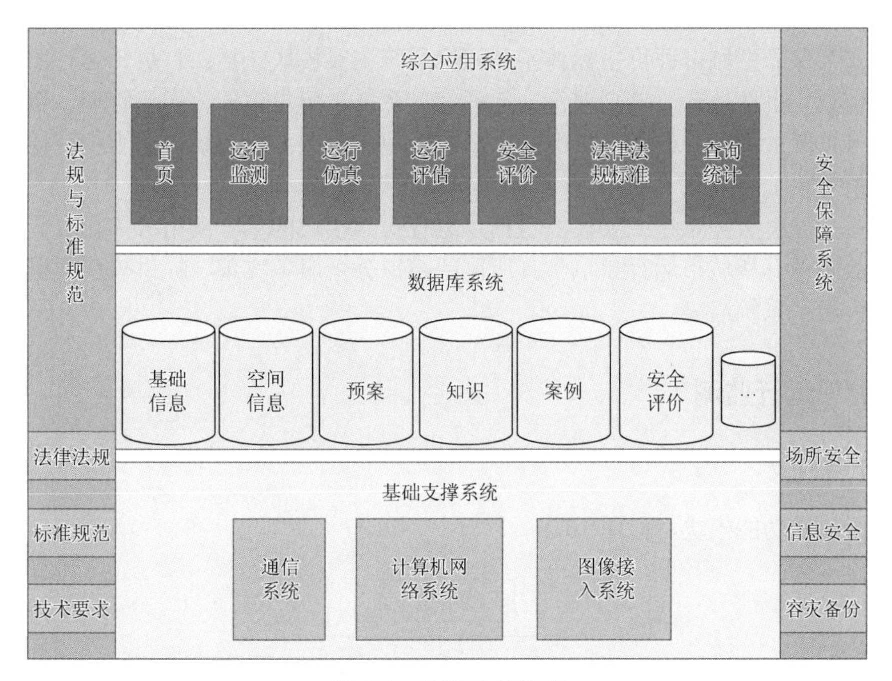

图 10.1　系统总体构成

对于软件系统来说，常常需要处理跨模块、跨软件甚至跨平台的会话，为了实现“高内聚、低耦合”的设计目标，把问题细分后再各自解决，因此系统基于 SOA 架构模型和先进的多层体系架构模型，为应用的快速构建提供支持而建立起业务通用构件和基础构件。规范的构件管理架构以及开放的体系架构与应用集成模式支持不断扩充的系统需求，并提供个性化的用户定制模式进行应用系统的开发、使用及维护[3-6]。

2. 数据架构

软件系统涉及的数据可分为业务数据、空间数据、视频数据三类。业务数据主要包括运行产生的数据，信息系统模型数据，运行监测、安全评价等功能相关的业务数据。空间数据主要包括基础地理信息数据，运行仿真所需的生命线数据，防护危险源、目标、应急资源相关等的空间数据。视频数据，包括交通视频监控数据、重点防护目标视频数据等。视频数据应由视频系统进行管理和汇集，并提供相关的视频服务器地址和浏览接口，使系统能够实时查看视频。

3. 系统划分及功能描述

系统由安全保障型城市评价指标体系与评价系统、模型分析服务系统联合处理，共同满足业务需求。

安全保障型城市评价指标体系与评价系统主要模块包括：首页、运行监测、运行仿真、事件处置、安全评价、地理信息系统、用户管理、指标管理、指标分配、首页图片管理、监测网络配置、日志管理、模型分析依赖数据维护、模型展示渲染等。

模型分析服务系统主要模块包括：运行仿真模块的单一网络故障仿真、多网关联故障仿真和城市运行模拟仿真所需的模拟分析服务实现、提供模型数据结果供前台展示系统渲染。

10.2.2　运行监测

1. 给排水

给排水功能模块，如图 10.2 所示。

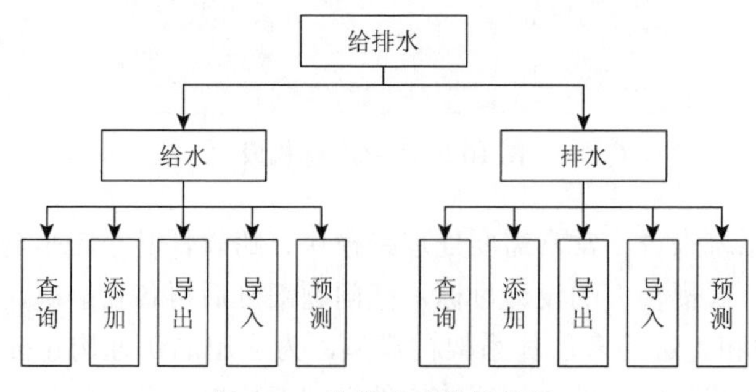

图 10.2　给排水功能模块图

供电量、供热量、安全生产、空气质量、垃圾处理及公共卫生功能模块的查询、添加、导出、导入及预测描述，类似于给排水功能模块的描述。

2. 交通

交通功能结构，如图 10.3 所示。

3. 气象

气象功能结构，如图 10.4 所示。

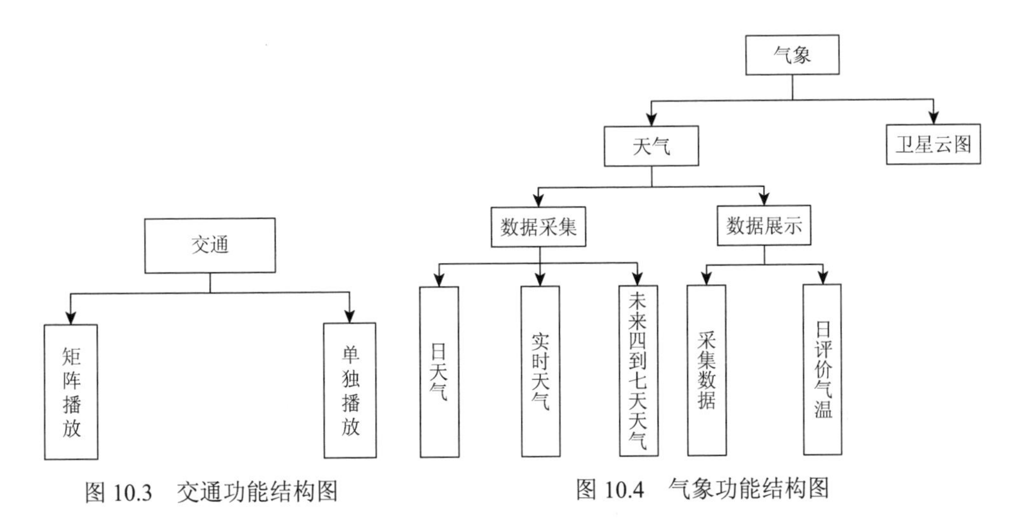

图 10.3　交通功能结构图　　图 10.4　气象功能结构图

10.2.3　运行仿真

1. 单一网络及多网关联故障仿真

单一网络及多网关联故障仿真功能，结构图如图 10.5 所示。

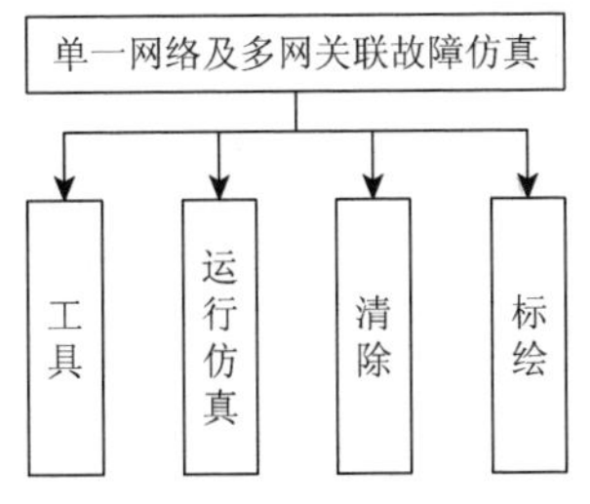

图 10.5　单一网络及多网关联故障仿真功能结构图

故障仿真可实现如下功能：选择故障网络和故障类型，在地图上选择点查询是否有故障信息；展示故障信息影响点和影响区域图形，表格展示影响点，影响区域，影响区域编号，网格标号和人口数据；单击影响点或影响区域进行图形定位；选择故障网络切换至所选故障数据图层。

2. 城市运行模拟仿真

城市运行模拟仿真功能结构，如图 10.6 所示。

城市运行模拟仿真可根据网络类型、主体类型、计算结果或时间段进行播放展示运算结果。曲线图展示供给能力、需求满足度、企业影响及居民影响等。选择区域展示供给能力、需求满足度、企业影响及居民影响曲线图。

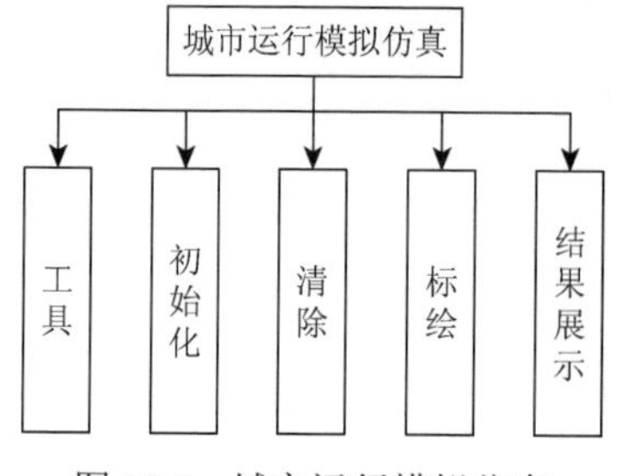

图 10.6　城市运行模拟仿真功能结构图

10.2.4　运行评估

1. 事件管理

事件管理功能结构，如图 10.7 所示。

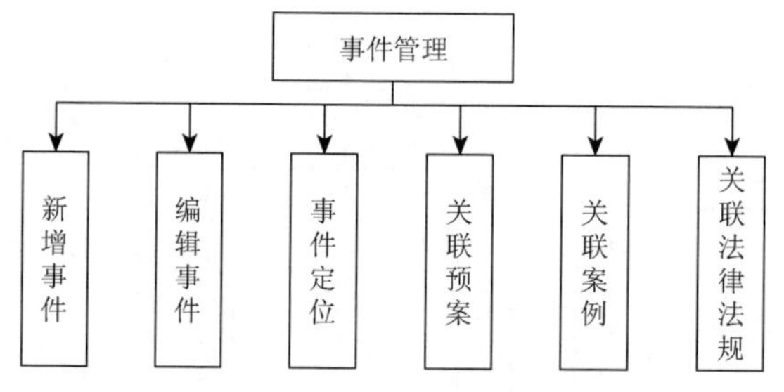

图 10.7　事件管理功能结构图

事件管理功能可新增、编辑事件，进行事件定位并关联相关预案、案例、知识、法律法规等信息。

2. 综合分析

综合分析结构，如图 10.8 所示。

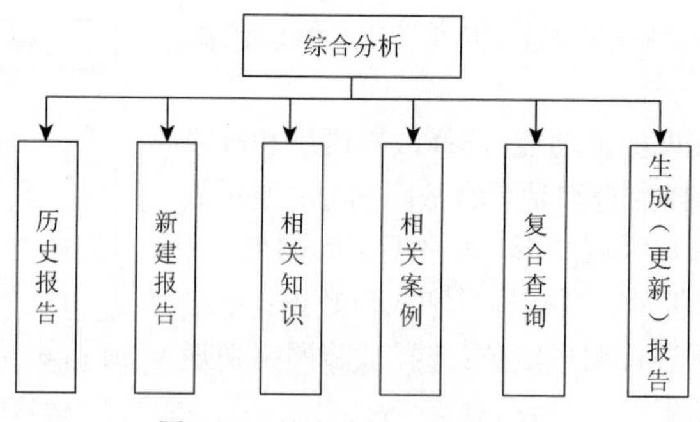

图 10.8　综合分析功能结构图

综合分析功能包括：历史报告、新建报告、相关知识、相关案例、复合查询和生成（更新）报告。

3. 保障资源分析

保障资源分析功能结构，如图 10.9 所示。

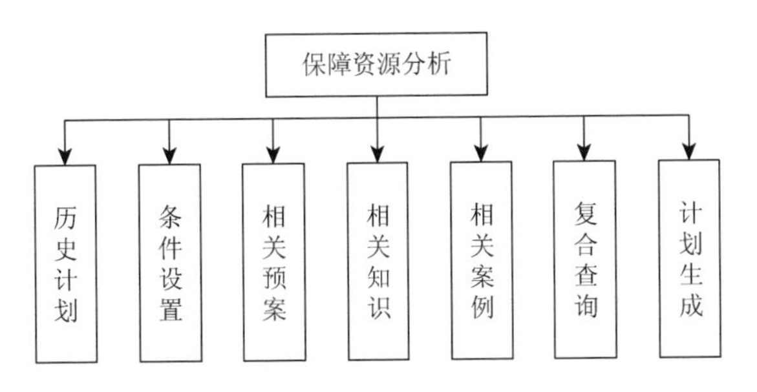

图 10.9　保障资源分析功能结构图

保障资源分析功能包括历史计划、条件设置、相关预案、相关知识、相关案例、复合查询、计划生成等。

4. 应急预案管理

应急预案管理功能结构，如图 10.10 所示。

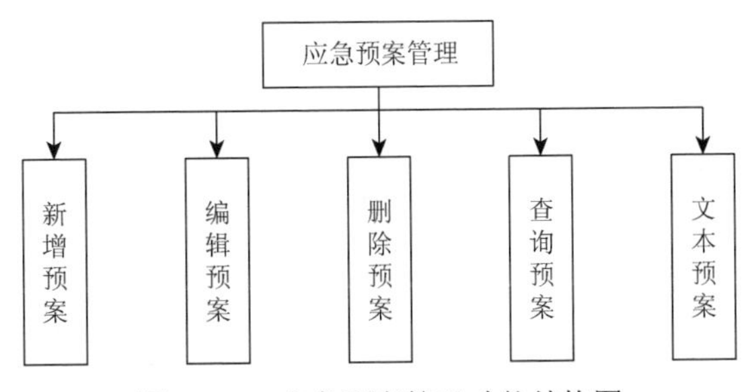

图 10.10　应急预案管理功能结构图

应急预案分析分析功能包括：新增预案、编辑预案、删除预案、查询预案、文本预案。

10.2.5　安全评价

安全保障型城市评价系统包括核心评价指标体系的管理功能和基于影响维度

的评价指标体系，实现指标因子管理、评价所需数据管理、评价结果管理、评价报告管理、指标分配管理等功能模块。

面向管理部门功能结构，如图 10.11 所示。面向社会公众功能结构，如图 10.12 所示。

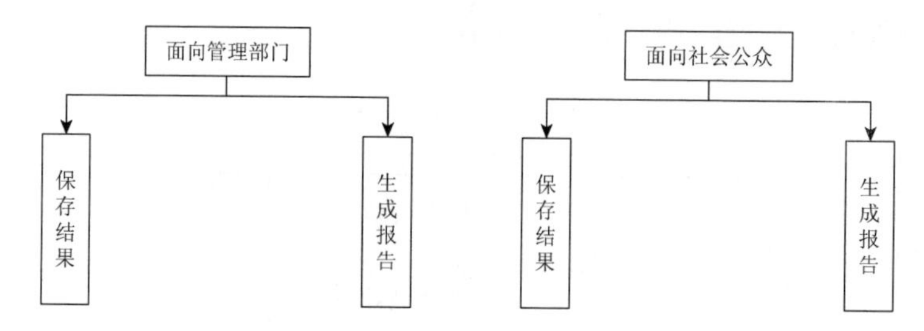

图 10.11 面向管理部门功能结构图 图 10.12 面向社会公众功能结构图

1. 指标因子管理

指标因子管理功能描述，如表 10.1 所示。

表 10.1 指标因子功能描述

模块名称	指标因子管理	调用方式	菜单/页面链接
模块功能描述	指标因子管理模块主要完成评价指标体系的指标因子管理，包括核心评价指标体系指标因子管理、基于影响维度的评价指标体系指标因子管理等		
权限说明	管理员有权修改		
功能点			
名称	功能描述		
核心评价指标体系指标因子浏览	浏览核心评价指标体系的指标因子		
核心评价指标体系指标因子增加	增加核心评价指标体系的指标因子		
核心评价指标体系指标因子修改	修改核心评价指标体系的指标因子		
核心评价指标体系指标因子删除	删除核心评价指标体系的指标因子		
基于影响维度的评价指标体系指标因子浏览	浏览基于影响维度的评价指标体系指标因子		
基于影响维度的评价指标体系指标因子增加	增加基于影响维度的评价指标体系指标因子		
基于影响维度的评价指标体系指标因子修改	修改基于影响维度的评价指标体系指标因子		
基于影响维度的评价指标体系指标因子删除	删除基于影响维度的评价指标体系指标因子		

2. 评价数据管理

数据管理功能描述，如表 10.2 所示。

表 10.2　数据管理功能描述

模块名称	数据管理	调用方式	菜单/页面链接
模块功能描述	数据管理模块主要完成评价指标体系的评价所需数据的管理，包括年鉴数据管理、城市运行数据管理等		
权限说明	管理员有权修改		
功能点			
名称	功能描述		
年鉴数据管理	增加城市的年鉴数据		
城市运行数据管理	城市运行数据的增加、修改		

3. 评价结果管理

评价结果管理功能描述，如表 10.3 所示。

表 10.3　评价结果管理功能描述

模块名称	评价结果管理	调用方式	菜单/页面链接
模块功能描述	评价结果管理模块主要完成评价指标体系的评价结果的查询、保存		
权限说明	管理员有权修改		
功能点			
名称	功能描述		
评价结果查询	查询城市评价结果		
评价结果保存	保存城市评价结果		

4. 评价报告管理

评价报告管理功能描述，如表 10.4 所示。

表 10.4　评价报告管理功能描述

模块名称	评价报告管理	调用方式	菜单/页面链接
模块功能描述	评价报告管理模块主要完成评价报告的管理，包括评价报告模版管理、评价报告管理等		
权限说明	管理员有权修改		
功能点			
名称	功能描述		
评价报告模版管理	对评价报告模版进行维护		
评价报告管理	对已经生成的评价报告进行维护		

5. 指标分配管理

指标分配管理功能结构，见图 10.13。

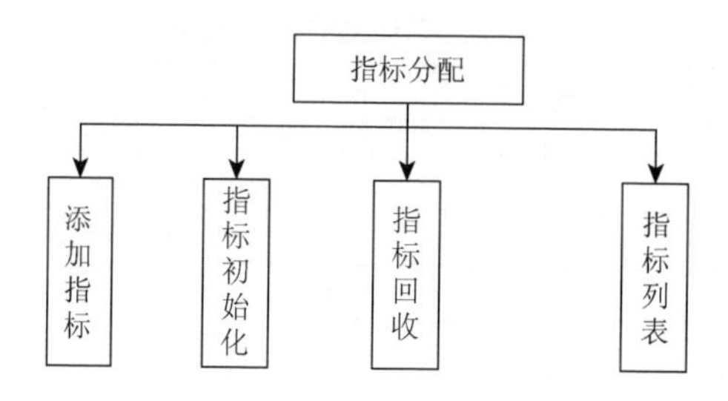

图 10.13　指标分配功能结构图

指标分配功能描述，如表 10.5 所示。

表 10.5　指标分配管理功能描述

模块名称	指标分配	调用方式	同步方式调用
模块功能描述	指标分配管理模块把初始化完的指标分配给指定的用户		
权限说明	管理员有权修改		
功能点			
名称	功能描述		
指标列表	根据当前登录用户所在的部门，查询出分配给该部门的所有指标		
添加指标	选择部门，给该部门分配对应的指标，用户可以通过管理部门分配和社会公众分配按钮，把所有的面向管理部门指标和面向社会公众指标分配给用户		
指标回收	把已经分配出去的指标回收		
指标初始化	选择指标年份，初始化该年份的指标和要拆分录入数据的指标到对应的表		

10.3　系 统 实 现

10.3.1　系统访问

安全保障型城市评价系统部署成功后，在浏览器中输入访问网址，如“http：//服务器 IP：端口号/pems”，即可进入系统登录页面；填写用户名和密码，单击“登录”，进入“安全保障型城市评价指标体系与评价系统”，如图 10.14 所示。

图 10.14　系统登录页面

10.3.2　运行监测

登录之后，系统首页出现新闻图片、事件信息，地图窗口、运行监测四个功能区，其中“运行监测”是对构成城市的各要素数据的监测，主要包括给排水、供电量、供热量、交通气象、安全生产、空气质量、垃圾无害化处理、公共卫生等城市系统的运行监测功能以及城市交通系统的视频监控功能。各城市运行管理职能部门通过给排水模块、供电模块、供热模块、安全生产模块、空气质量模块、垃圾无害化处理模块、公共卫生模块，根据数据报送周期定期填报相关数据，使用政务专网上报数据，可以实现对给水数据、供电数据、供热数据、安全生产数据、垃圾生产量数据、垃圾处理量数据、甲乙丙三类传染病数据的查询、填报、预测功能；气象模块能够实时自动获取当前气象数据、卫星云图；交通模块能够对城市道路交通的探头与交管部门实现视频共享、实时监控，如图 10.15 所示。

基于本系统，城市管理部门及研究人员可以基于这些数据进行城市常态和应急管理、数据挖掘分析。

1. 给排水

“给排水”模块实现给水、排水数据的查询、填报、预测功能，如图 10.16 所示。

2. 供电量

“供电量”模块实现供电量数据的查询、填报、预测功能，如图 10.17 所示。

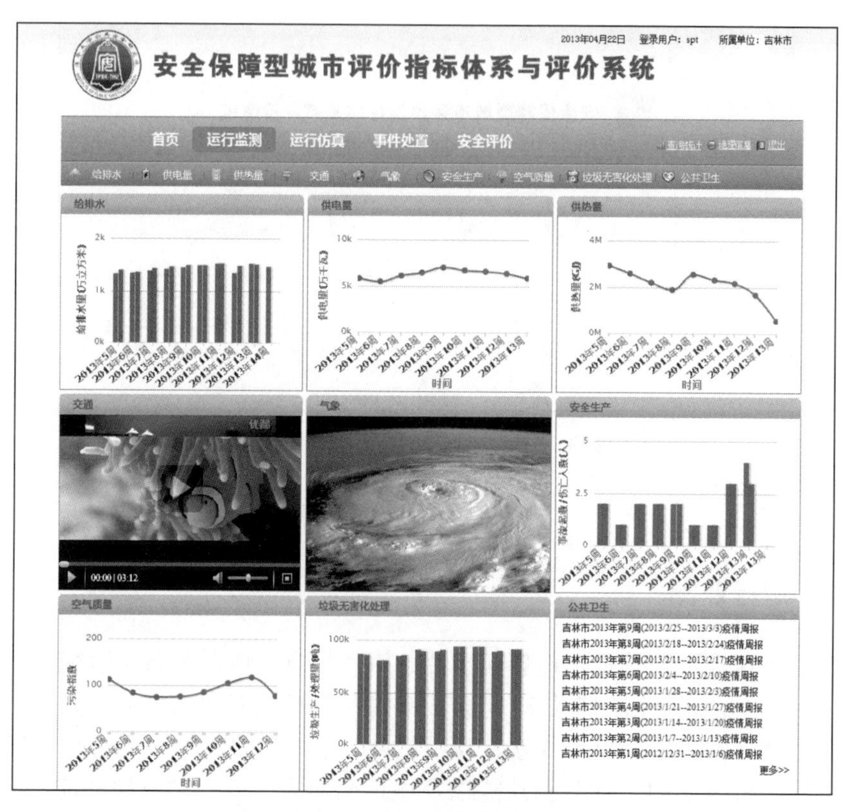

图 10.15 运行监测首页页面

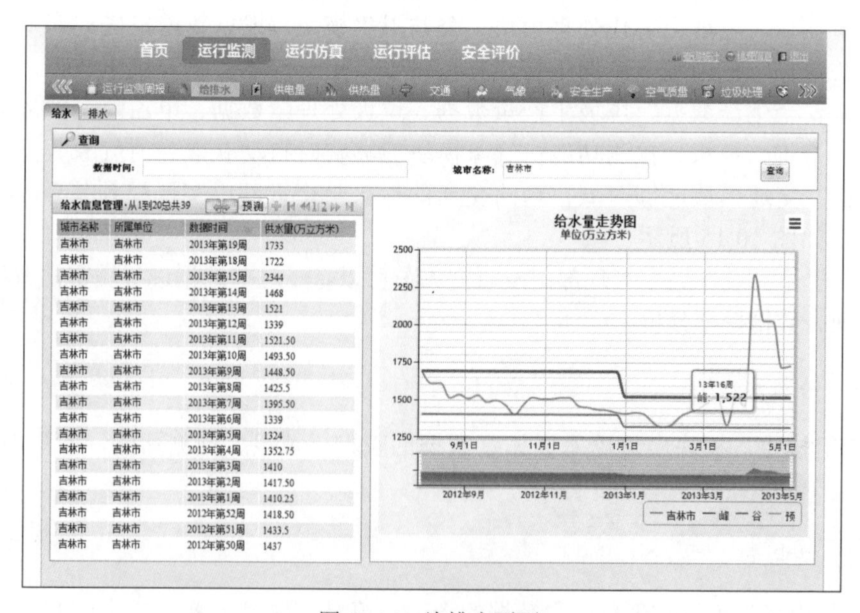

图 10.16 给排水页面

3. 供热量

“供热量”模块实现供热量数据的查询、填报、预测功能，如图 10.18 所示。

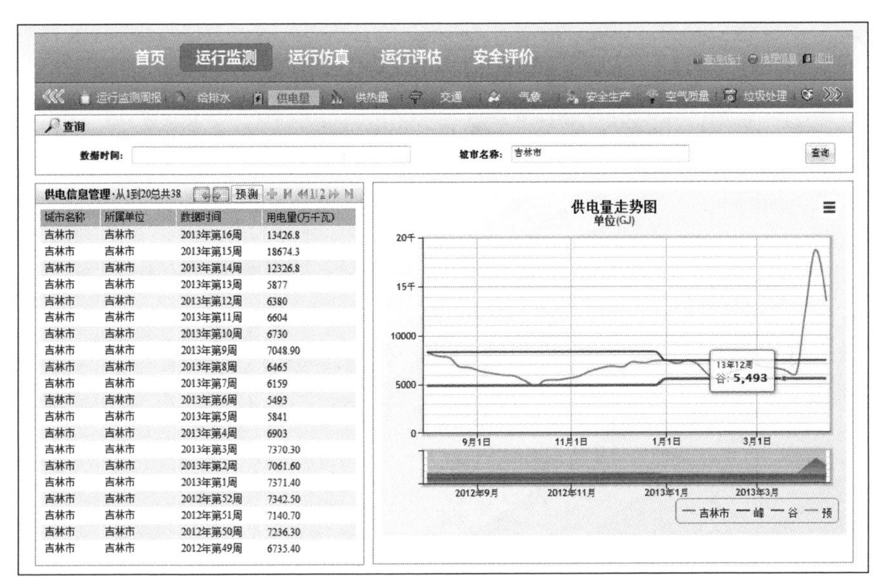

图 10.17　供电量页面

图 10.18　供热量页面

4. 交通

“交通”模块实现交通视频数据功能，如图 10.19 所示。

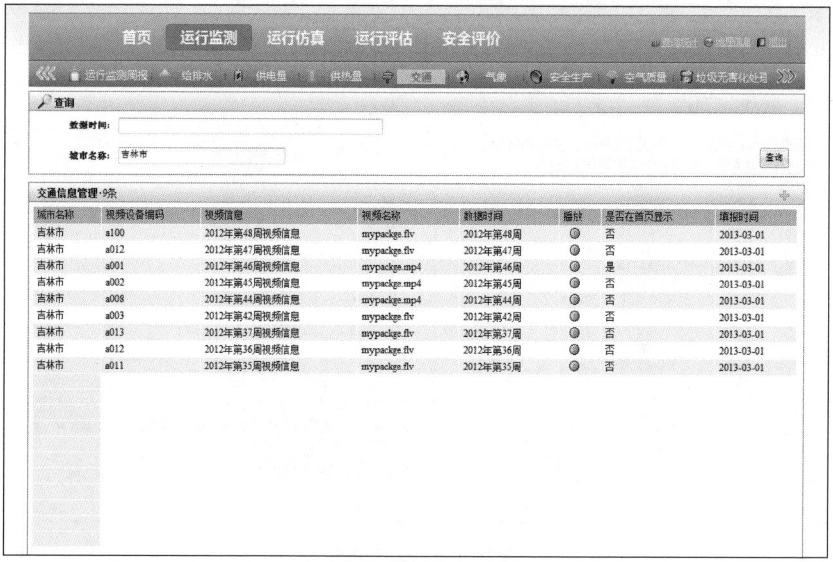
首页
运行监测
运行仿真
运行评估
安全评价
运行监测周报
给排水
供电量
供热量
交通
气象
安全生产
空气质量
垃圾无害化处理
查询
数据时间：
城市名称：
吉林市
查询
交通信息管理·9条
城市名称 | 视频设备编码 | 视频信息 | 视频名称 | 数据时间 | 播放 | 是否在首页显示 | 填报时间
吉林市 | a100 | 2012年第48周视频信息 | mypackge.flv | 2012年第48周 | 否 | 2013-03-01
吉林市 | a012 | 2012年第47周视频信息 | mypackge.flv | 2012年第47周 | 否 | 2013-03-01
吉林市 | a001 | 2012年第46周视频信息 | mypackge.mp4 | 2012年第46周 | 是 | 2013-03-01
吉林市 | a002 | 2012年第45周视频信息 | mypackge.mp4 | 2012年第45周 | 否 | 2013-03-01
吉林市 | a008 | 2012年第44周视频信息 | mypackge.mp4 | 2012年第44周 | 否 | 2013-03-01
吉林市 | a003 | 2012年第42周视频信息 | mypackge.flv | 2012年第42周 | 否 | 2013-03-01
吉林市 | a013 | 2012年第37周视频信息 | mypackge.flv | 2012年第37周 | 否 | 2013-03-01
吉林市 | a012 | 2012年第36周视频信息 | mypackge.flv | 2012年第36周 | 否 | 2013-03-01
吉林市 | a011 | 2012年第35周视频信息 | mypackge.flv | 2012年第35周 | 否 | 2013-03-01

图 10.19　交通列表页面

5. 气象

“气象”模块实现展示实时天气数据、实时卫星云图数据功能，如图 10.20 所示。

实时天气数据，包括整点发布的气温、风向风力数据，以及今明两天的日出日落时间，未来七天天气预报数据和日平均气温数据等。

实时卫星云图数据主要展示当天的每半小时发布的卫星云图数据，选择时间跨度实现云图数据播放功能，也可选择任意时刻的云图数据进行查看，如图 10.21 所示。

6. 安全生产

“安全生产”模块实现安全生产数据的查询、填报、预测功能，如图 10.22 所示。

7. 空气质量

“空气质量”模块实现空气质量数据的查询、填报功能，如图 10.23 所示。

8. 垃圾无害化处理

“垃圾无害化处理”模块实现垃圾生产量、处理量数据的查询、填报、预测功能，如图 10.24 所示。

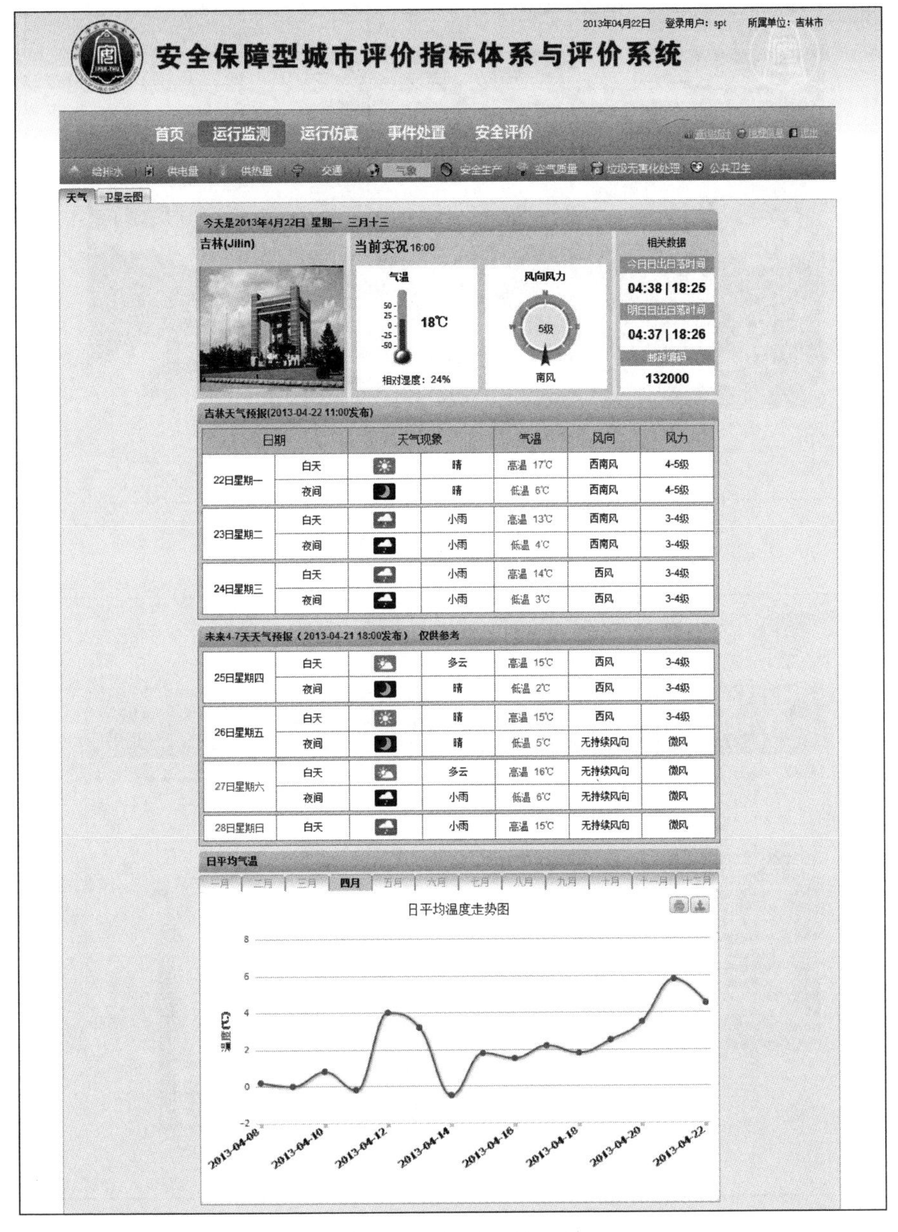

图 10.20　实时天气页面

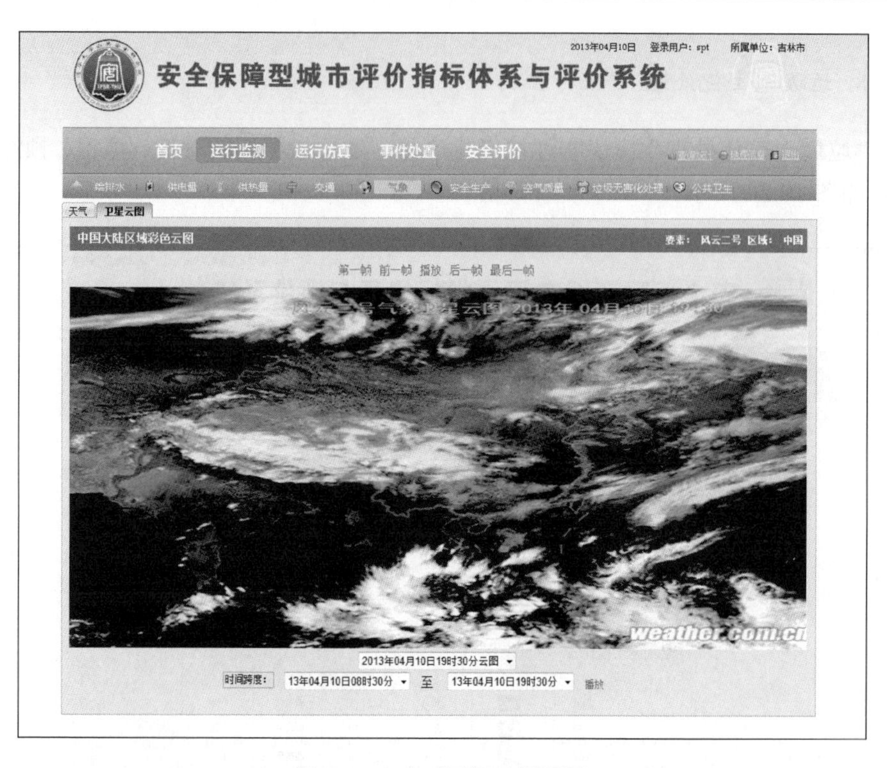

图 10.21　实时卫星云图页面

图 10.22　安全生产页面

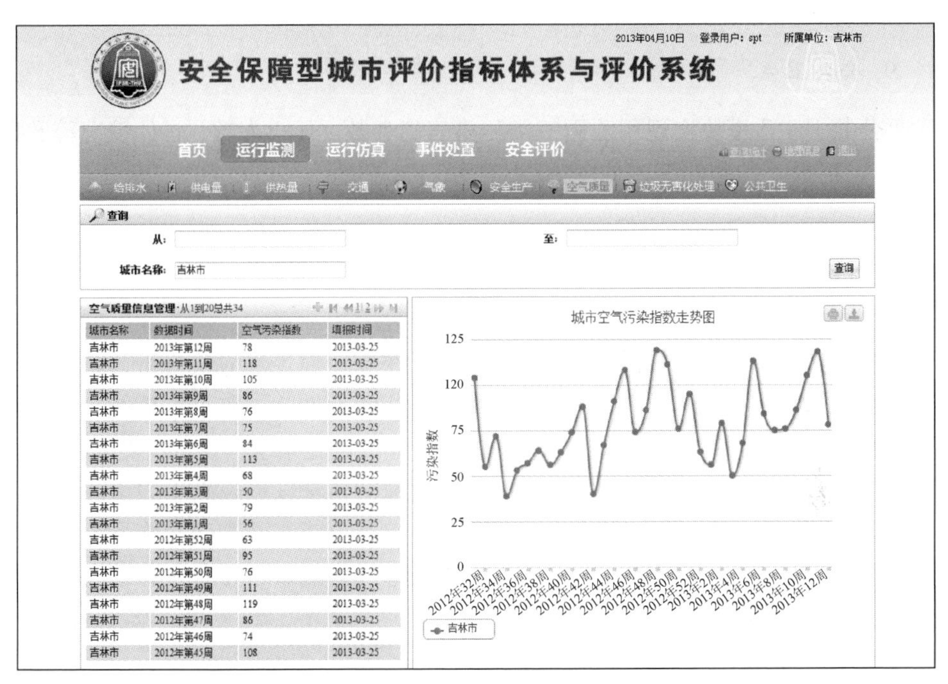

图 10.23　空气质量页面

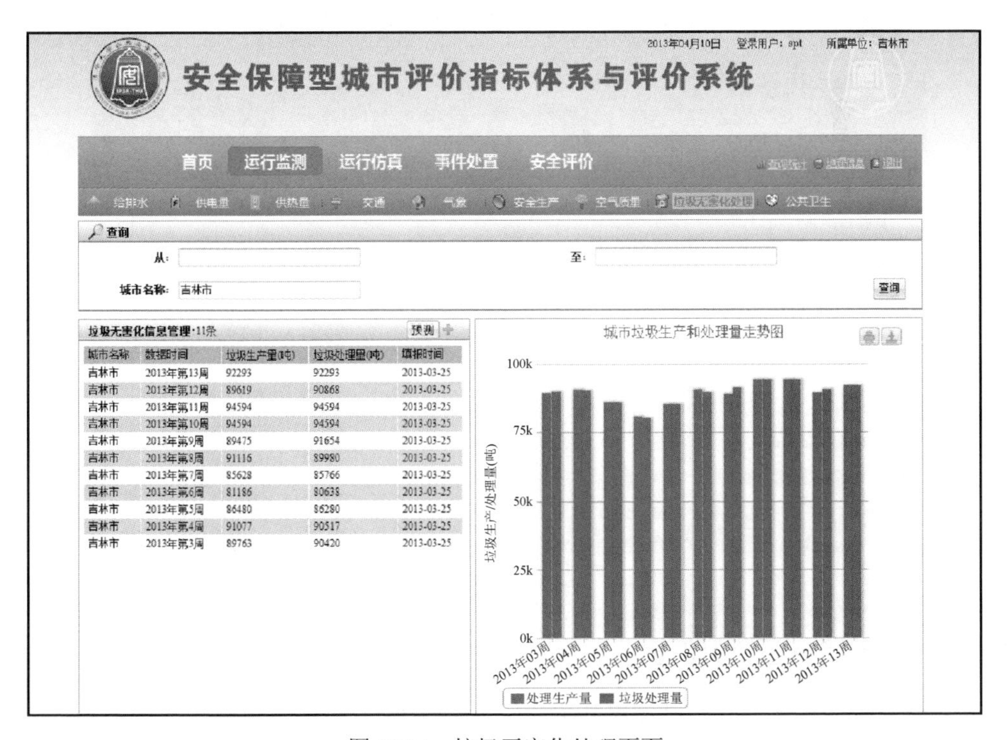

图 10.24　垃圾无害化处理页面

9. 公共卫生

“公共卫生”模块实现甲乙丙三类传染病患者数、死亡人数、具体情况等数据的查询、填报、预测功能，如图 10.25 所示。

10.3.3　运行仿真

城市运行安全仿真模型基于对目前复杂系统模拟理论和方法分析，将城市运行主要拆分为基础设施系统、城市运行主体系统两大部分。基于本系统，城市管理部门及研究人员可以基于运行仿真，通过对基础设施系统中供水、供电、供气、供热等生命线系统单一网络故障、多网关联故障的仿真，以及基于城市运行主体的城市运行模拟仿真，推演出城市运行过程中，某一或某些基础设施系统发生故障的演化规律，以及引起城市整体运行变化状态，为城市常态和应急管理、数据挖掘分析提供基础。

城市名	甲类传染病			乙类传染病			丙类传染病			疫情周报	数据时间	填报时间
	人数	死亡人数	具体情况	人数	死亡人数	具体情况	人数	死亡人数	具体情况			
吉林市	0	0		754	2		1544	0		吉林市20...	2013年第13周	2013-03-25
吉林市	0	0		892	4		1542	0		吉林市20...	2013年第12周	2013-03-25
吉林市	0	0		894	1		561	0		吉林市20...	2013年第11周	2013-03-25
吉林市	30	0		60	0		90	0		吉林市20...	2013年第11周	2013-04-01
吉林市	0	0		954	6		1324	0		吉林市20...	2013年第10周	2013-03-25
吉林市	0	0		899	7		479	0		吉林市20...	2013年第9周	2013-03-25
吉林市	0	0		838	1		430	0		吉林市20...	2013年第8周	2013-03-25
吉林市	0	0		728	3		383	0		吉林市20...	2013年第7周	2013-03-25
吉林市	0	0		579	2		367	0		吉林市20...	2013年第6周	2013-03-25
吉林市	0	0		717	7		408	0		吉林市20...	2013年第5周	2013-03-25
吉林市	0	0		360	2		340	0		吉林市20...	2013年第4周	2013-03-25
吉林市	0	0		612	2		413	0		吉林市20...	2013年第3周	2013-03-25
吉林市	0	0		656	3		412	0		吉林市20...	2013年第2周	2013-03-25
吉林市	0	0		826	2		448	0		吉林市20...	2013年第1周	2013-03-25
吉林市	0	0		955	6		468	0		吉林市20...	2012年第52周	2013-03-25
吉林市	0	0		1043	2		509	0		吉林市20...	2012年第51周	2013-03-25
吉林市	0	0		785	2		589	0		吉林市20...	2012年第50周	2013-03-25
吉林市	0	0		809	5		656	0		吉林市20...	2012年第49周	2013-03-25
吉林市	0	0		857	5		729	0		吉林市20...	2012年第48周	2013-03-25
吉林市	0	0		756	3		875	0		吉林市20...	2012年第47周	2013-03-25

图 10.25　公共卫生页面

1. 单一网络及多网关联故障仿真

单一网络故障仿真主要用于模拟单一的水、电、气、热、交通等网络的故障运行状况，故障运行可以进一步划分为常规故障、突发事故。其中，常规故障主要指网络的直接影响只存在于该网络内部，对其他系统的影响通过供需关系产生，如电力设备故障，导致供电网络部分故障属于常规故障；突发事故主要指网络故障影响超出该网络自身界限，如燃气管网泄露引起爆炸等，如图 10.26 所示。

多网关联故障仿真主要用于模拟单一的水、电、气、热、交通等网络的故障运行状况，利用随机数及网络关联故障关系模拟其他网络的故障运行情况，推演出各网络之间相互影响情况，其输入为基础设施网络故障信息，输出为可能引发的其他网络故障，及其发生的可能性。单击“参数设置”菜单，选择“故障网络”“故障类型”的参数，在地图上单击设置故障点，单击“确定”，进行故障模拟并展示原生网络、次生网络故障模拟结果，如图 10.27 所示。

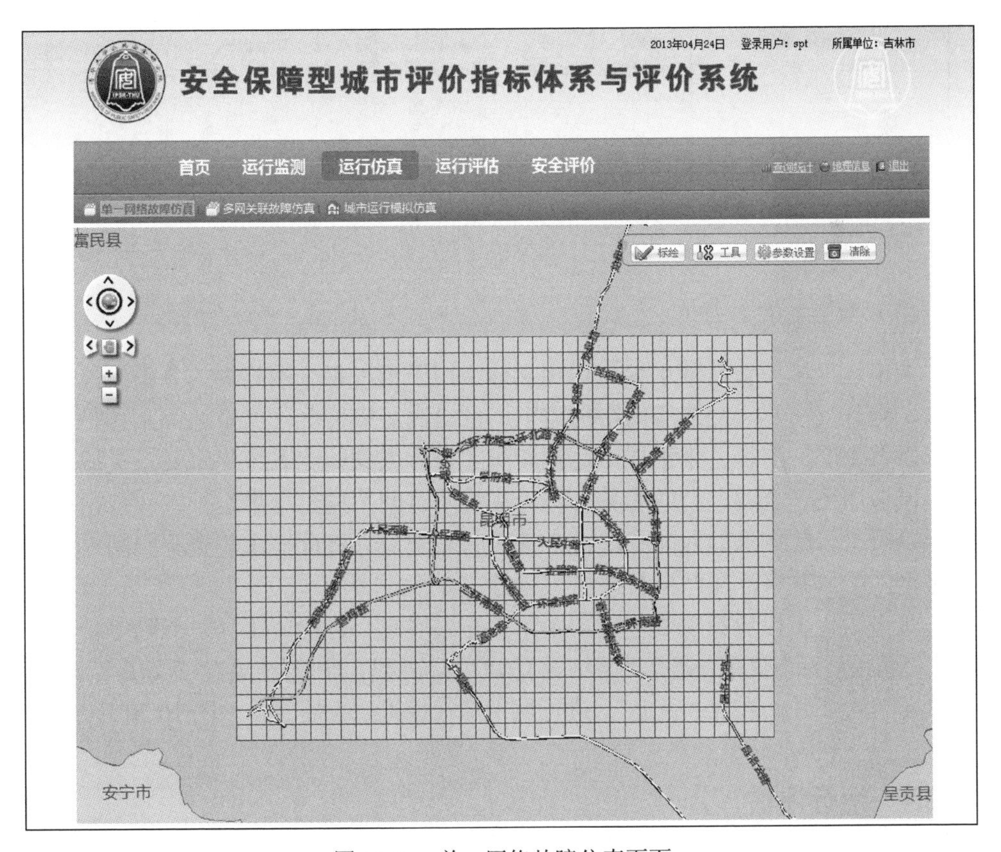

图 10.26　单一网络故障仿真页面

图 10.27　多网关联故障仿真结果页面

2. 城市运行模拟仿真

城市运行模拟仿真基于城市运行主体，用于模拟每个网格内的各类智能主体对水、电、气、热、交通等网络的需求、供给满足度情况。城市运行主体是指城市中能够生产、消耗、维护城市运行资源的个体或集体。系统中定义三类城市主体：城市居民、企业、公共服务机构。在每个时间片内，城市运行主体依据环境情况以及上一轮需求的匹配状况，产生新的需求，并将此需求与资源空间内的资源进行匹配，并将匹配结果反馈给该运行主体。

城市运行模拟仿真主要包括初始化、结果展示、标绘、工具、清除等功能。单击“结果展示”菜单，选择“网络类型”“主体类型”“计算结果”“开始日期”“结束日期”的参数，单击“确定”，进行城市运行模拟仿真展示，如图 10.28 所示。

10.3.4　运行评估

“运行评估”是对城市运行事件的管理和综合分析等，本系统主要包括运行事件管理、综合分析、保障资源分析、应急预案管理等功能。各城市运行管理职能部门通过运行事件管理模块，根据数据报送周期定期填报相关数据，使用政务专网上报数据，可以实现对城市运行事件的查询、显示，对事件进行防护目标、危险源、应急资源、次生事件、人口经济的情况分析，显示与该事件相关的预案、案例、法律法规、应急知识；通过 GIS 展示模块，可以将当前所有

图 10.28　城市运行模拟仿真结果页面

事件定位显示在地图上，可以单击地图上的图标查看详细信息；通过综合分析模块可以对城市运行事件的报告新建、报告查询、关联处理等。

基于本系统，城市管理部门及研究人员可以经过科学的分析，借鉴丰富的案例，依据精确的计算，对城市运行突发事件提供便捷、迅速的预测和建议。

1. 运行事件管理

运行事件管理包括事件管理、GIS 展示两个 TAB 项。其中事件管理页面如图 10.29 所示。

图 10.29　事件管理页面

事件管理页面主要包括对事件的查询，显示事件列表，对事件进行防护目标、危险源、应急资源、次生事件、人口经济的情况分析，显示与该事件相关的预案、案例、法律法规、应急知识。

GIS 展示页面将当前所有事件定位显示在地图上，可以单击地图上的图标查看详细信息。

2. 综合分析

登录系统后，点击菜单“运行评估”＞“综合风险分析”。分别单击 TAB 页面，则可以查看相应的分析信息，如图 10.30 所示。

3. 保障资源分析

登录系统后，单击菜单“运行评估”＞“保障资源分析”系统进入保障资源页面，如图 10.31 所示。

应急保障包括：应急装备资源、应急救援队伍、应急物资、应急通信企业、应急医疗资源、避难场所、运输企业。

首页　运行监测　运行仿真　运行评估　安全评价

运行事件管理　综合风险分析　保障资源分析　预案管理

当前事件：2013年3月26日吉林省吉林市船营区发生较大火灾事故。　切换事件

事件信息

影响半径：20　公里　查询方式：经纬度+半径　历史报告　新建报告　相关知识　相关案例

党政军机关

目标列表·1条

选择	名称	地址	类型名称	联系方式	级别	距离(公里)	地图
☐	吉林市政府	123	政协		暂无等级	6.0	⇩

全选 取消 反选　复合查询　生成(更新)报告

关注目标类型：

◉ 党政军机关

图 10.30　综合分析页面

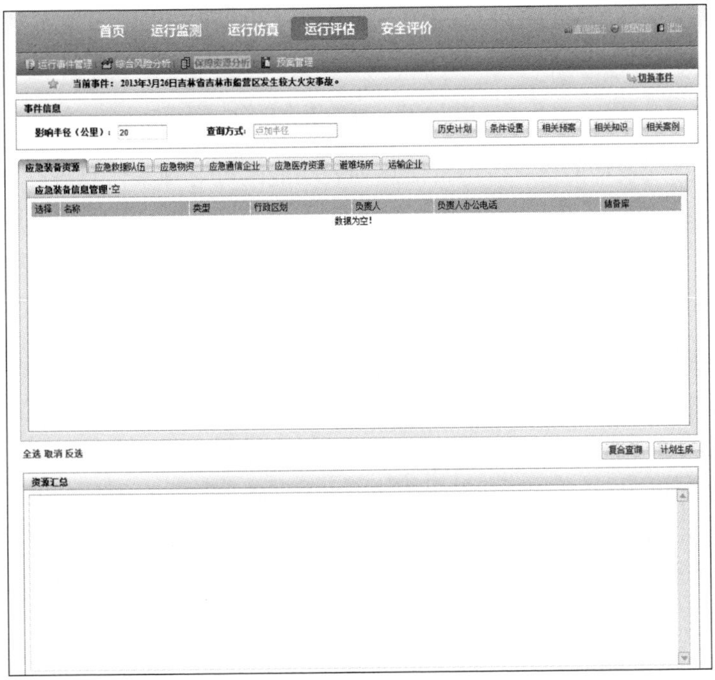

首页　运行监测　运行仿真　运行评估　安全评价

运行事件管理　综合风险分析　保障资源分析　预案管理

当前事件：2013年3月26日吉林省吉林市船营区发生较大火灾事故。　切换事件

事件信息

影响半径（公里）：20　查询方式：点加半径　历史计划　条件设置　相关预案　相关知识　相关案例

应急装备资源　应急救援队伍　应急物资　应急通信企业　应急医疗资源　避难场所　运输企业

应急装备信息管理·空

选择	名称	类型	行政区划	负责人	负责人办公电话	储备库

数据为空！

全选 取消 反选　复合查询　计划生成

资源汇总

图 10.31　保障资源分析页面

4. 应急预案管理

登录系统后单击菜单“运行评估”>“预案管理”系统默认进入预案页面。预案页面主要包括查询功能区和预案信息管理列表区。查询功能对预案名称、事件类型、预案类型、行政区划等进行预案的查找，如图 10.32 所示。

图 10.32　预案查询页面

预案信息列表功能区：在预案信息列表功能区可对预案信息进行增加、删除、编辑、查看等功能。

10.3.5　安全评价

“安全评价”提供面向城市管理部门、面向社会公众、历史评价结果、评价地图配置、评价指标管理、评价指标分配等功能。基于本系统，城市管理部门、社会公众可以分别通过城市管理部门、面向社会公众模块对目标城市进行综合安全评价，并得出精确的评价结果，通过历史评价结果模块可以查询各个时期的评价结果；系统用户通过评价地图配置、评价指标管理、评价指标分配等模块，可以对评价指标进行配置和管理。通过系统可以综合分析城市的安全状况，及深入研究提高城市安全状况的方法。

1. 面向管理部门

“面向管理部门”提供根据城市管理部门上报数据进行城市安全等级评价功

能，页面如图 10.33 所示。

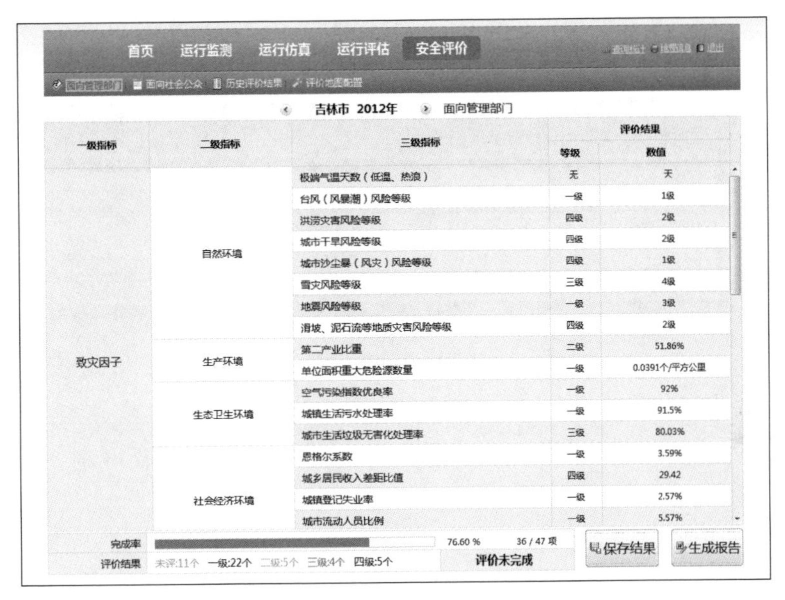

图 10.33　面向管理部门页面

2. 面向社会公众

“面向社会公众”提供根据普通民众比较关心的评价指标数据进行城市安全等级评价功能，页面如图 10.34 所示。

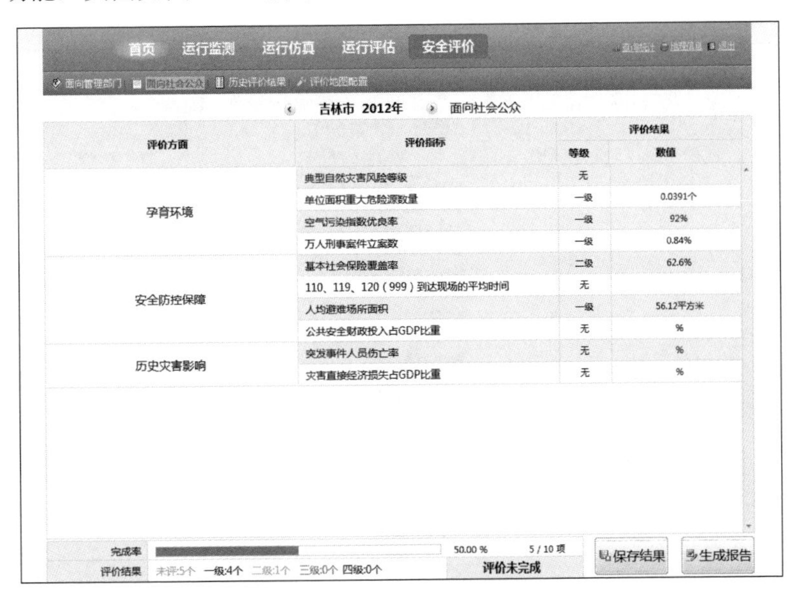

图 10.34　面向社会公众页面

3. 历史评价结果

“历史评价结果”提供记录评价是否完成以及评价结果功能，如图 10.35 所示。

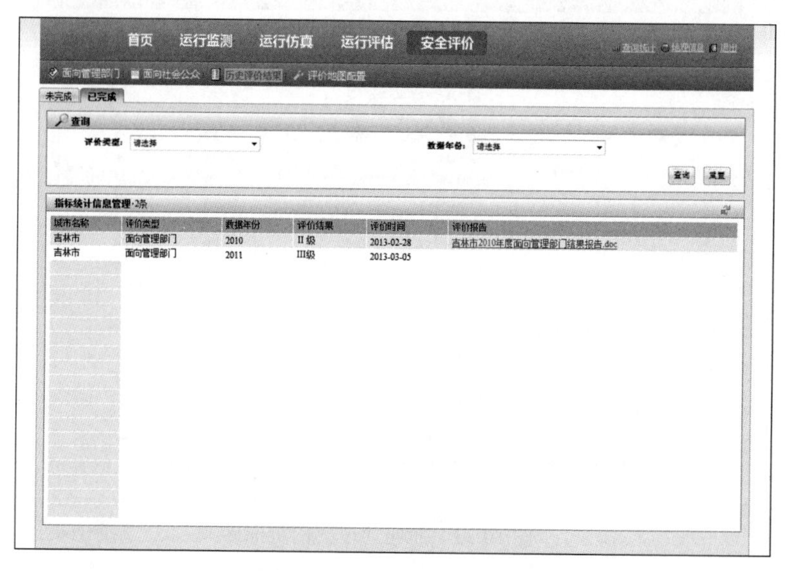

图 10.35　评价已完成页面

4. 评价地图配置

“评价地图配置”提供配置地图展示的评价指标数据功能，页面如图 10.36 所示。

首页　运行监测　运行仿真　运行评估　安全评价

面向管理部门　面向社会公众　历史评价结果　评价地图配置

◉ 面向管理部门 ◎ 面向社会公众

一级指标	二级指标	三级指标	是否在地图中显示
致灾因子	自然环境	极端气温天数（低温、热浪）	☑
		台风（风暴潮）风险等级	☐
		洪涝灾害风险等级	☐
		城市干旱风险等级	☐
		城市沙尘暴（风灾）风险等级	☐
		雪灾风险等级	☐
		地震风险等级	☐
		滑坡、泥石流等地质灾害风险等级	☐
	生产环境	第二产业比重	☐
		单位面积重大危险源数量	☑
	生态卫生环境	空气污染指数优良率	☑
		城镇生活污水处理率	☐
		城市生活垃圾无害化处理率	☐
	社会经济环境	恩格尔系数	☑
		城乡居民收入差距比值	☐
		城镇登记失业率	☐
		城市流动人员比例	☐

提交

图 10.36　评价地图配置页面

用户勾选对应指标后的复选框，单击“提交”即可在地图页面查看到对应指标的详细数据。

5. 评价指标管理

根据评价过程中指标数据情况，并结合评价过程中的专家意见，进行评价指标管理，如图 10.37 所示。

指标管理

吉林市　2012　◉ 面向管理部门　○ 面向社会公众

一级指标 ⊕1	二级指标	是否使用	三级指标	分级标准			单位
致灾因子 ⊕2	自然环境 ⊕3	☑	极端气温天数（低温、热浪）	24	36	48	天
		☑	台风（风暴潮）风险等级	10	100	1000	级
		☑	洪涝灾害风险等级	8	5	3	级
		☑	城市干旱风险等级	8	5	3	级
		☑	城市沙尘暴（风灾）风险等级	8	5	3	级
		☑	雪灾风险等级	8	5	3	级
		☑	地震风险等级	300	1700	4300	级
		☑	滑坡、泥石流等地质灾害风险等级	8	5	3	级
	生产环境 ⊕3	☑	第二产业比重	40	55	65	%
		☑	单位面积重大危险源数量	0.04	0.08	0.12	个/平方公里
	生态卫生环境 ⊕3	☑	空气污染指数优良率	90	85	78	%
		☑	城镇生活污水处理率	90	80	70	%
		☑	城市生活垃圾无害化处理率	100	90	50	%
	社会经济环境 ⊕3	☑	恩格尔系数	40	42	44	%
		☑	城乡居民收入差距比值	3.0	3.5	4.0	
		☑	城镇登记失业率	3.0%	5.0%	10.0%	%

提交

图 10.37　指标管理页面

10.4　总结与展望

为实现安全保障型城市评价与管理的信息化，建设了涵盖城市多个领域的城市运行安全综合数据库，集成了城市基础信息、城市水电气热基础设施运行信息、安全事件信息等，通过数据库的有效组织，为城市运行安全仿真、安全保障型城市评价提供了必要的数据支撑。

在安全保障型城市综合数据库基础上，综合运用空间信息组件技术、数据挖掘技术、多主体建模技术等，设计开发了安全保障型城市评价系统，实现了城市运行监测、运行仿真、运行评估、安全评价等功能，具有很强的可用性。

在重庆市、长治市、吉林市等多个政府部门开展了示范应用，结合当地应急平台、安全监管平台等的建设，积极推进安全保障型城市建设的示范，从市、区县到乡、镇多个层级开展了相应的实践工作，为示范城市安全运行提供了技术支持。

城市安全问题异常复杂，安全保障型城市评价系统需要在实践中不断完善，不断充实城市运行数据，对相关参数进行优化，不断提高各项功能的可操作性、实用性。

参 考 文 献

[1] 胡荣明. 城市地铁施工测量安全及安全监测预警信息系统研究[D]. 西安：陕西师范大学，2011.

[2] 刘高焕，刘庆生，谢传节，等. 太湖流域水质目标管理系统设计与实现[M]. 北京：中国环境科学出版社，2012.

[3] 国家质量监督检验检疫总局，国家标准化管理委员会. 电子政务业务流程设计方法通用规范：GB/T 19487—2004[S]. 北京：中国标准出版社，2004-04-05.

[4] 国家质量监督检验检疫总局. 计算机软件文档编制规范：GB8567—2006[S]. 北京：中国标准出版社，2006-03-14.

[5] 国家质量监督检验检疫总局. 系统与软件工程　软件文档管理指南：GB/T 16680—2015[S]. 北京：中国标准出版社，2016-07-01.

[6] 国家质量监督检验检疫总局，国家标准化管理委员会. XML 在电子政务中的应用指南：GB/Z 19669—2005[S]. 北京：中国标准出版社，2005-02-18.